本书编委会 编

电力企业新员工必读

电力生产知识

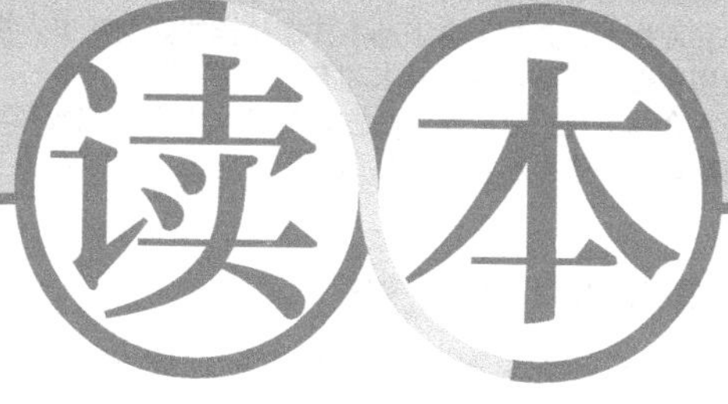

中国电力出版社
CHINA ELECTRIC POWER PRESS

内 容 提 要

为了进一步加强对电力企业新员工的教育培训工作，临汾电力高级技工学校组织专家编写了《电力企业新员工必读》系列丛书。本套丛书包括《企业文化建设读本》、《电力安全知识读本》、《电力生产知识读本》、《职业公共知识读本》四分册。本套丛书编写的目的是引导和帮助电力企业新员工在最短的时间内认知企业，加快实现从学生向员工的转变，从“局外人”向“企业人”的转变，快速融入企业，进入角色，适应岗位要求。

本书为《电力生产知识读本》分册，全书共分四章，着重介绍火力发电厂锅炉、汽轮机、发电机三大设备的工作过程和简单结构，以及新能源发电技术；讲述了电力网的基本概念，变电运行的基本知识，变电所主要设备维护检修的基本规定，电力网经济调度和有关的管理制度；分析了电力市场营销活动的特殊性，探讨了电力市场的预测、电力市场营销组合策略和管理技术；介绍了电工基本技能操作的安全知识，常用工、量、器具的使用和操作方法，规范要求和有关注意事项。

本套丛书是火电、供电企业新员工（大中专院校毕业生、军培人员）岗前培训的理想教材，也可供高等院校电力专业师生参考。

图书在版编目（CIP）数据

电力生产知识读本/《电力生产知识读本》编委会编. —北京：中国电力出版社，2012.11（2024.3重印）
（电力企业新员工必读）
ISBN 978-7-5123-3736-7

Ⅰ.①电… Ⅱ.①电… Ⅲ.①电力工业—基本知识 Ⅳ.①TM

中国版本图书馆CIP数据核字（2012）第270409号

中国电力出版社出版、发行
（北京市东城区北京站西街19号 100005 http://www.cepp.sgcc.com.cn）
北京天泽润科贸有限公司印刷
各地新华书店经售
*
2012年11月第一版 2024年3月北京第三次印刷
850毫米×1168毫米 32开本 12.75印张 328千字
印数3084—3583册 定价 **38.00** 元

《电力企业新员工必读》编委会

各分册主要编写人员

《企业文化建设读本》 郝育青

《电力安全知识读本》 王润莲

《电力生产知识读本》 宋宁风 徐马宁 高晓玲

王宝琴 郭卓力 王建政

《职业公共知识读本》 宋水叶 王青平 成 英

前　言

“十二五”时期是我国电力工业发展的重要战略机遇期。当前，各级电力企业立足服务国家能源战略实施和社会主义和谐社会建设，全面落实“十二五”发展规划，大力实施“科技兴企”和“人才强企”战略，以人为本，科学发展，深化改革，创新管理，呈现出百舸争流、千帆竞发的发展态势。

人才是企业的第一资源。电力企业的超常规、跨越式发展，对员工素质提出了新的更高的要求。大力开展以安全生产、经营管理、企业文化等知识为重点教育培训工作，快速提升员工队伍的整体素质和岗位履职能力，对于进一步增强广大员工的积极性、主动性和创造性，推动企业又好又快发展，确保电力安全生产，促进企业、员工和社会共同发展，具有十分重要的意义和作用。

为了进一步加强对电力企业新员工的教育培训工作，临汾电力高级技工学校组织专家编写了《电力企业新员工必读》系列丛书。本套丛书包括《企业文化建设读本》、《电力安全知识读本》、《电力生产知识读本》、《职业公共知识读本》四分册。本套丛书编写的目的是引导和帮助电力企业新员工在最短的时间内认知企业，加快实现从学生向员工的转变，从“局外人”向“企业人”的转变，快速融入企业，进入角色，适应岗位要求。

这套教材由多年承担电力培训任务的教师、培训师和工程师编写，贴近企业实际，突出企业特点。从构思策划到组织编写，经过反复研讨、调研和修改，凝聚了许多电力人的心血，希望对广大电力新进员工有所帮助。

本书为《电力生产知识读本》分册，本书第一章由宋宁凤、王宝琴编写，张胡管审稿；第二章由王海龙、张滨生、徐马宁等编写，刘林审稿；第三章由高晓玲编写，王新审稿；第四章第一、二、三节由郭卓力编写，第四节由王建政编写，贾京山审稿。全书由郜全明主编，刘林主审。

由于编者水平有限，书中难免存在错误和不妥之处，恳请广大读者批评指正。

编　者

2012年9月

目　录

第一章

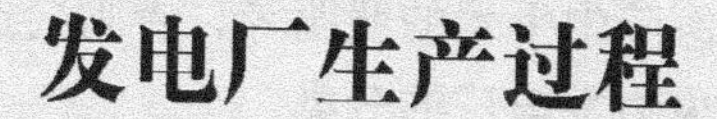

发电厂生产过程

第一节 发电厂概述

一、电能的应用及其生产特点

电能现在已广泛地应用于工农业生产、科学实验、国防、交通和人民生活之中，它已成为现代生产的主要动力，而且正在成为我国人民生活的重要能源。

使用电能既方便又卫生。电能可以通过各种电动机和电器设备转变成机械能、热能、光能、化学能、声能等各种形式的能。利用电能可以实现电焊、高频电流表面淬火、金属的电火花加工等。利用电能还可以实现工业企业自动化，便于自动控制和远距离操作，从而提高劳动生产率和改善劳动条件。日常生活中，利用电能也极为普遍，如电灯、电扇、电视机、电冰箱、洗衣机及电热炊具。

电能生产有它的特点：

（1）生产的大量电能是不能直接储存的，这是因为发电、供电和用电基本上是同时完成的。也就是说，发电量与用电量必须平衡，否则就发生所谓电网频率不稳，电压不稳现象。供电频率或电压超过规定值时，会造成减产，出废品，严重时还会造成人身或设备事故。

（2）电能生产需要高度的机械化、自动化和高效率。这是因为现代化的电能生产是集中的、大量的，也就是说，它是依靠大中型火力发电厂、水力发电厂和核电厂来生产的，并应及时地输送到既分散又复杂的各种用户中去。

（3）电能生产的安全十分重要。电能的生产牵涉到千千万万的用户。有些用户设备是不能中断电能供应的，如正在矿井下运转的通风机和排水泵，正在炼铁的高炉鼓风机，正在炼钢的电炉，以及医院中手术的照明等，否则会造成严重的结果。

二、火力发电厂的分类

目前，我国和世界上绝大部分国家，电能的生产仍以火力发电为主，而燃煤的火力发电占整个火力发电量的绝大部分，燃油和利用其他能源的火力发电量占的份量很小。火力发电是利用煤、石油和天然气等燃料燃烧后放出的热能来生产电能的发电方式。燃煤的火力发电厂，结构复杂，设备和系统比较多。它是我国目前最常见的一种发电厂。

我国现在有两种主要类型的火力发电厂，一种是只向外供电而不向外供热的电厂，称为凝汽式火力发电厂；一种是不仅向外供电，而且向附近工厂和住宅区供生产用汽和采暖用热水的发电厂，称为热电厂。

三、火力发电厂效率、损失及标准煤耗

（一）火力发电厂效率及提高火力发电经济性的主要途径

为了说明一台实际设备的经济性及其存在的损失的大小，通常用相对的百分数来表示。

在稳定状态下，设备输出的有效能量占输入能量的百分数，称为该设备的效率，即

$$设备效率 = \frac{输出的有效能量}{输入能量} \times 100(\%) \qquad (1-1)$$

同样地，设备中的损失，用百分数表示为

$$设备中的损失 = \frac{输入能量 - 输出有效能量}{输入能量} \times 100(\%)$$

或简化后写为

$$设备中的损失 = 100 - 设备效率(\%) \qquad (1-2)$$

将式（1-2）进行等式交换后，可得

$$设备效率 = 100 - 设备中的损失(\%) \qquad (1-3)$$

由式（1-3）可见，要提高设备的效率，就必须要减小设备中的损失。

1. 凝汽式火力发电厂的效率及损失

凝汽式火力发电厂输出的有效能量是电能。输入能量是燃料燃烧后放出的热能。电能和热能之间单位的换算关系是

$$1\text{kWh} = 3600\text{kJ} = 3.6\times10^{6}\text{J} = 3.6\text{MJ}$$

将式（1-1）用于凝汽式火力发电厂，则其效率为

$$\eta = \frac{3600P}{BQ_{\text{d}}}(\%) \tag{1-4}$$

式中 η——凝汽式火力发电厂效率，%；

P——该厂汽轮发电机输出的（总）电功率，kW；

B——该厂锅炉在1h内所消耗的（总）燃料量，kg/h；

Q_{d}——该厂所用燃料的低位发热量，kJ/kg。

一座最简单的凝汽式火力发电厂的效率和能量损失可以从图1-1中看出，在这个特殊的例子中，最简单的凝汽式火力发电厂效率只有23.1%，而76.9%的能量都损失了。

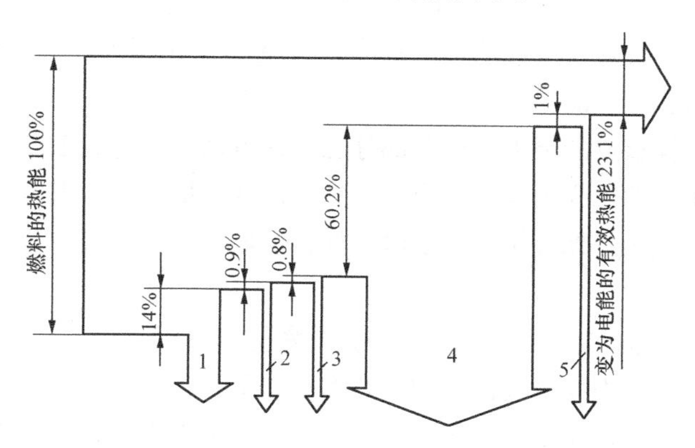

图1-1　最简单的凝汽式火力发电厂的热平衡

1—锅炉内的损失；2—管道内的损失；3—汽轮机内的损失；4—凝汽器内的损失；5—发电机内的损失

凝汽式火力发电厂能量损失的原因主要有以下几方面：

（1）在锅炉内的损失有：①有少部分燃料没有燃烧或燃烧得不完全，随灰渣或烟气排出炉外；②排出炉外的灰渣和烟气的温

度比燃料进入炉内时的温度高，带走了部分热量；③炉墙及锅炉外露部分的温度高于周围空气的温度，向炉外散发了部分热量。这三部分总合起来约占燃料热能的14%。

（2）蒸汽从锅炉流向汽轮机在沿途管道中的散热和工质（泄漏或疏水）损失。它约占燃料热能的0.9%。

（3）在汽轮机内的损失有：①蒸汽流过汽轮机转子和定子间的流道时，摩擦、涡流、鼓风、漏汽等造成的损失；②汽轮机转子的轴承的机械摩擦及汽轮机转轴带动油泵和调速系统等所消耗的热能。这两部分约占燃料热能的0.8%。

（4）在汽轮机中做过功的蒸汽排入凝汽器，在凝汽器中凝结成水。大量热量（主要是汽化潜热）被冷却水带走，造成凝汽（或称冷源）热损失。它约占燃料热能的60.0%。它是火力发电厂最大的一项热损失。

（5）在发电机中的损失有：①由于定子和转子绕组中通电流，绕组发热所造成的损失；②在交变磁场作用下，定子铁芯，定子与转子表面及边端构件中发热造成的损失；③发电机通风和轴承摩擦造成的损失。这三部分总和约占燃料热能的1.0%。

很显然，为了提高火力发电的经济性，提高火力发电厂的效率，必须很好地分析火力发电厂的各项损失，找出减少这些损失的途径。

2. 提高火力发电经济性的主要途径

提高火力发电经济性的主要途径如下：

（1）尽量减少冷源损失。从上述分析可以看出，在凝汽式火力发电厂中，大部分热能损失在凝汽器中被冷却水所带走。根据热力学第二定律，在工质的一个做功的循环过程中，必须要有一个热源（如锅炉）和一个冷源（如凝汽器）。因此，冷源损失是不可避免的。但是，我们可以想办法把向冷却水放热（即向系统外放热）的数量减少，例如，现代汽轮机采用了多级抽汽来加热给水的系统，即所谓给水回热加热系统。这样，将部分做过功的蒸汽用来加热给水，使这部分蒸汽的冷源损失的热量变成了系统中热源的供热的一部分，而未被系统外的冷却水所带走（约占总供热量的3.2%）。

在向外既供电又供热的热电厂中，可以利用汽轮机中做过功的蒸汽来供热。这些供热蒸汽，可以是汽轮机中间级的抽汽，或者是全部的汽轮机排汽（这时的汽轮机称为背压式汽轮机）。从能量利用上来看，也是减少了冷源部分的热损失。这就是热电合供的优点之一。

（2）提高蒸汽的初参数。提高蒸汽的初参数，就是指提高锅炉生产出来的过热蒸汽的压力和温度。这样，在汽轮机排汽终参数一定的情况下，提高了汽轮机中单位数量蒸汽的做功能力。另一方面，高参数蒸汽在汽轮机中做功的效率比低参数的高，所以整个循环效率提高了。

（3）采用再热循环。采用再热循环也有提高蒸汽初参数的同样效果。所谓再热循环，就是将汽轮机高压缸中做过功的蒸汽引到锅炉的再热器中再次过热，提高温度后又引回到汽轮机的中低压缸中继续做功。图1-2为中间再热系统示意。

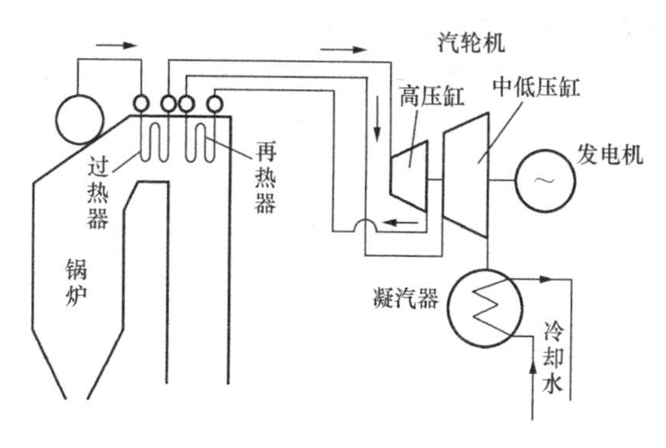

图1-2　中间再热系统示意

（4）提高辅助设备的效率，杜绝“七漏”的发生。现代火力发电厂辅助设备很多，特别是水泵和风机消耗的电能较多，因此，提高这些辅助设备的效率，减少厂用电，具有直接的经济效益。

“七漏”是指发电厂中六项工作物质与热量向外泄漏。它们是漏水、漏汽、漏风、漏粉、漏烟（灰）、漏油、漏热七项。“七漏”既浪费了能量，又放走了工作物质，是很大的损失。同时，“七漏”还造成工作环境的恶化，且危及人身、设备工作的安全，所以必须予以高度的重视。

此外，为了提高火力发电厂效率，还可以采取其他一些措施，如燃气—蒸汽联合循环等。

几十年来，在减少冷源损失和其他各项损失方面已有一定的成效。目前燃煤的亚临界机组的热效率达到了38%左右。

（二）火力发电厂的标准煤耗

为了说明和比较不同（或同一）火力发电厂在不同工况下发电的经济效益和生产技术的完善程度，生产部门通常引入“标准煤耗率”这一技术经济指标。“标准煤耗率”简称“标准煤耗”。

所谓火力发电厂“标准煤耗”，是指火力发电厂平均每发1kWh的电所消耗的标准煤的g（克）数。

我们规定低位发热量为29 310kJ/kg的煤为标准煤。将某一电厂实际消耗的煤量换算成标准煤的消耗量，可按下式进行，即

$$B_b = \frac{BQ_d}{29\ 310} \tag{1-5}$$

式中　B_b——标准煤的消耗量，kg/h。

那么，该厂的标准煤耗 b ［g/(kWh)］按下式计算为

$$b = \frac{BQ_d}{29.31P} \tag{1-6}$$

1990年，我国火力发电厂平均标准煤耗是427g/(kWh)。我国30万～60万kW亚临界机组的标准煤耗约为330～360g/(kWh)，达到了世界先进水平。2010年上半年我国火电机组的平均供电标准煤耗要求达到324g/(kWh)。

第二节　火力发电厂生产过程

一、火力发电的基本原理

火力发电的基本原理，可用图 1-3 来说明。

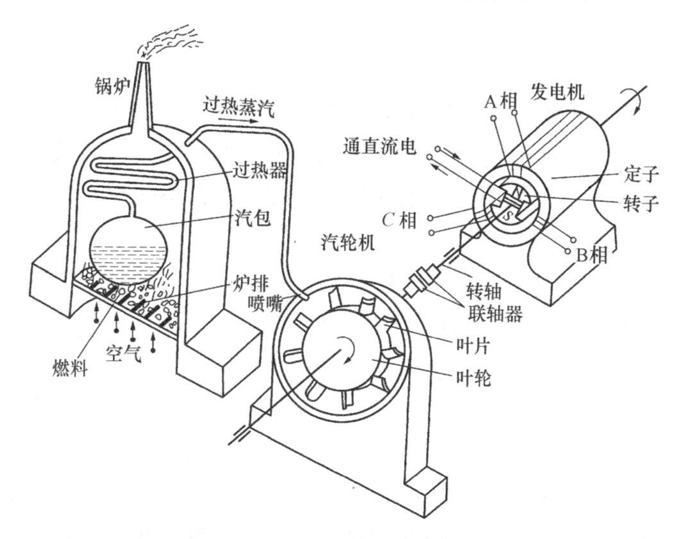

图 1-3　火力发电基本原理示意

在锅炉中，燃料被燃烧，其化学能转变成烟气的热能，然后，通过传热过程传给锅内的水和蒸汽，使水加热成为一定温度和压力的水蒸气，即转变成为水蒸气的热能。

在汽轮机中，一定温度和压力的水蒸气冲动汽轮机转子转动，并通过联轴器带动发电机的转子转动，即热能转变成转子转动的机械能。

在发电机中，转子转动时绕组切割磁力线，从而产生电流，即机械能转变成了电能。

二、火力发电厂的生产过程及主要设备

火力发电厂中燃料的化学能转变成电能，需要很多的设备，经过许多的过程才能完成。图 1-4（a）为火力发电的生产过程

示意图。图 1 - 4（b）为燃煤电厂电能的生产过程和主要的设备。

在图 1 - 4（b）中，原煤通过输煤皮带送到锅炉房的煤斗里，再从煤斗下到磨煤机中被磨制成粉；然后混同热风一起，由排粉机抽出，经喷燃器吹入炉膛中燃烧。

冷空气由送风机吸入并被送到空气预热器中。在该预热器中被加热成热空气。热空气分两路送入锅炉炉膛中。一部分热空气被送到磨煤机中干燥和输送煤粉，然后经排粉机抽出，从喷燃器进入炉膛。这部分空气称为一次风。另一部分热空气直接经喷燃器的另外通道送入炉膛，以补足煤粉燃烧所需空气量。这部分空气称为二次风。

在炉膛空间中，煤粉气流是以火炬形式进行燃烧。燃烧放出的热量传给炉膛四周的水冷壁（水冷壁是现代电厂锅炉使水沸腾蒸发成饱和蒸汽的主要受热面）。

高温烟气经炉膛上方的出口流向水平烟道内的过热器及尾部烟道内的省煤器、空气预热器时，继续把热量传给蒸汽、水和空气。冷却后的烟气经除尘器除去飞灰，由引风机抽吸到烟囱，然后排至大气。另外，锅炉下部排出的灰渣和除尘器下部排出的细灰依靠水冲到灰渣泵房，经灰渣泵送往储灰场。

在水冷壁中产生的蒸汽，流经过热器时，进一步吸收烟气的热量而变为过热蒸汽，然后通过主蒸汽管道送入汽轮机。

在汽轮机中，由锅炉来的具有一定压力和温度的过热蒸汽冲动汽轮机转子转动。蒸汽做过功后压力、温度降低，并被排入凝汽器。蒸汽在凝汽器的铜管外放热，并被凝结成水。凝结水由凝结水泵吸出，经低压加热器加热升温后打入除氧器。在除氧器内，利用抽汽加热方法除去凝结水和补充水中的气体。然后，水流入储水箱。储水箱中的水由给水泵抽出，经高压加热器加热后进入锅炉。以后经过省煤器、水冷壁、过热器等设备又重复上述过程，进行下一循环流动。

图 1 - 4（b）中凝汽器铜管内流过的冷却水，是由循环水泵

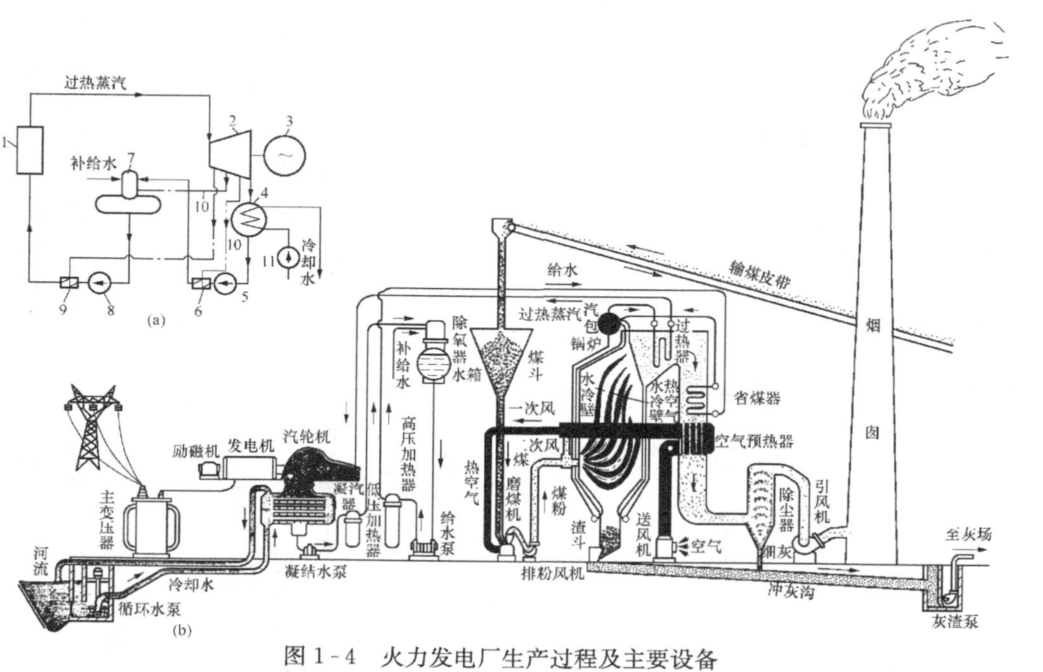

图 1-4　火力发电厂生产过程及主要设备

（a）火力发电生产过程示意；（b）燃煤电厂生产过程和主要设备

1—锅炉；2—汽轮机；3—发电机；4—凝汽器；5—凝结水泵；6—低压加热器；7—除氧器；8—给水泵；9—高压加热器；10—汽轮机抽汽管；11—循环水泵

从江河上游处吸取的。吸取热量后排入江河的下游。

发电机转子通过联轴器与汽轮机转子一同旋转。发电机转子绕组中通有直流电。直流电的获得方法之一是由同轴旋转的小直流发电机发出的，该小直流发电机称为励磁机，见图1-4（b）。通电绕组产生的磁力线垂直转子轴线，所以，发电机转子产生一个与转子同步旋转的磁场。这个旋转磁场，在静止的定子封闭绕组中因切割磁力线产生感应电流。该电流由主变压器升压后，经高压配电装置和输电线路送到用户去。电厂自用电一般由主发电机直接供给。所供给的电由厂用变压器降压后，经厂用配电装置和电缆向厂内各种辅机及照明供电。其电气系统示意图见图1-5。

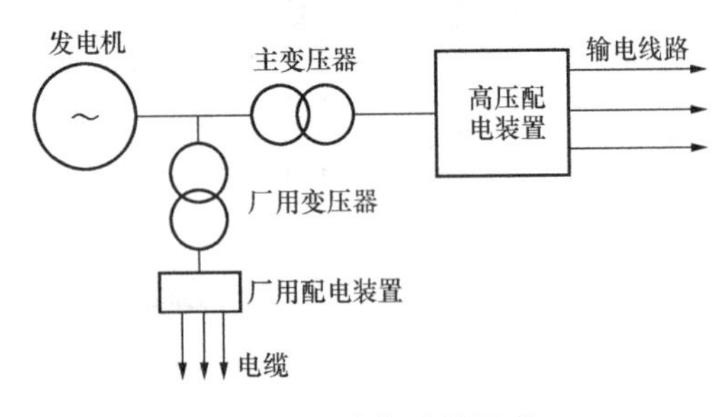

图1-5　电气系统示意

在火力发电厂中，如上所述，不断地进行着水⟶蒸汽⟶水的循环变化过程，同时，在锅炉中大量地消耗着燃料，在汽轮发电机中送出强大的电能。

第三节　锅 炉 设 备

一、电厂锅炉的作用及特点

锅炉是一种很普通的热力设备。它利用燃料燃烧所放出的热量来加热水。在电厂锅炉中，水被加热沸腾蒸发、过热，变成具有规定高的压力和温度的过热蒸汽，然后该蒸汽进入汽轮机冲动汽轮机转子旋转。

为了提高蒸汽在汽轮机中的做功能力及循环热效率，现代电厂锅炉生产的蒸汽压力和温度，提高到了相当高的程度。提高蒸汽的初温初压是现代电厂锅炉的发展方向。

由于电能生产的集中性，以及为了降低单位容量造价和发电成本，减少运行人员，加快电力发展速度，现代电厂锅炉向大容量的方向发展。

这种生产高温高压蒸汽的电厂锅炉，与民用锅炉、工业锅炉相比较，在结构上有较大的区别。除工作安全是首要的问题外，经济性提到了非常重要的地位。电厂锅炉的效率已高达 90%及以上。工业锅炉的效率一般为 60%～80%，民用锅炉的效率还要低。

电厂锅炉大多采用燃烧燃料量大、燃烧效率高的悬浮燃烧方式。目前一些洁净燃煤技术迅速发展。

电厂锅炉机械化、自动化程度高，辅助设备及系统比较多。

二、锅炉的主要特性参数

锅炉的主要特性参数是用来说明锅炉基本特性的一些数据。

1. 锅炉容量

锅炉在正常、经济运行条件下，每小时连续生产的最大蒸汽量称为锅炉容量，或称额定蒸发量，用 De 表示，单位是 t/h。

锅炉容量是用来说明锅炉生产能力大小的特性数据。

2. 锅炉蒸汽参数

锅炉蒸汽参数是用来说明锅炉产生的蒸汽的压力和温度的特性数据。一般是指锅炉过热器最后出口的过热蒸汽（又称主蒸汽或新蒸汽）的压力和温度。对于有再热器的锅炉，还包括再热蒸汽在再热器进出口处的压力和温度。

蒸汽压力用符号 p 表示，国际标准单位是“帕”（Pa）。蒸汽温度用符号 t 表示，单位是℃。

3. 锅炉效率

锅炉效率（锅炉热效率）是指锅炉有效利用热量占输入锅炉全部热量的百分数。

这里所谓“锅炉有效利用热量”，主要是指在稳定工况下，单位时间（1h）内进入锅炉的给水通过锅炉加热后所得到的热量；对于有中间再热器的锅炉，还应包括同一时间内再热蒸汽从锅炉中获得的热量。输入锅炉的全部热量，主要是指同一时间内锅炉所消耗的燃料完全燃烧时所放出的热量；有时还应包括随同燃料一起进入锅炉的一些少量（如雾化燃油的蒸汽）热量。

锅炉有很多的辅助设备在运行中要消耗电能或热能。在锅炉有效利用热量中扣除了锅炉辅助设备自用能量折算成热量后得出的效率，称为锅炉的净热效率。

锅炉效率是用来说明锅炉运行经济性的特性数据。

三、锅炉的分类

电厂锅炉的分类方法很多，常见的分类方法，如表1-1所示。

表1-1　　电厂锅炉的分类

分类方法		名　称	简 要 说 明
锅内过程	按循环方式	自然循环锅炉	利用汽水重度差建立工质循环，只能应用在临界压力以下
		辅助循环汽包锅炉	利用汽水重度差和循环泵的压头建立工质循环，只能应用在临界压力以下
		直流锅炉	水一次通过受热面变成蒸汽，用于高压以上
		复合循环锅炉	带循环泵的直流锅炉，适用于亚临界和超临界压力
	按锅炉出口蒸汽压力	中压锅炉(3.8MPa)	一般采用自然循环，超高压及超高压以上时都带一次再热
		高压锅炉(9.8MPa)	
		超高压锅炉(13.7MPa)	
		亚临界压力锅炉(16.7MPa)	各种循环方式均可以采用，由技术经济比较确定。应防止膜态沸腾和高温腐蚀
		超临界压力锅炉(>22.1MPa)	采用直流或复合循环。应注意防止膜态沸腾和高温腐蚀

续表

分类方法		名　　称	简　要　说　明
炉内过程	按所用燃料或能源	固体燃料锅炉	燃料成分和灰渣特性是影响锅炉设计的主要因素。国产锅炉以煤为主
		液体燃料锅炉	具有较高的炉膛容积热负荷和烟速。为了防止低温腐蚀和堵灰，宜采用低氧燃烧并提高进风温度和排烟温度
		气体燃料锅炉	具有较高的炉膛容积热负荷和烟速。应注意防止燃烧器回火和爆炸
		余热锅炉	利用冶金、石油化工、水泥等工业的余热作热源。为了适应流程、通道形状和布置高度的限制，可采用辅助循环或直流
		原子能锅炉	利用核反应堆释放热能的蒸汽发生器
		其他能源锅炉	利用地热、太阳能等的蒸汽发生器
	按燃烧方式	层燃炉(火床燃烧锅炉)	主要用于工业锅炉
		室燃炉(火室燃烧锅炉)	主要用于电厂锅炉
		旋风炉（分立式和卧式）	燃料和空气相对速度大大提高，有利于强化燃烧、液态排渣
		沸腾炉（流化床）	适用于烧劣质煤，利于环保
	按排渣方式	固态排渣锅炉	是燃煤锅炉的主要排渣方式
		液态排渣锅炉	应注意防止析铁、炉膛高温腐蚀和产生 NO_x
	按炉内烟气压力	负压锅炉	有送、引风机，平衡通风，是燃煤锅炉的主要形式
		微正压锅炉（200～500mmH_2O）	对炉墙密封要求高
		增压锅炉(>0.3MPa)	仅用于油、气燃料，配蒸汽—燃气联合循环

续表

分类方法		名　称	简要说明
布置形式	按炉型	倒U形、塔形、箱形、D形等	倒U形适用于各种燃料，塔形适用于劣质烟煤和褐煤，箱形适用于液体或气体燃料，D形适用于低、中参数
	按电厂布置	露天、半露天、室内、地下、进洞	以室内或露天布置采用最为广泛

四、锅炉设备的工作原理

正常工作的电厂锅炉，必须具有下列两项基本功能：

(1) 锅炉的“炉”应快速有效地燃尽大量的燃料，并将放出的热量安全有效地传给“锅”中的水和蒸汽。

(2) 锅炉的“锅”应使水在吸收热量后，安全顺利地沸腾蒸发，最后成为规定压力和温度的过热蒸汽，并且使该蒸汽安全稳定地输送到汽轮机中去。现将这两方面的工作介绍如下：

(一) “炉”的工作原理

现代电厂锅炉有四种典型的燃烧方式，如图1-6所示。

图1-6 (a) 所示的是层状（或称火床）燃烧。燃料是在链条炉排上进行燃烧的。在炉排上由煤闸门形成一定厚度（约60～180mm）的燃料层。燃料层燃烧量不大。目前只是在工业锅炉或小型电厂锅炉上应用。

图1-6 (c) 所示的旋风燃烧，是具有立式旋风筒（燃烧室）的旋风燃烧。空气沿切向高速（约60～90m/s）进入旋风筒，带着煤粉作强烈的螺旋运动，并进行燃烧。由于燃料是贴壁黏在熔渣上燃烧，燃料与空气相对速度大，燃烧稳定、激烈且较完全。此外，它的捕渣率可达65%～80%。它的缺点是，当锅炉容量大时，旋风筒过多而使锅炉结构复杂。其次是风压高，耗电多。

图1-6 (d) 所示的沸腾燃烧，是让空气以一定的速度从布风板（炉箅）下，经风帽将煤粒吹起，使煤粒在空中像液体沸腾

一样上下翻腾并且燃烧。这种燃烧方式燃烧稳定且强烈，可燃劣质煤，锅炉结构紧凑，沸腾床燃烧温度不高（沸腾区温度一般在850～1050℃的范围内）。可抑制 NO_x 的生成，并便于脱硫和灰渣的综合利用，采用物料循环后的循环流化床锅炉效率高。但受热面磨损严重，风机耗电量较高，目前容量不大。

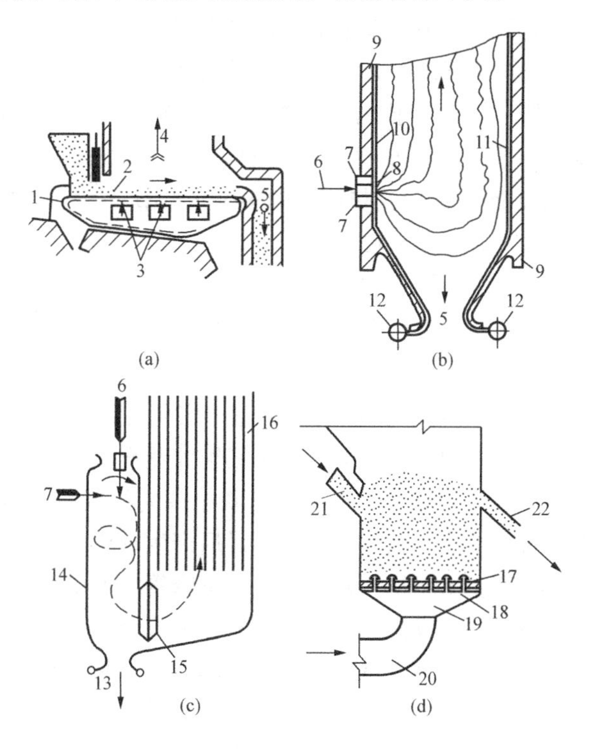

图 1-6　典型燃烧方式示意

（a）层状燃烧；（b）悬浮燃烧；（c）旋风燃烧；（d）沸腾燃烧

1—炉箅；2—燃料；3—空气；4—烟气；5—灰渣；6—煤粉与一次风的混合物；7—二次风；8—喷燃器；9—炉墙；10—前水冷壁；11—后水冷壁；12—下联箱；13—液态渣；14—旋风燃烧室；15—捕渣管束；16—冷却室；17—风帽；18—布风板；19—风室；20—进风道；21—进煤口；22—溢渣口

现在，国内外采用最多，而且容量最大的锅炉，是图 1-6

(b) 所示的悬浮燃烧方式锅炉。煤粉、油雾或燃气是在整个炉膛空间中进行燃烧的，所以这种燃烧又名室燃。这种燃烧的燃烧速度很快（燃料在炉内停留的时间很短，一般不超过 2～3s），可以燃烧大量的燃料，并且易于燃尽和便于实现机械化、自动化。

燃烧大量的燃料所放出的热量，必须有效地传给锅炉中的汽水，但又必须不致使炉膛温度降低过多而不利于燃烧。因此，应以不致使灰渣在炉膛出口处和布置其后面烟道中的受热面上结渣为烟温的上限。一般炉膛出口烟温约在 1100℃左右。炉膛内吸热量的多少，可以利用布置于炉膛四周的水冷壁或其他受热面（包括悬吊在炉膛上部的受热面）的多少来调节。

（二）"锅"的工作原理

目前，我国电厂锅炉按水循环的特点可分为：自然循环锅炉和强制循环锅炉两大类，而强制循环锅炉又可分为多次强制循环锅炉、直流锅炉、复合循环锅炉。

图 1-7（a）是自然循环锅炉示意。汽包是汽包锅炉（自然循环锅炉和多次强制循环锅炉）中汇集饱和蒸汽、给水和炉水的圆筒形容器。它与下降管、水冷壁、联箱共同组成水循环回路。水冷壁管中的水接受炉膛烟气辐射热量后产生蒸汽。水冷壁管中的汽水混合物密度小于从汽包底部流入下降管（不受热）中水的密度。这种密度差造成汽包中的水不断流入下降管，以及水冷壁中的汽水混合物不断进入汽包的循环流动。这就是自然循环锅炉的工作原理。

图 1-7（b）是多次强制循环锅炉的示意。多次强制循环的结构与自然循环锅炉基本相同，也有汽包，但不同的是在下降管中增加了循环泵，以增强循环的推动力。

图 1-7（c）是直流锅炉的示意。直流锅炉没有汽包，给水是在给水泵的压力下一次通过省煤器、蒸发设备和过热设备，最后全部成为过热蒸汽。

图 1-7（d）是复合循环锅炉的示意。它是在直流锅炉的基

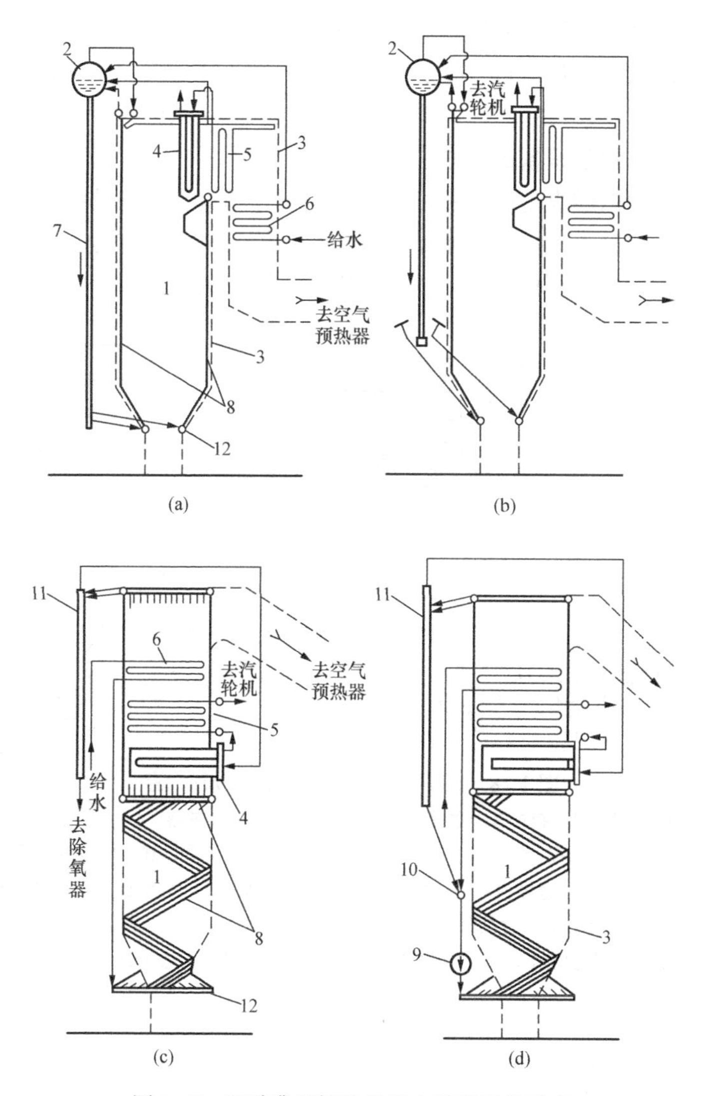

图 1-7　四种典型锅炉的汽水系统结构示意

(a) 自然循环锅炉；(b) 多次强制循环锅炉；(c) 直流锅炉；(d) 复合循环锅炉

1—炉膛；2—汽包；3—炉墙；4—屏式过热器；5—对流过热器；6—省煤器；7—下降管；8—水冷壁；9—锅炉水循环泵；10—混合器；11—汽水分离器；12—联箱

础上加装了再循环系统，以保证锅炉蒸发部分在启动时或低负荷时有足够的工作流量，使炉膛部分的水冷壁管不致因工质流量小而烧坏。

五、锅炉设备的组成

下面以燃煤粉的自然循环锅炉为例介绍锅炉设备的组成。

锅炉设备包括锅炉本体设备和锅炉辅助设备两部分。这两部分内容的主要部件或设备在锅炉中的位置参见图 1-8。

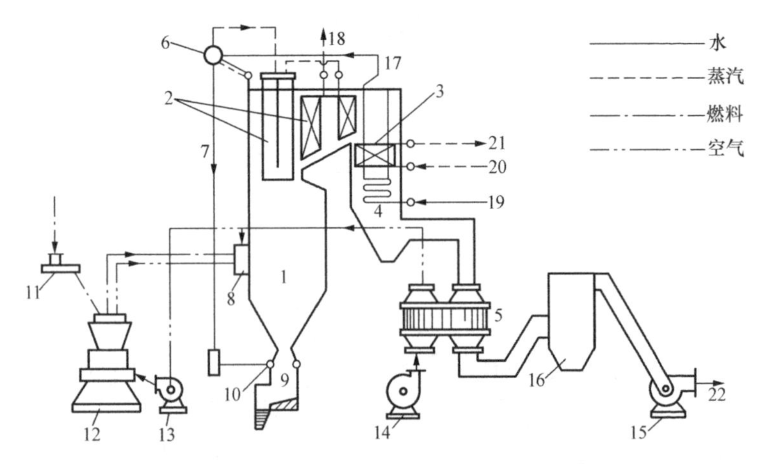

图 1-8　锅炉设备的组成及工作过程示意

1—炉膛（四周墙上布置有冷水壁管）；2—过热器；3—再热器；4—省煤器；5—空气预热器；6—汽包；7—下降管；8—燃烧器；9—除渣装置；10—水冷壁下联箱；11—给煤机；12—磨煤机；13—排粉机；14—送风机；15—引风机；16—除尘器；17—省煤器出水；18—过热蒸汽出口（至汽轮机高压缸）；19—由给水泵来给水；20—汽轮机高压缸排汽；21—再热蒸汽出口（至汽轮机中、低压缸）；22—排烟至烟囱

（一）锅炉本体设备

锅炉本体设备又包括汽水系统、燃烧设备、炉墙和构架三个方面。

1. 汽水系统

汽水系统俗称为“锅”。它的任务是吸收燃料燃烧放出的热量，使水蒸发，最后成为规定压力和温度的过热蒸汽。它由汽包、下降管、联箱、水冷壁、过热器、再热器和省煤器等组成。

（1）汽包。现代电厂锅炉只有一个汽包，横置于炉外顶部，是一个圆筒形受压容器，其下部是水，上部是蒸汽。它是加热、蒸发、过热三个阶段的连接枢纽，具有一定的储热能力，可以改善蒸汽的品质。

（2）下降管。下降管布置在炉外不受热。它的作用是将汽包中的水连续不断地送入下联箱并供给水冷壁。下降管分为小直径分散下降管和大直径集中下降管两种。小直径分散下降管的管径小（一般为ϕ108～ϕ159），管数多（40 根以上）。大直径集中下降管的管径大（一般为ϕ273～ϕ558.8），管数少（4～6 根）。

（3）水冷壁。水冷壁是布置在燃烧室内四周墙上的许多平行的管子（因管内工质向上流动，也称为上升管）。它的主要作用是吸收燃烧室中的辐射热，使管内的水汽化，蒸汽就是在水冷壁管中产生的。它是现代锅炉的主要蒸发受热面。此外，它还起保护炉墙的作用。

（4）过热器。它的作用是利用烟气的热量将饱和蒸汽加热成一定温度的过热蒸汽。

过热器有多种结构形式，一般按传热方式可分为对流式、辐射式和半辐射式等几种。

对流过热器布置在对流烟道中，主要依靠对流换热方式来吸收烟气的热量以加热蒸汽。

辐射式过热器布置在炉膛内，主要依靠辐射换热方式来吸收炉膛辐射热量以加热蒸汽。

半辐射式过热器布置在炉膛出口处，既吸收炉膛辐射热量又吸收烟气的对流热量以加热蒸汽。

（5）再热器。再热器的结构和布置与过热器相似。它的作用是将在汽轮机高压缸做过部分功的蒸汽引回锅炉再次进行加热，提高温度后，又送往汽轮机中、低压缸继续做功。经过再热器加热后的蒸汽称为再热蒸汽。

(6) 省煤器。装在锅炉尾部的垂直烟道中。它的作用是利用烟气的热量加热锅炉给水，以提高给水温度，降低排烟温度，节约燃料消耗。

(7) 联箱。布置在炉外不受热。起汇集、混合和分配工质的作用。

2. 燃烧系统

燃烧系统俗称为“炉”。它的任务是使燃料在炉内良好地燃烧，放出热量。锅炉本体中的燃烧设备是由燃烧室（炉膛）、燃烧器及点火装置、空气预热器等组成的。

(1) 燃烧室。也叫炉膛，是供燃料燃烧的地方。它是由炉墙和水冷壁围成的空间，燃料在这种特定的空间中呈悬浮状态燃烧。

图 1-8 所示是我国常见的倒 U 形布置的固态排渣煤粉炉的炉膛形状。

该炉膛四周贴墙布置有水冷壁。它的下部由前后水冷壁（及相应的炉墙）向炉内弯曲倾斜（与水平面约成 50°）形成冷灰斗。约有灰分总量的 5%～10%的灰渣从下部排渣口排入灰渣斗。炉膛上部空间悬挂有前屏和后屏过热器。炉膛后上方是炉膛烟气出口。炉膛出口下方，是由后水冷壁上部水冷壁管向炉中突出 1/3 或更多深度所形成的折焰角。该部分的水冷壁管约有 1/3～1/4 管子分叉或直接向上，其直管部分作悬吊管用。折焰角有使火焰偏转的作用，可改善烟气对屏式过热器的冲刷；它还增长了水平烟道，从而可使水平烟道布置更多的受热面。

(2) 燃烧器及点火设备。燃烧器也叫喷燃器，它是组织燃料燃烧的设备。煤粉燃烧器的作用是把煤粉和一次风混合物喷入炉膛，使煤粉迅速而稳定地着火，并合理地供应二次风，组织良好的燃烧过程。煤粉燃烧器使煤粉在炉膛空间以火炬的形式进行燃烧。

按气流从燃烧器流出形式，可把煤粉燃烧器分为旋流式和直流式两大类。图 1-9 是超高压 440t/h 锅炉燃用烟煤的直流燃烧器。

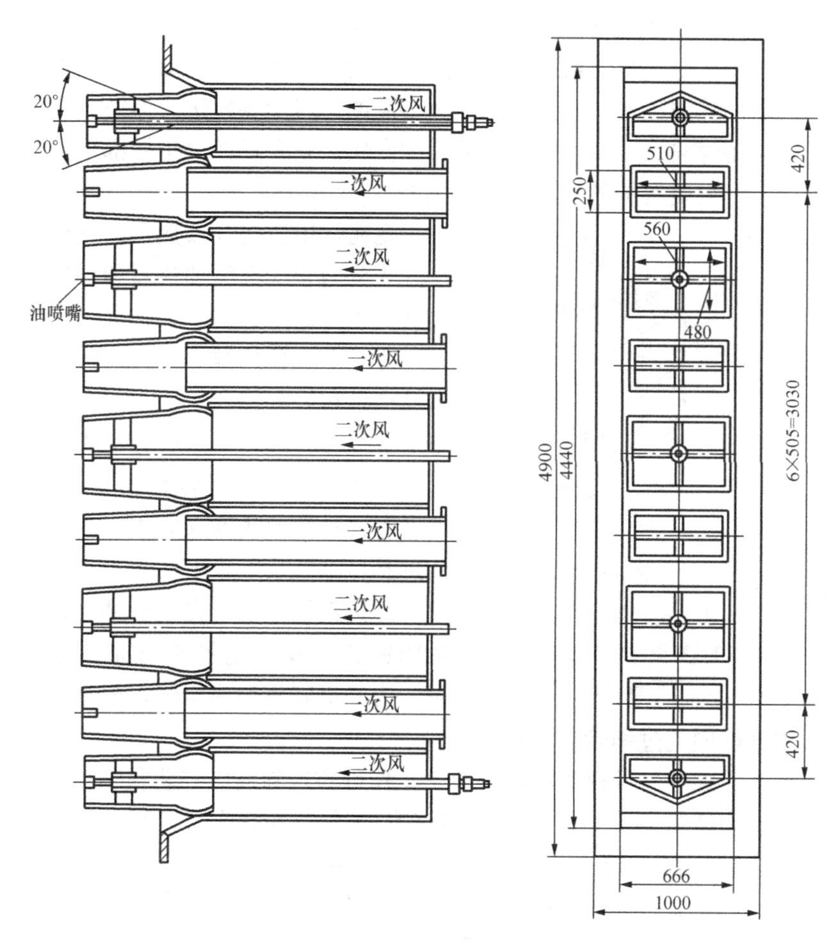

图 1-9　超高压 440t/h 锅炉燃用烟煤的直流燃烧器

我国现在广泛采用两种燃烧器的布置方案，一是将旋流燃烧器布置在炉膛前墙或前后墙，一是将直流燃烧器布置在炉膛四角。

锅炉启动时，要使煤粉气流着火，必须采用点火装置。另外，在运行中，当负荷过低（因外界需要电量或蒸汽量减少）或煤种变化引起燃烧不稳定时，也可用点火装置维持燃烧稳定。图1-9中二次风口内油喷嘴就是现代锅炉常用的点火装置。

（3）空气预热器。空气预热器是利用排烟热量来加热空气的设备。热空气是炉膛高温燃烧所必需的。对于煤粉炉，热空气还是制备煤粉（干燥、输送煤粉）的介质。它布置在锅炉尾部烟道中，一般是锅炉的最后一个受热面。

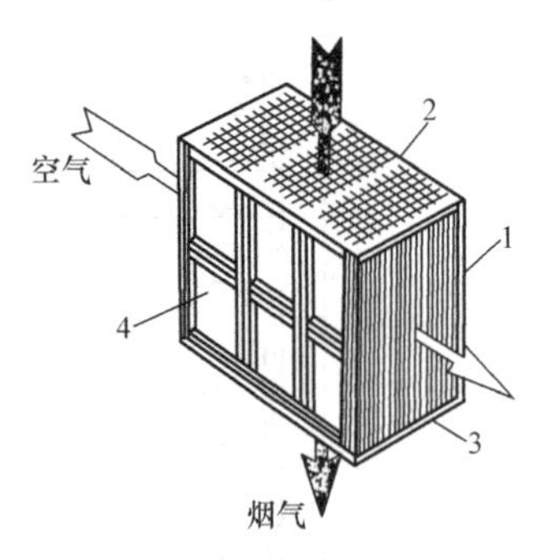

图1-10　管式空气预热器（立式）管箱结构
1—管子；2—上管板；3—下管板；4—墙板

现在常用的空气预热器，按传热方式分为管式空气预热器和回转式空气预热器两大类。

管式空气预热器（立式）的基本结构是在许多错列的直立薄壁钢管上下焊有管板，组成管箱，管箱的立体图如图1-10所示。

管式空气预热器（立式）工作原理是：烟气从上至下在钢管内通过，加热钢管；空气在钢管外横向冲刷钢管，吸收钢管传过来的热量，为了更好地加热空气，要增加空气横向流过钢管的次数。

管式空气预热器结构简单，工作可靠，制造、安装和维护方便，但体积庞大，耗用钢材多（有的约占锅炉总钢材消耗量的25%），因此，现在大中型锅炉趋向采用回转式空气预热器。

回转式空气预热器有受热面回转式和风罩回转式两种。图1-11是风罩回转式空气预热器的立体示意图。

风罩回转式空气预热器避免了笨重的受热面回转。它在受热面上下有两个相对的，同步旋转的8字形风罩，该风罩内通空气，外通烟气。

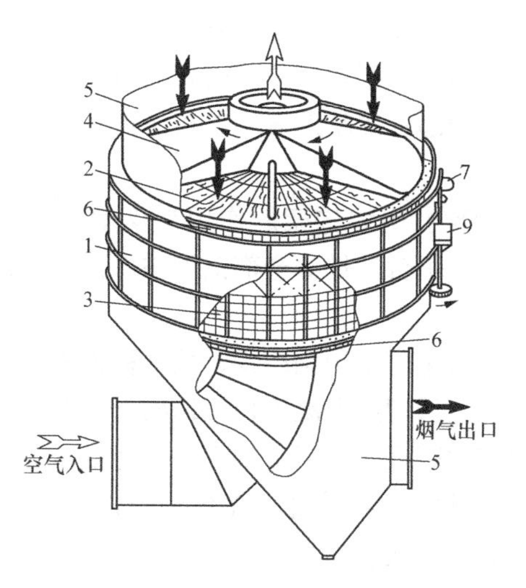

图 1-11　风罩回转式空气预热器的立体示意

1—预热器外壳；2—静子上部的传热元件；3—静子下部的传热元件；4—8 字风罩（转子）；5—烟气通道；6—风罩外圈上的环形传动齿带；7—传动小齿轮；8—减速传动装置

回转式空气预热器工作的好坏，在于动、静部件间间隙的密封好坏。漏风大是它的主要缺点。其漏风率可高达 20%以上，目前，先进的约为 5%～8%。

高度预热的空气（可高达 400℃左右）对煤粉的着火和稳定燃烧有利，可以减少燃料的不完全燃烧损失，提高炉内温度，加强传热作用，进一步提高锅炉效率，此外，热空气还是制粉系统中煤粉的干燥剂。所以现代大中型锅炉中都有空气预热器设备。

3. 炉墙和构架

(1) 锅炉炉墙。锅炉炉墙是锅炉的外壳。它的作用是构成锅炉的炉膛和烟道，使火焰和烟气与外界隔绝，防止热量散失和烟气漏出，保证燃烧和传热过程正常进行。炉墙结构一般分为三层，内层为耐热层，受高温的直接作用，一般是用耐火材料制成的耐火混凝土；中层为绝热层（或保温层），起绝热保温作用，常用保温性能好的硅藻土、石棉、蛭石、膨胀珍珠岩和超细玻璃棉等材料；外层为密封层，一般用密封涂料制成密封抹面，有的还在抹面层外用聚酯乙烯粘贴玻璃丝布作护面或用薄钢板制成密封护板。

（2）锅炉构架。锅炉构架的作用是支承或悬吊汽包、受热面、联箱、炉墙、平台扶梯等全部锅炉构件，并保持各部件之间的相对位置。

锅炉构架过去全部采用钢结构，故又称为锅炉钢架。现代锅炉的构架部分地采用钢筋混凝土柱梁结构，以节省钢材。钢结构部分一般是由普通碳素结构钢（如3号钢）或普通低合金钢（如16Mn）制成的型钢（如工字钢、槽钢、角钢等）构成。

锅炉构架有支承式和悬吊式两种类型。

我国高压锅炉大多采用支承式构架。图1-12为支承式锅炉构架。

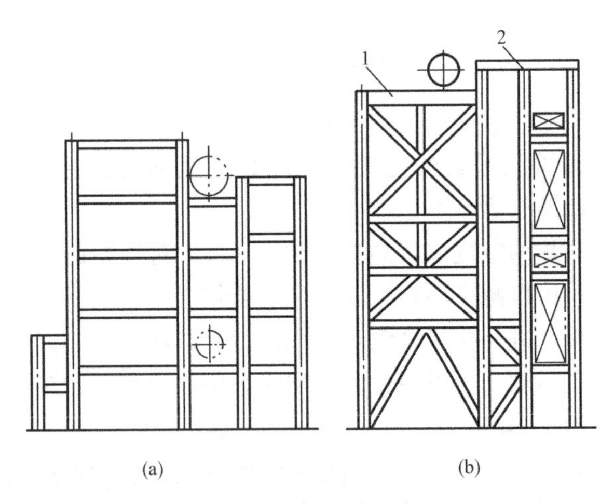

图1-12　支承式锅炉构架
（a）框架式；（b）桁架式
1—炉膛部分构架；2—尾部构架

我国超高压和亚临界压力锅炉普遍采用悬吊式构架。在悬吊式锅炉构架中，还有一种半悬吊式锅炉构架。它的炉膛部分采用悬吊结构，尾部烟道仍靠构架支承。图 1 - 13 为半悬吊式锅炉构架。图 1 - 14 为全悬吊式锅炉构架。

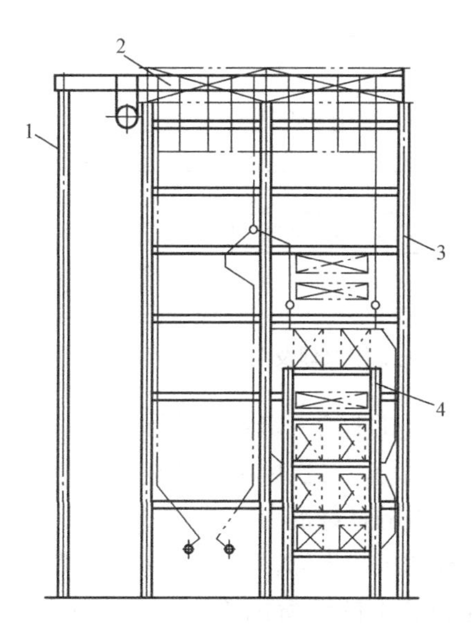

图 1 - 13　半悬吊式锅炉构架
1—厂房柱；2—炉顶梁格；3—钢筋混凝土框架；4—尾部构架

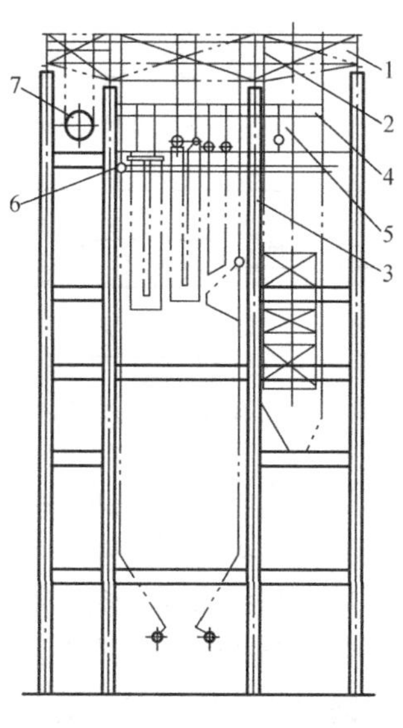

图 1 - 14　全悬吊式锅炉构架
1—炉顶梁格；2—二次吊杆；3—钢筋混凝土框架；4—过渡梁；5—一次吊杆；6—联箱；7—汽包

（二）锅炉辅助设备

锅炉辅助设备是配合锅炉本体设备来进行工作的，主要的辅助设备有通风设备、燃料输送设备、制粉设备、除尘除灰设备、给水设备以及一些锅炉附件和自动控制装置等。

1. 制粉设备及系统

制粉系统的任务是将经过磁铁分离、筛分和初步破碎的原煤进行干燥和磨细，以获得一定数量和规定质量的煤粉，并将其送往燃烧器。

现代电厂煤粉炉的制粉系统可分为直吹式制粉系统和仓储式

制粉系统两大类。

在直吹式制粉系统中，煤由磨煤机磨细后经粗粉分离器直接吹入燃烧室进行燃烧。其工作原理及工作流程如图 1 - 15 所示。

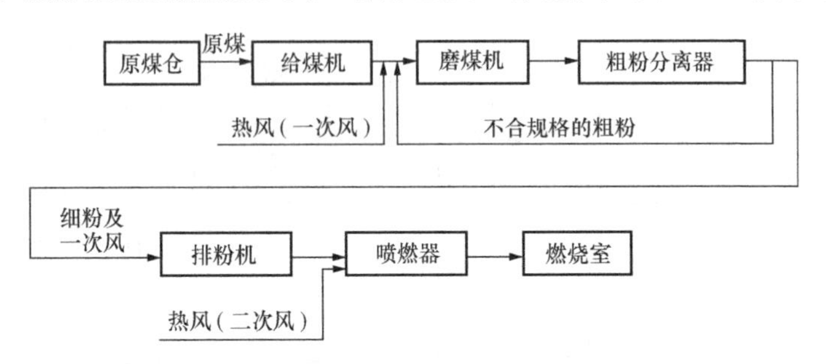

图 1 - 15　直吹式制粉系统工作原理及工作流程

在该系统中，给煤机按锅炉负荷供给一定数量的原煤。一次风在制粉系统中用于干燥和输送煤粉。二次风用于补充一次风量的不足，并且保证燃烧后期与燃料的良好混合。

在仓储式制粉系统中，制成的煤粉先储存在煤粉仓内，然后根据锅炉负荷的需要，通过煤粉仓下的给粉机送入一次风管中，进入燃烧室进行燃烧。其工作原理及工作流程如图 1 - 16 所示。

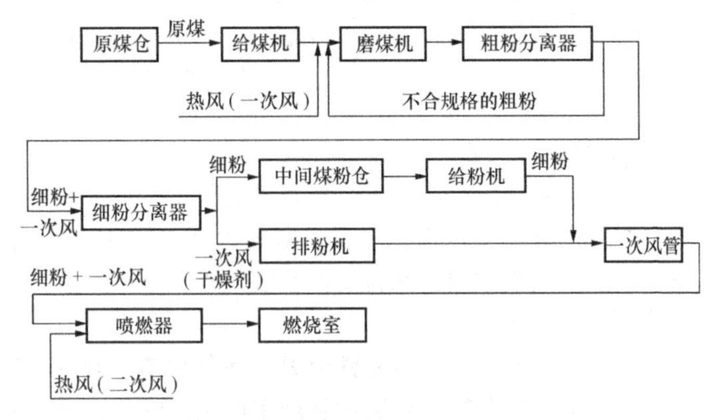

图 1 - 16　仓储式制粉系统工作原理及工作流程

该系统运行灵活，制粉系统的工作与锅炉负荷无关。它可以利用螺旋输粉机将所制煤粉输送到其他锅炉的煤粉仓中去，也可将邻炉的制粉输送到该锅炉煤粉仓中来。

制粉系统的主要设备包括如下几部分：

（1）磨煤机。磨煤机的作用是将原煤干燥和磨细。磨煤机按转速可分为低速磨煤机（如筒式钢球磨煤机）、中速磨煤机（如中速平盘磨煤机，中速碗式磨煤机等）和高速磨煤机（如高速风扇磨煤机）等。

低速筒式钢球磨煤机（简称球磨机）结构示意如图 1 - 17 所示。

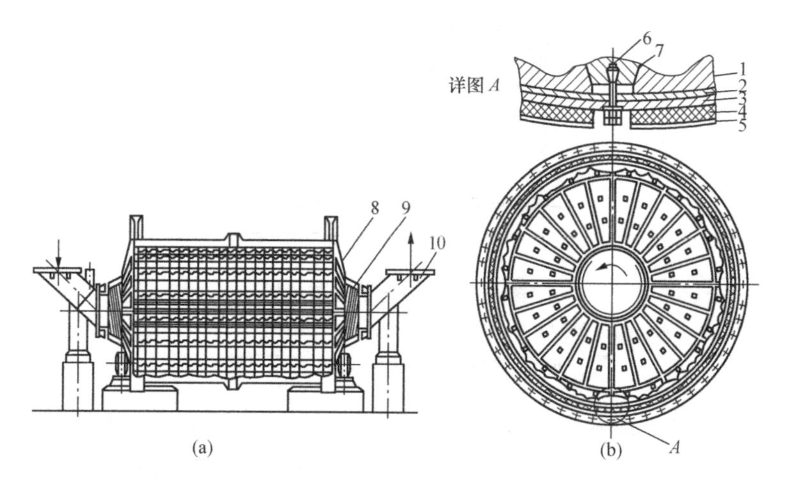

图 1 - 17　球磨机剖面图

(a) 纵剖面；(b) 横剖面（放大）

1—波浪形的护板；2—绝热石棉垫层；3—筒身；4—隔音毛毡层；5—钢板外壳；6—压紧用的楔形块；7—螺栓；8—封头（又名端盖）；9—空心轴颈；10—连接短管

球磨机的工作部分是一个内部衬有波浪形板的低速旋转圆筒。当几十吨 $\phi30 \sim \phi60$ 的钢球和原煤一起旋转时，波浪形钢瓦将钢球带到一定高度，钢球因重力作用落下将煤击碎，同时，钢球在筒内滚动对煤也有挤压和碾压作用。

中速平盘磨煤机的结构示意如图 1 - 18 所示，当电动机带动转盘转动时，靠辊子自重和弹簧压在转盘边上的压力将煤挤压成粉。

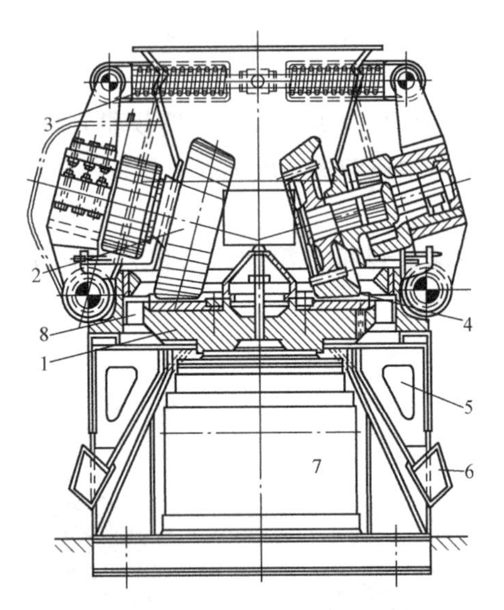

图 1 - 18　中速平盘磨煤机

1—转盘；2—辊子；3—弹簧；4—挡环；5—风室；
6—杂物箱；7—减速箱；8—环形风道

高速风扇式磨煤机的结构示意如图 1 - 19 所示。高速风扇式磨煤机的结构与离心式风机类似。它是靠旋转叶轮上的叶片（即冲击板）将煤击碎成粉，或将煤摔打在外壳衬板上撞碎成粉。风扇磨同时还是排粉机，在叶轮旋转时，叶轮中心入口处形成负压，将热风吸入。在叶轮旋转所造成的惯性离心力作用下，将空气及煤粉送入粗粉分离器进行粗粉分离，粗粉落回磨煤机重新磨制，细粉由空气带入炉膛燃烧。

（2）粗粉分离器。粗粉分离器的作用是把不合格的粗煤粉分离出来，再送回磨煤机重新磨制。另外，粗粉分离器还可以调节煤粉的细度。

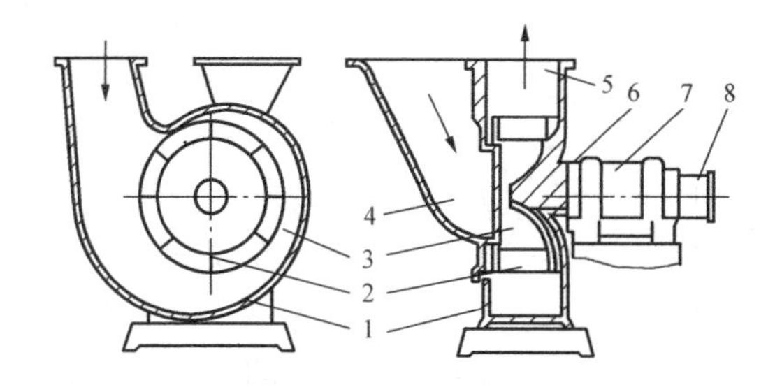

图 1-19　风扇式磨煤机

1—外壳；2—冲击板；3—叶轮；4—风、煤进口；5—煤粉空气混合物出口（接粗粉分离器）；6—轴；7—轴承箱；8—联轴器（接电动机）

我国常采用离心式粗粉分离器。它主要是利用离心力来分离的，此外，也利用重力、惯性、撞击等分离作用，离心式粗粉分离器如图 1-20所示。

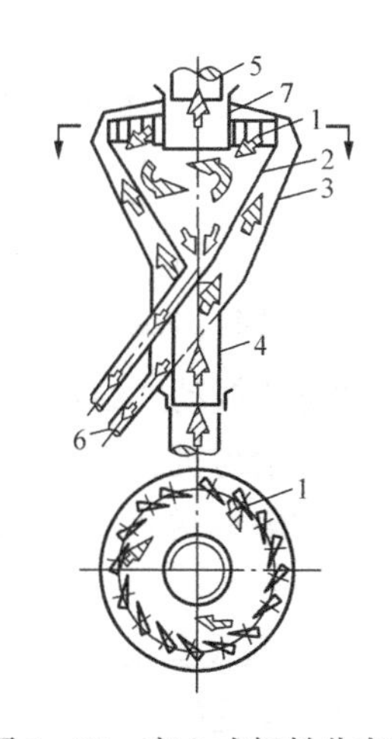

图 1-20　离心式粗粉分离器

1—折向挡板；2—内锥；3—外锥；4—进口管；5—出口管；6—回粉管；7—出口调节管

磨煤机来的煤粉气流从进口管自下而上进入分离器外圆锥壳中，因流通断面扩大，速度降低，进行重力分离；升到上部折向挡板处，气流转弯，进行惯性和撞击分离；折向通过挡板后，进入内锥筒，成旋转气流，进行离心分离；在进入中心调节筒之前，进行重力分离和惯性分离。这种分离器利用调节折向挡板的开度和中心调节筒上下位移的程度来调节分离作用的大小，以得到不同细度的煤粉。

（3）细粉分离器。细粉分离器又称为旋风分离器，用于仓储式制粉系统中，它是利用离心作用来分离气、粉的。细粉分离器如图 1-21 所示。它由内外两个长圆筒组成。煤粉气流从切向引

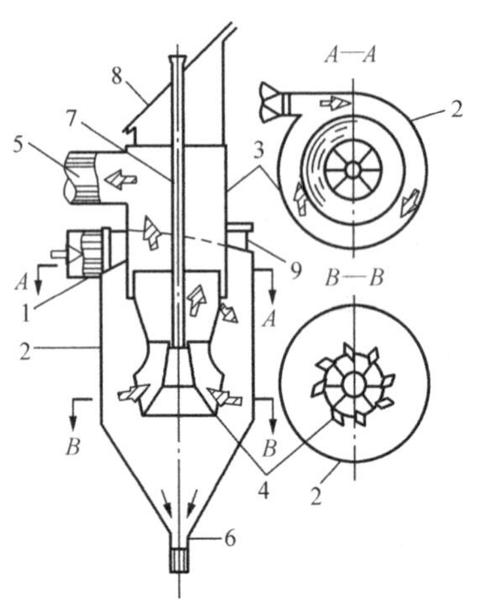

图 1-21　细粉分离器

1—入口管；2—外圆筒；3—中心管；4—导向叶片；5—出口管；6—煤粉出口；7—拉杆；8—中部防爆门；9—外圆筒上的防爆门

入和引出，由于产生强烈的旋转运动，约有 85%～90%的煤粉被分离下来，从下面煤粉出口管送入煤粉仓；气流则由排粉机抽吸走。在煤粉出口管段上装有两个锁气器。锁气器是利用杠杆原理工作的。当煤粉积聚到一定质量后，管口会自动打开，煤粉落入粉仓，而空气不能通过。

(4) 给煤机。给煤机在原煤斗（或仓）下部，其作用是根据需要来调节进入磨煤机的原煤量。并将原煤仓的原煤均匀地送入磨煤机。

电厂常用的给煤机有刮板式、圆盘式、电子重力式皮带给煤机和电磁振动式给煤机。

(5) 给粉机。给粉机的作用是按锅炉负荷需要，将煤粉仓中的煤粉均匀地送入一次风管中。常用的一种给粉机是叶轮式给粉机。

2. 通风设备及系统

通风系统的作用是保证锅炉空气的供给和烟气的排除。主要的通风设备有送风机、冷风道、热风道、引风机、烟道及烟囱等。

送风机用来克服风道和空气预热器中的阻力，使空气以一定的速度进入磨煤机或燃烧室。我国锅炉制粉系统和炉膛燃烧，常采用负压运行方式（如炉膛负压一般为 30～50Pa）。在制粉系统的末端要借助排粉机抽吸磨煤机中的煤粉气流，在锅炉烟道尾部要借助引风机抽吸炉膛中的烟气，将其排入大气。

烟囱是自然通风设备，自然通风是依靠外界冷空气与烟囱及设备内部热烟气之间的密度差产生的。

现代电厂锅炉装置烟囱的主要目的，是使排烟达到较大的高度，从而使烟气和所携带的灰粒及硫酸酐等有害物质在高空散播。在高空散播这些物质，可使它们达到较远、较广的区域中去，保证这些有害物质在空气环境中的浓度符合卫生要求的标准。

烟囱的高度应根据附近环境允许的污染程度、发电厂达到规划容量时全部排出的飞灰和二氧化硫等有害物质含量，以及当地气候和地形条件推算确定。

3. 除尘、除灰设备

燃油和燃气锅炉，因燃料中含灰量少，可不装设除尘、除灰设备，对于燃煤锅炉，除尘、除灰却是不可缺少的重要工作。随着电厂容量的增大和国家对环境保护的高度重视，灰场的选取及储灰已成为燃煤电厂建设和生产中的重大问题。一座规模为1200MW的大型火力发电厂，如果燃煤的低位发热量为18 800kJ/kg左右，灰分为30%左右，按年运行7000h计算，则该厂每天除灰量约为4452t，每年总的除灰量为130万t，15年灰场占地面积（以堆高7m计算）4160亩。由此可见，选择和建设电厂灰场必须予以高度重视。同时，积极开辟和扩大煤灰的综合利用，也是一项极为紧迫和有意义的工作。

在悬浮燃烧的煤粉炉中，煤燃烧后的大量细灰会随着烟气的流动离开炉膛。通常将这部分灰称为飞灰。飞灰综合利用时又称为粉煤灰。悬浮燃烧中少量的灰，以稍大的颗粒形态落下，或黏结在受热面上聚结成大块再脱落下来，从炉膛下部的灰渣斗中排出。通常将这部分灰渣称为炉渣。

（1）除尘设备（即除尘器）。除尘设备的作用是清除烟气中携带的飞灰，尽量减少随烟气从烟囱排出的飞灰量，以减轻飞灰对引风机的磨损和对环境的污染。

除尘器的分类方法和类型很多。根据捕捉粉尘的机理，大致可分为，重力沉降、惯性分离、离心分离、过滤除尘、洗涤除尘、静电除尘、声波除尘等。

（2）除灰设备。除灰设备的作用，是清除燃料燃烧后从炉膛灰渣斗落下的灰渣及从尾部落灰斗和除尘器分离出来的细灰，并将其送往储灰场。燃煤电厂的除灰，大体上可分为水力除灰、气力除灰和机械除灰三种方式。一般电厂多采用水力除灰，当有部分或全部灰要供给综合利用时，宜采用气力除灰。如果采用一种除灰方式不能满足除灰要求时，则可以采用两种或三种联合的除灰方式。

水力除灰是以水为输送介质的除灰。

气力除灰是以空气为介质，通过压送（正压）或抽吸（负压）设备及其管道，输送粉粒状灰的一种干式除灰方式。

4. 锅炉附件

锅炉附件包括水位计、安全门、防爆门、吹灰器、热工仪表、自动控制装置及一些汽水管道和阀门等。

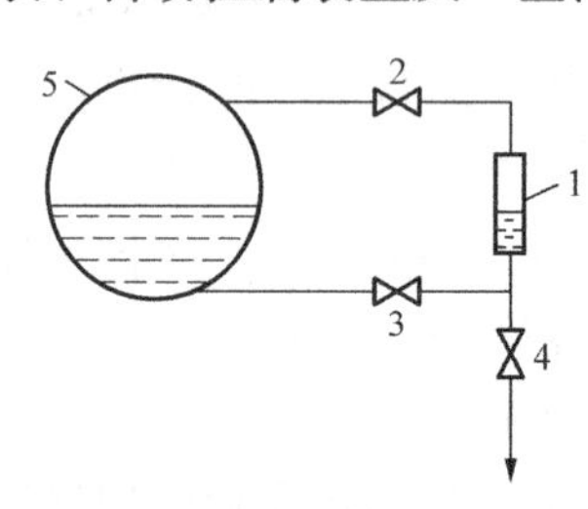

图 1-22　云母水位计与汽包的连接

1—云母水位计；2—汽门；3—水门；4—放水门；5—汽包

（1）水位计。水位计是用来监视汽包水位的锅炉附件。直接装在汽包上的水位计，一般为云母水位计。云母水位计与汽包的连接如图 1-22 所示。它的上部与汽包汽空间接通，下部与汽包水容积接通。这样，水位计与汽包构成连通容器，水位计上的水位可直接反映汽包的水位。

在司炉的表盘上显示水位的水位计，现在常用电接点水位计，其工作原理如图 1-23 所示。它是利用饱和蒸汽（电导率低，可看成绝缘体）和炉水（电导率高，可看成导体）的导电性能不同来观测水位的。观察水位的显示器是场致发光片。通电后，场致发光片能发光。在水位计显示器上，能见到的发光高度就反映汽包水位的高度。

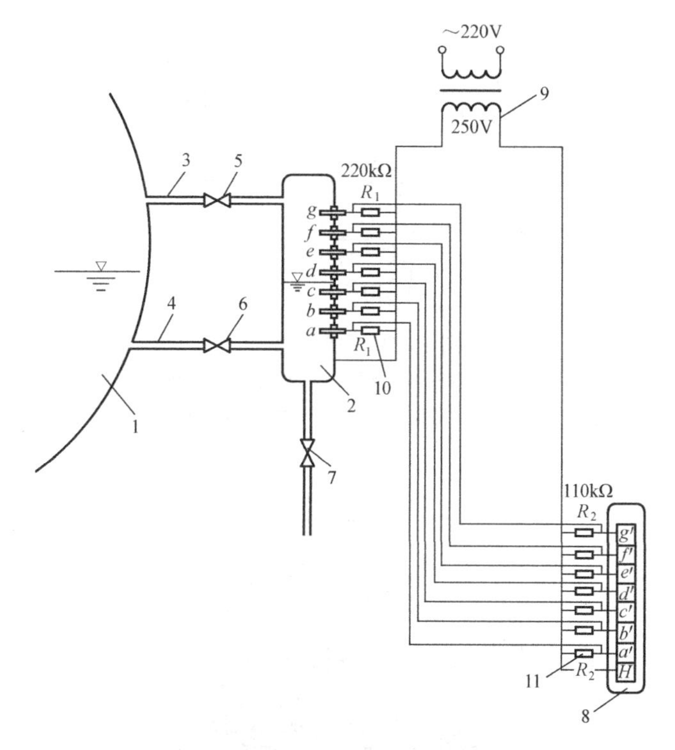

图 1-23　电接点水位计的工作原理

1—汽包；2—旁通容器；3—汽连通管；4—水连通管；5—汽门；6—水门；7—放水门；8—显示器；9—电源；10—电阻 R_1；11—电阻 R_2

(2) 安全门。安全门是锅炉的一种保护设备。它的作用是确保锅炉不在超过规定的蒸汽压力下工作，以免因汽压过高而发生爆炸事故。当锅炉蒸汽压力超过规定值时，安全门自动打开，排出一部分蒸汽，使汽压降低，待汽压恢复正常后自动关闭。

图 1-24 所示的重锤式安全门和图 1-25 所示的弹簧式安全门。它们是按阀芯上直接作用的蒸汽压力与重锤作用力或弹簧力相平衡的原理进行工作的。

(3) 防爆门。当煤粉或可燃气体发生突发性的意外爆燃时，

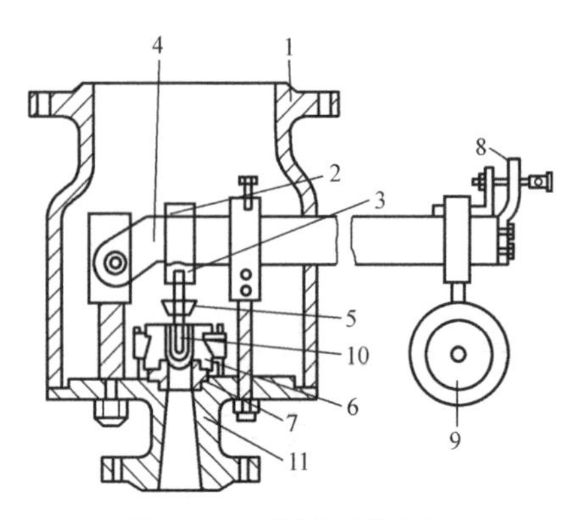

图 1-24　重锤式安全门

1—罩壳；2—提升叉杆；3—阀杆；4—杠杆；5—调整环；6—导筒；7—阀座；8—重锤位置调整装置；9—重锤；10—阀芯；11—阀体

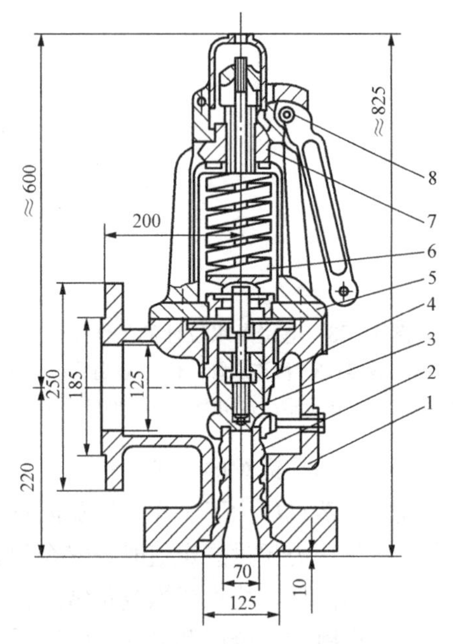

图 1-25　弹簧式安全门

1—阀体；2—阀座；3—阀芯；4—阀杆；5—阀盖；6—弹簧；7—调整螺丝；8—锁紧螺母

局部会产生高压（最高可达0.25MPa）。防爆门的作用是当系统发生爆燃时，爆炸压力使防爆门损坏，爆炸气体立即被排往大气，系统内的压力迅速降低，以保护设备和人身安全。

防爆门的一般构造如图1-26所示。防爆门的直径一般不大于1m。防爆门上的防爆薄膜的强度应低于0.15MPa。

在制粉系统中，磨煤机的进出口管道上，粗粉分离器、细粉分离器及其进口管道上，煤粉仓、排粉机前等处均应装设防爆门。

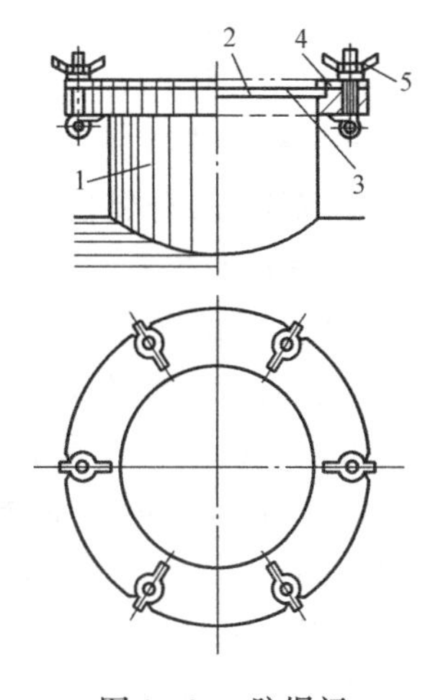

图1-26　防爆门
1—管接头；2—金属丝网；3—防爆薄膜；4—垫片；5—蝶形螺帽

在炉膛上部、水平及尾部烟道上，一般也装有防爆门。

（4）吹灰器。吹灰器的作用是清除锅炉受热面的积灰，保持受热面清洁，以保证传热过程正常进行。目前采用的吹灰器有枪式吹灰器、振动式除灰器、钢球除灰器等。

枪式吹灰器多用于水冷壁吹灰。振动式除灰器多用于炉膛出口和水平烟道的受热面除灰。

钢珠除灰器多用来清除锅炉尾部垂直烟道中各受热面上的积灰。

第四节　汽轮机设备

一、汽轮机的作用及特点

汽轮机是将蒸汽的热能转变为机械能的高速旋转的热力原动机。与其他原动机（蒸汽机、内燃机）相比，汽轮机具有功率大、效率高、转速快、运转平稳、耗用金属少、使用寿命长等优点。因此在现代火力发电厂中，都用汽轮机带动发电机发电，它是火力发电厂中的主要设备之一。

除了用来带动发电机发电外，汽轮机还在其他工业部门得到广泛应用，主要用作大型转动机械的原动机，例如直接带动高压水泵、鼓风机、压缩机和船舶的螺旋桨等。

二、汽轮机工作特性的基本参数

（一）汽轮机容量

汽轮机容量即汽轮机功率，单位是kW（千瓦）或MW（兆瓦）。

汽轮机的额定容量（又称额定功率或铭牌功率）指汽轮机长期运行可以连续发出的最大功率。目前国产汽轮机最大容量为100万kW（1000MW），世界上容量最大的是美国生产的130万kW（1300MW）。现在我国火力发电厂以60万kW（600MW）大容量机组为主。

制造厂家除对汽轮机标有额定功率外，有时还给出经济功率。经济功率是指汽轮机运行中效率最高的功率。经济功率一般设计成等于或略低于额定功率。

（二）新蒸汽参数

新蒸汽参数是指汽轮机入口处的蒸汽压力和温度。来自锅炉的新蒸汽流经管道时，要产生压力损失和散热损失，因此汽轮机进口的汽温和汽压比锅炉出口略低。

新蒸汽参数越高，蒸汽中含有的热能越多，做功能力越大，火力发电厂效率也越高，但提高新蒸汽参数需采用价格昂贵的金属材料。通常汽轮机的容量越大，采用的蒸汽参数越高。表1-2列出了国产凝汽式汽轮机按功率划分的进汽参数。

表1-2　国产凝汽式汽轮机的功率和进汽参数

额定功率（MW）	进汽参数	
	蒸汽压力（MPa）	蒸汽温度（℃）
125，200	12～13.5	535
300，600	16.5	550
1000	26.25	600

（三）汽轮机的排汽压力

排汽是指从汽轮机排出的做完功的乏汽。汽轮机的排汽压力越低，蒸汽中转换为机械功的热能越多，电厂效率就越高。因此排汽压力设计得很低，通常为 0.005MPa。在该压力下对应的排汽温度约为 30℃。

由于汽轮机的排汽压力比大气压力低很多，处于真空状态，压力表不能直接测量低于大气压下的压力值，只能用真空表测量排汽的真空值。排汽的真空值就是排汽压力比大气压力所低的数值，即真空值＝大气压力－排汽压力。

真空越高表明排汽压力越低，否则反之。排汽真空（或排汽压力）是汽轮机运行中很重要的参数。真空降低对机组的经济和安全性都有很大影响，因此在汽轮机运行中必须保持较高的排汽真空。

（四）汽轮机的额定转速

汽轮机的额定转速是指运行中汽轮机转子应保持的每分钟旋转转数。转速的单位是 r/min（转/分）。汽轮机直接带动发电机旋转，它的额定转速由发电机产生的交流电频率确定，转速与电频率的关系式为

$$n = \frac{60f}{p} \tag{1-7}$$

式中 n——额定转速，r/min；

f——发电机交流电频率，Hz；

p——发电机磁极对数。

火力发电厂的发电机一般具有一对磁极，我国采用的交流电频率为 50Hz（赫），因此确定了汽轮发电机组的转速为 3000r/min。美国、加拿大等少数国家采用 60Hz 电频率，其汽轮发电机组的额定转速为 3600r/min。

三、汽轮机的分类

汽轮机有很多类型，常按工作原理、新蒸汽参数和热力特性进行分类。

（一）按工作原理分类

汽轮机按工作原理分类如下：

（1）冲动式汽轮机。主要按冲动作用原理工作的汽轮机。

（2）反动式汽轮机。主要按反动作用原理工作的汽轮机。

（二）按新蒸汽参数分类

汽轮机按新蒸汽参数分类如下：

（1）低压汽轮机。新蒸汽压力为1.2～1.5MPa。

（2）中压汽轮机。新蒸汽压力为2～4MPa。

（3）高压汽轮机。新蒸汽压力为6～10MPa。

（4）超高压汽轮机。新蒸汽压力为12～14MPa。

（5）亚临界汽轮机。新蒸汽压力为17～18MPa。

（6）超临界汽轮机。新蒸汽压力超过22.16MPa。

（7）超超临界汽轮机。新蒸汽压力为26.25MPa。

（三）按热力特性分类

不同热力特性的汽轮机如图1-27所示。

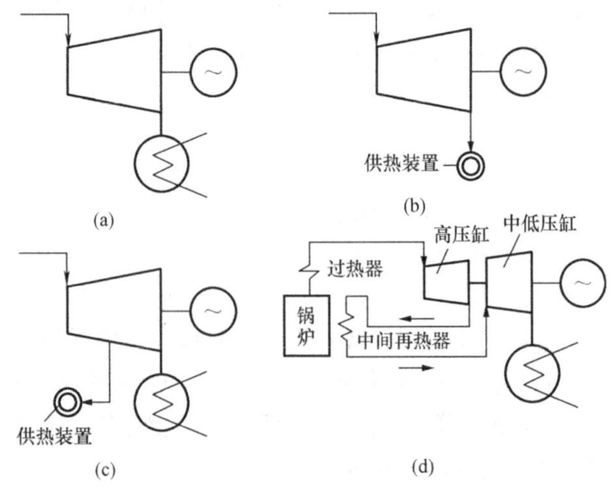

图1-27　不同热力特性的汽轮机示意

（a）凝汽式汽轮机；（b）背压式汽轮机；（c）调整抽汽式汽轮机；（d）中间再热式汽轮机

汽轮机按热力特性分类如下：

（1）凝汽式汽轮机。进入汽轮机的蒸汽，除一部分用于加热给水的回热抽汽外，其余蒸汽全部排入凝汽器的汽轮机称为凝汽式汽轮机。凝汽式汽轮机只用来发电，不对外供热。

（2）调整抽汽式汽轮机。将压力可以调整的抽汽供给热用户的汽轮机称为调整抽汽式汽轮机。其中以一种压力的抽汽供给热用户称为一次调整抽汽。以两种压力的抽汽供给热用户称为二次调整抽汽。

所谓抽汽，就是指在汽轮机中间抽出的只做了一部分功的蒸汽。用于加热给水的抽汽为回热抽汽。因其压力随汽轮机负荷而变化又称非调整抽汽。用来供给热用户的抽汽，要求其压力保持在一定范围，称为调整抽汽。供热蒸汽一种用于工业生产（压力为0.6～1.6MPa），另一种用于采暖（压力为0.12～0.25 MPa）。

（3）背压式汽轮机，将压力高于大气压的排汽供给热用户的汽轮机称为背压式汽轮机。调整抽汽式汽轮机和背压式汽轮机统称供热式汽轮机。

（4）中间再热式汽轮机，将汽轮机高压缸排出的蒸汽送入锅炉再热器中加热后，再送回到汽轮机的中低压缸继续做功的汽轮机称为中间再热式汽轮机。

四、汽轮机的基本工作原理

（一）汽轮机内能量转换过程及级的概念

单级冲动式汽轮机结构原理如图1-28所示。这是一种最简单的汽轮机，以此说明汽轮机的工作过程。

在汽轮机主轴上装有叶轮，叶轮的外缘上有一圈近似半圆形的叶片，相邻叶片之间构成了弧形蒸汽通道。叶片、叶轮和主轴组成了高速旋转的汽轮机转子，转子安置在汽缸内。在叶片之前设有固定在汽缸上的喷嘴，蒸汽进入汽轮机首先通过喷嘴，在喷嘴出口处产生速度很高的汽流，高速汽流以一定角度喷入叶片通道中，对叶片的内弧面产生冲击力，叶片受力后便带动叶轮和主

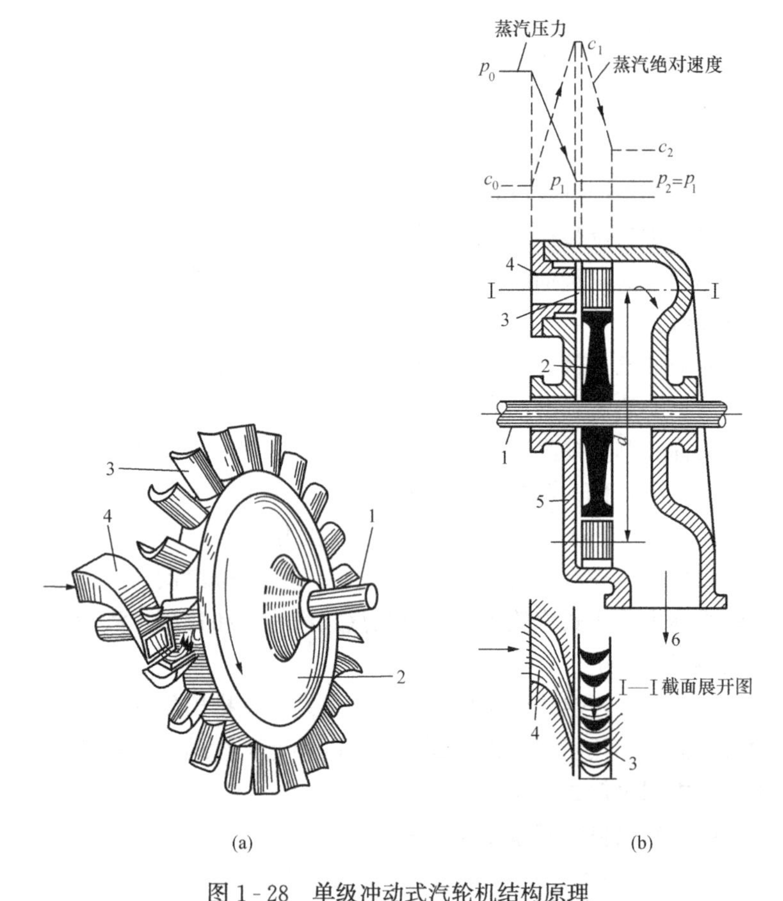

图 1-28 单级冲动式汽轮机结构原理

（a）立体图；（b）剖面图

1—主轴；2—叶轮；3—叶片；4—喷嘴；5—汽缸；6—排汽管

轴旋转，同时带动与汽轮机主轴相连接的发电机转子旋转。做完功的蒸汽从叶片的另一侧排出，经排汽管进入凝汽器内凝结。

在汽轮机中，蒸汽的热能转换为机械能的过程可表示为：蒸汽的热能$\xrightarrow{\text{喷嘴}}$汽流的动能$\xrightarrow{\text{叶片}}$转轴的机械能。

由此可知，蒸汽在汽轮机中的能量转换有两个过程，首先在喷嘴中将蒸汽的热能转换为动能，然后在叶片中又从蒸汽的动能转换为转轴的机械能，喷嘴和叶片是汽轮机能量转换的主要部件。

1. 蒸汽在喷嘴中的能量转换

喷嘴具有截面逐渐收缩的通道，蒸汽在通过喷嘴的流动过程中，压力和温度不断下降，因而蒸汽中含有的热能不断减少。由于蒸汽压力的下降，其体积不断膨胀，流过通道截面逐渐收缩的喷嘴，迫使蒸汽流速增大，即蒸汽动能增大。因此喷嘴是使蒸汽膨胀加速产生高速汽流的装置。汽轮机喷嘴出口处的蒸汽速度一般为 300～500m/s。喷嘴前后的压力差和温度差越大，产生的蒸汽速度就越大，亦即热能转换成动能的数量越大。

2. 蒸汽在叶片中的能量转换

叶片（又称动叶）是汽轮机的做功部件，喷嘴出口处的高速汽流冲击叶片，叶片受力后使转子转动，产生了机械能。蒸汽对叶片做功的同时，消耗了本身的动能，因而蒸汽在叶片中的流速逐渐降低。蒸汽在叶片中动能降低越多，表明所作的机械功越多。

3. 汽轮机级的概念

叶片在叶轮的圆周上排成一列，而喷嘴在叶片之间也排成一列。一列喷嘴和对应的一列叶片组成了汽轮机做功的基本单元，称为汽轮机的级，只有一级的汽轮机称单级汽轮机，由两级及以上组成的汽轮机称多级汽轮机。单级汽轮机由于功率很小，很少采用。带动发电机发电的汽轮机都是多级汽轮机，例如国产 200MW 汽轮机共有 37 级。

（二）汽轮机的冲动作用原理和反动作用原理

在汽轮机中，可利用两种原理实现热能向机械能的转换，即冲动作用原理和反动作用原理。根据这两种原理制成的汽轮机分别为冲动式汽轮机和反动式汽轮机。

1. 冲动作用原理

速度较高的运动物体碰到速度较低的或静止的物体时产生的力称冲动力。在汽轮机中，喷嘴出口的高速汽流冲击叶片时产生冲动力，使叶片带动转子旋转做功的原理称为汽轮机的冲动作用原理。其中，高速汽流就是“速度较高的物体”，叶片就是“速度较低的物体”。蒸汽的速度只有高于叶片的速度时，才能对叶片产生冲动力，并使叶片维持转动。

2. 反动作用原理

原来静止的或运动速度较低的物体骤然增加速度时，对它所在的另一物体的反作用力称反动力。火箭正是利用反动作用原理工作的。火箭内燃料燃烧产生的大量气体从尾部高速喷出时，火箭得到一个与气体喷出方向相反的反动力，此力推动火箭运动。火箭工作原理示意如图 1-29所示。

如果在汽轮机的叶片中也能喷出高速汽流，那么叶片同样可以受到反动力作用做功。为此，只要将叶片的通道做成像喷嘴一样逐渐收缩，使蒸汽在叶片中膨胀加速就可实现。因此，在汽轮机中蒸汽不仅在喷嘴中加速，而且也在叶片中膨胀加速，使叶片既受冲动力作用又受到反动力作用而带动转子旋转做功的原理，称为汽轮机的反动作用原理。反动式汽轮机原理示意如图 1-30所示。

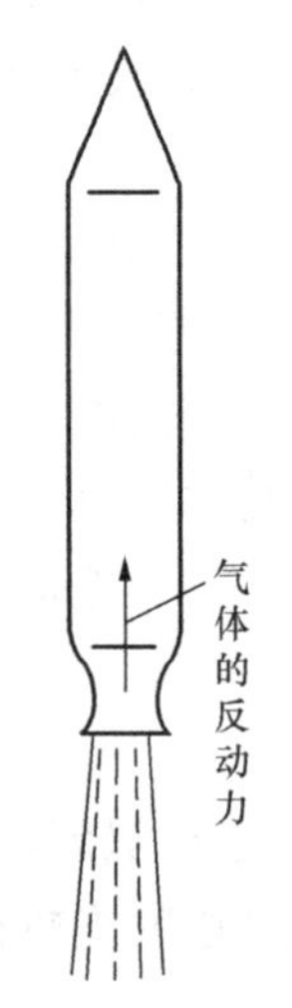

图 1-29　火箭工作原理示意

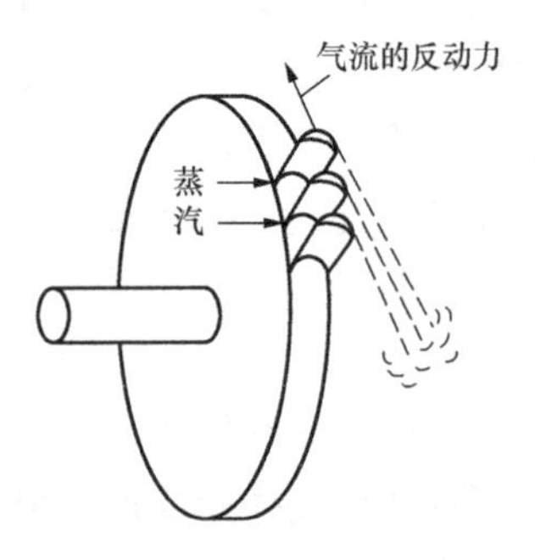

图 1-30　反动式汽轮机原理示意

3. 汽轮机级的类型

根据蒸汽在叶片中膨胀程度的不同，汽轮机的级可分为以下三种类型：

（1）纯冲动级。蒸汽在喷嘴中膨胀，不在叶片中膨胀。这种级的叶片通道截面不收缩，叶片前后的蒸汽压力相同。

（2）反动级。蒸汽在喷嘴中和叶片中的膨胀程度相同。这种级的叶片和喷嘴形状相同，叶片出口的蒸汽压力低于进口。

（3）冲动级。蒸汽主要在喷嘴中膨胀，在叶片中仅少量膨胀。这种级的叶片形状介于上述两种级之间，叶片通道略有收缩。由于蒸汽在叶片中少量膨胀能提高汽轮机的效率，在现代冲动式汽轮机中都用冲动级代替纯冲动级。

五、汽轮机设备的组成

汽轮机设备由汽轮机本体、调节和保护系统以及辅助设备和管道系统等组成。

（一）汽轮机本体

汽轮机本体由静止部分和转动部分组成。

静止部分包括基础、台板、汽缸、喷嘴、隔板、汽封和轴承等部件。转动部分包括主轴、叶片、叶轮、靠背轮和盘车装置等部件。

1. 基础和台板

汽轮发电机组的基础用来稳固汽轮机、发电机及凝汽器等设备。它除了承受这些设备的重量外，还承受机组转动时不平衡质量产生的离心力。良好的基础是保证汽轮发电机组稳定转动的重要条件，基础如有不均匀下沉或出现较大裂纹，则会造成机组的强烈振动。

单缸凝汽式汽轮发电机组的基础如图 1 - 31 所示。

该基础是由钢筋混凝土筑成的框架式整体结构，建筑在经夯实的坚固的地基上。它以孤岛形式单独坐落在汽机房中间，与厂房基础不相连接，与厂房水泥地面之间留有 10～15mm 的间隙，以避免厂房受机组的重力和振动力影响。

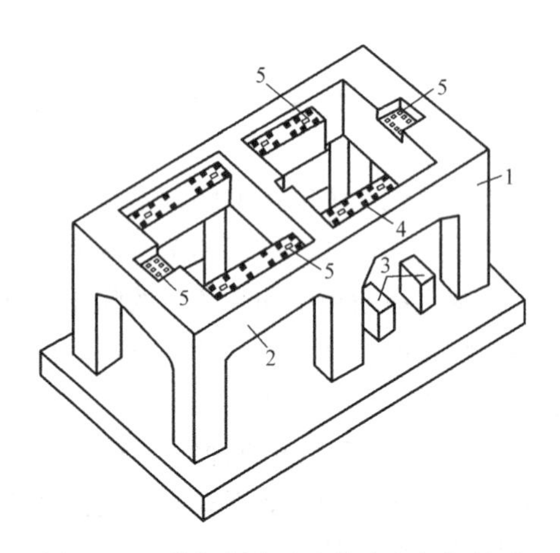

图 1-31 单缸凝汽式汽轮发电机组基础

1—汽轮机部分；2—发电机部分；3—凝汽器部分；4—垫铁位置；5—地脚螺栓孔

台板又称机座，是汽轮发电机组和基础之间的连接部件，由铸铁或钢板制成。汽轮机和发电机分别安装在各自的台板上，台板下部衬有垫铁，并通过地脚螺栓固定在基础上。汽轮机和发电机定位、找正后，再用水泥、砂、石经二次灌浆将台板、垫铁和基础浇灌成一体。

台板有整块式和分散式两种，小型机组一般采用整块式台板，大、中型机组由于尺寸大，采用分散式台板。分散式台板分成若干块，分别设在机组各承力部位下面。

2. 汽缸

汽缸是汽轮机的外壳，作用是形成封闭的汽室，保证蒸汽在其内膨胀做功。

国产 50MW 及以下汽轮机只有一个汽缸，称单缸汽轮机，其外形结构如图 1-32 所示。整个汽缸呈圆锥筒形。为便于安装和检修，在中心水平面上分成上汽缸和下汽缸两半。上、下汽缸的接合面处设有法兰，用螺栓连接成整体。汽缸前后分为高压段和低压段，两段分别用铸钢和铸铁制成后通过垂直接合面连接固定，不再拆卸。

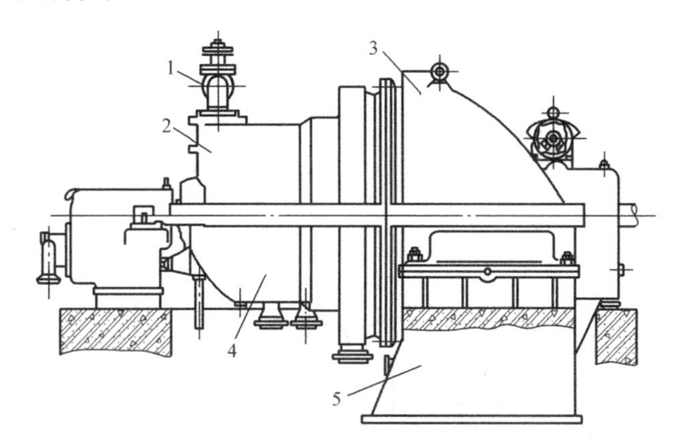

图 1-32 单缸汽轮机汽缸外形

1—调节阀蒸汽室；2—上缸高压段；3—上缸低压段；4—下缸高压段；5—下缸低压段

汽缸前端的进汽室与调节阀连接，后端排汽室下部与凝汽器连接，下汽缸底有若干个抽汽口与抽汽管道连接。汽缸内壁上开有许多凹槽，用于固定各级隔板。汽缸前端支承在前轴承座上，后端与后轴承座连成一体直接支承在基础台板上。

高压以上的较大容量汽轮机有两个或两个以上汽缸，称多缸汽轮机，例如在国产机组中 100MW 汽轮机有高、低压两个汽缸，200MW 汽轮机有三个汽缸，300MW 汽轮机有四个汽缸。它们的汽缸布置如图 1-33 所示。

多缸汽轮机又分为单轴式和双轴式两种。在单轴式汽轮机中，各个转子连成一根轴，在双轴式汽轮机中，转子分成两组连接，组成两根平行的大轴，每轴连接一台发电机。国外一些大容量汽轮机采用双轴式。

超高压或以上汽轮机的高压缸通常采用双层结构，如图 1-34所示。汽缸壁分为两层。由内缸和外缸组成，在内、外缸的夹层中通入中等参数的蒸汽。采用双层缸可使每层缸壁厚度

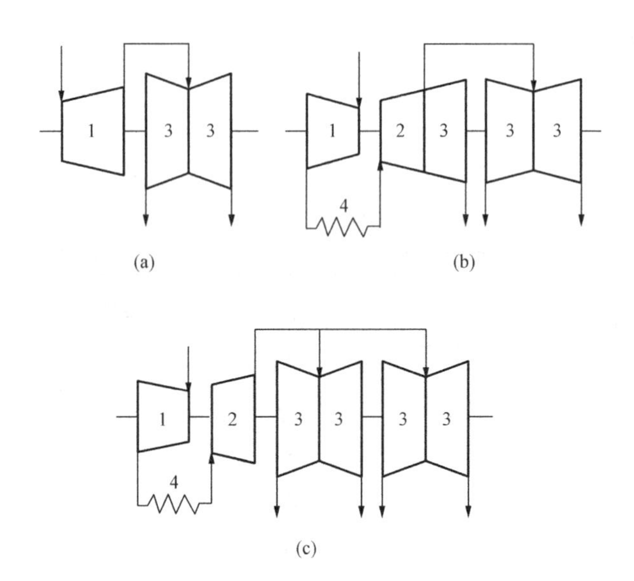

图 1-33 多缸汽轮机的汽缸布置

(a) 双缸双排汽口汽轮机；(b) 三缸三排汽口汽轮机；

(c) 四缸四排汽口汽轮机

1—高压缸；2—中压缸；3—低压缸；4—再热器

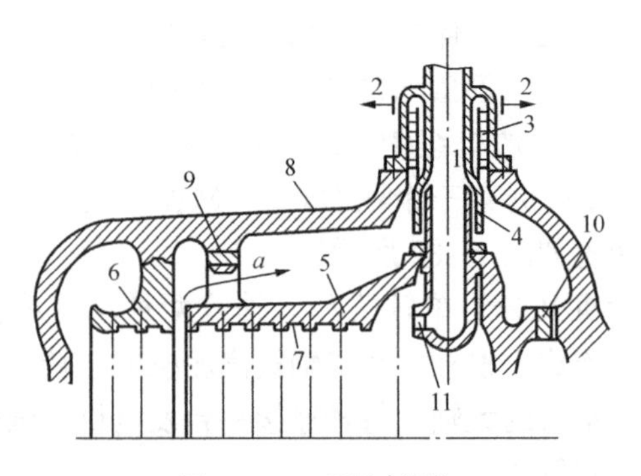

图 1-34 双层高压缸

1—进汽连接管；2—小管；3—螺旋圈；4—汽封环；5—高压内缸；6—隔板套；7—隔板槽；8—高压外缸；9—纵销；10—立销；11—喷嘴组

减薄。这样一方面可节省耐高温的合金钢材料，另一方面可减少汽轮机启动时因汽缸壁内外温差产生的热应力。

3. 喷嘴和隔板

汽轮机第一级喷嘴通常分为若干组，称为喷嘴组。喷嘴组固定在蒸汽室出口的环形槽道中。常见的喷嘴组结构如图 1-35 所示。它由单个铣制的喷嘴片组合装配而成，相邻两喷嘴片之间构成逐渐收缩的蒸汽通道。喷嘴片的材料为不锈钢或耐热合金钢。

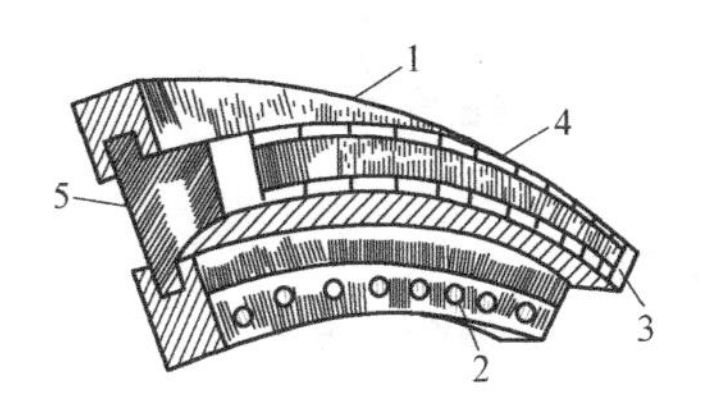

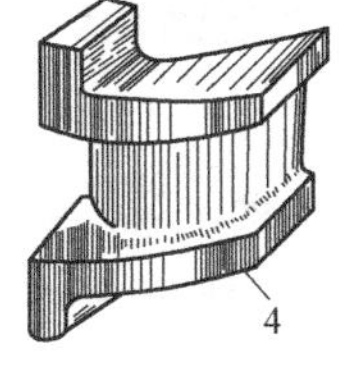

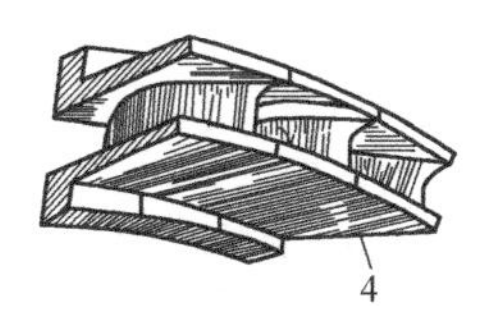

图 1-35　喷嘴组

1—外环；2—内环；3—首块；4—喷嘴片；5—末块

隔板的作用是固定除第一级外的各级喷嘴，并将各级隔成单独的汽室。

隔板分成上、下两半，分别装在上、下汽缸的凹槽内。按制造方法不同，隔板分为焊接隔板和铸造隔板两种，前者用于汽轮机的高压各级中，后者用于低压各级中。焊接隔板如图 1-36 所示。它由预制成的喷嘴片与内外环组合焊成一圈，然后与隔板体、隔板轮缘焊成整体。在隔板的中心圆孔内，装隔板汽封。它与汽轮机主轴构成很小的间隙，阻止蒸汽漏过。铸造隔板是将预制好的喷嘴片放入砂模内浇铸后与隔板体、隔板轮缘连成一体。

隔板在汽缸的凹槽中具有轴向和径向间隙，以便在隔板受热时能自由膨胀，并可调整隔板的轴向和径向位置。隔板在汽缸内应保持与汽轮机主轴同心的位置，否则将造成隔板汽封与主轴的摩擦。

4. 汽封

汽封是在汽轮机转子与汽缸的静止部分之间防止蒸汽或空气

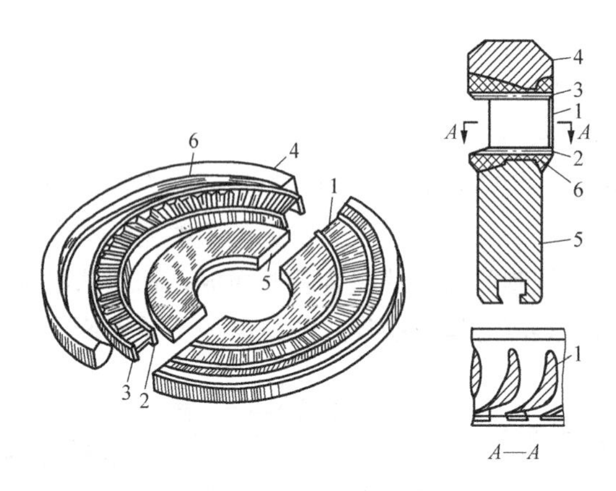

图 1-36　焊接隔板

1—喷嘴片；2—内环；3—外环；4—隔板轮缘；5—隔板体；6—焊接处

漏过的密封装置。在主轴穿过汽缸两端处装设的汽封称为轴端汽封，简称轴封。汽缸前端为高压轴封。它的作用是防止汽缸内的高压蒸汽漏出汽缸。汽缸后端的为低压轴封。它的作用是防止外部空气漏入汽缸而破坏排汽的真空。在每一级隔板上装设的隔板汽封用来减少隔板前的蒸汽漏到级后而造成的漏汽损失。

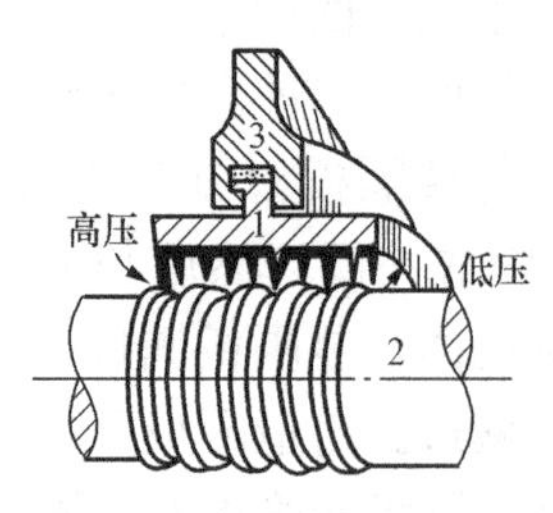

图 1-37　迷宫式汽封

1—汽封体；2—轴；3—汽缸

汽轮机普遍采用迷宫式汽封，其结构如图 1-37 所示。它由许多梳齿形汽封片构成，汽封片尖端与轴上的凹凸槽之间形成很小的间隙和曲折的通道，对蒸汽或空气产生很大的流动阻力，从而减少漏汽（气）量。汽封梳齿越多，流动阻力就越大，漏汽（气）量也就越小。

汽缸两端装有轴封只能减少漏汽（气）量并不能杜绝泄漏。从高压轴封漏出的蒸汽恶化机房环境，也可能进入轴承影响润滑油的质量。从低压轴封漏入排汽室的空气，即使数量很少，也会使真空破坏，影响汽轮机的正常运行。因此，汽轮机还必须设有轴封蒸汽系统。它将高压轴封漏出的蒸汽加以回收利用，又在低压轴封中送入低压蒸汽封住空气的流入。单缸汽轮机的轴封蒸汽系统如图 1-38 所示。高压端轴封有 6 段汽封和 5 个腔室组成，从汽缸漏出的蒸汽经过各段汽封时压力逐渐降低，将第 1、2、3 腔室中不同压力的蒸汽分别引入相应压力的回热加热器中用来加热给水和凝结水。稍高于大气压力的 0.101MPa 低压蒸汽由集汽箱送入高压轴封第 4 腔室和低压轴封第 1 腔室。这部分蒸汽在汽封中向汽缸处流动时封住了外部空气的流入，同时在高压端第 5 腔室和低压端第 2 腔室与漏入的空气一起被抽至轴封加热器，在轴封加热器中回收漏出蒸汽的热量及其凝结水。采用这种轴封蒸汽系统后，蒸汽不会漏出汽缸，造成损失，空气也不会漏入汽缸，破坏真空。

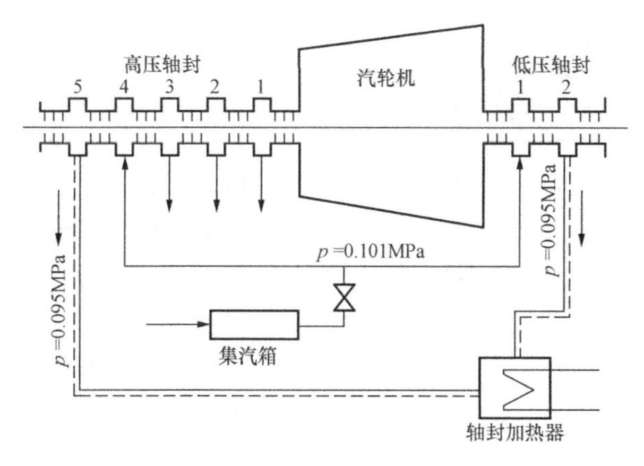

图 1-38　轴封蒸汽系统

5. 轴承

汽轮机轴承有支持轴承和推力轴承两种。支持轴承又称主轴承，位于转子的两端。它的作用是承受转子的重量并使转子在一定的径向位置稳定转动。支持轴承的结构如图 1-39 所示。它由上、下两半个轴瓦组成，用螺栓连接成一个圆筒形，置于轴承座

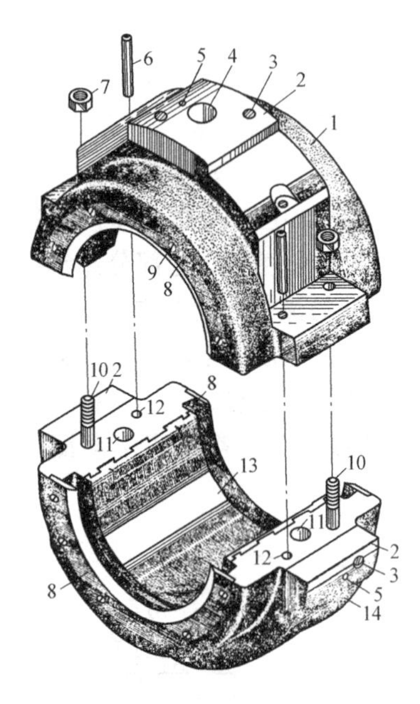

图 1-39　汽轮机主轴承

1—上轴瓦；2—垫铁；3—固定垫铁的螺钉；4—温度计插孔；5—定位销子；6—上、下两半轴瓦的定位销；7—螺帽；8—油挡；9—油挡固定螺钉；10—上、下两半轴瓦结合螺栓；11—进油孔；12—定位销子孔；13—乌金；14—下轴瓦

内，上轴瓦顶部有一块垫铁，下轴瓦外圆上有三块垫铁。它们用来调整转子的径向位置使之保持与汽缸同心。轴瓦用优质铸铁铸造，在轴瓦内壁上浇铸一层乌金。乌金为锡、锑、铜合金，又称巴氏合金，具有耐磨、质软。熔点低等优点。

汽轮机轴承属于滑动轴承，依靠液体摩擦原理工作。转子的轴颈在轴瓦内转动时不断通入润滑油，在轴颈与轴瓦的乌金表面之间形成一层油膜，通过油膜，使金属表面之间固体摩擦变为液体摩擦，因而摩擦阻力很小。润滑油还起冷却轴承的作用，将轴承工作时产生的热量带走。

推力轴承的作用是承受汽轮机转子的轴向推力，并保持转子确定的轴向位置。汽轮机运行中转子受蒸汽压力和汽流冲击力作用，产生自高压侧指向低压侧的轴向推力。在轴向推力下转子如有轴向窜动，将造成叶片与喷嘴之间，叶轮与隔板之间动静部分的摩擦和碰撞，因此汽轮机必须设有一个推力轴承。推力轴承的结构如图 1-40 所示。推力轴承一般与高压端的支持轴承连成一体，称为推力—支持联合轴承。

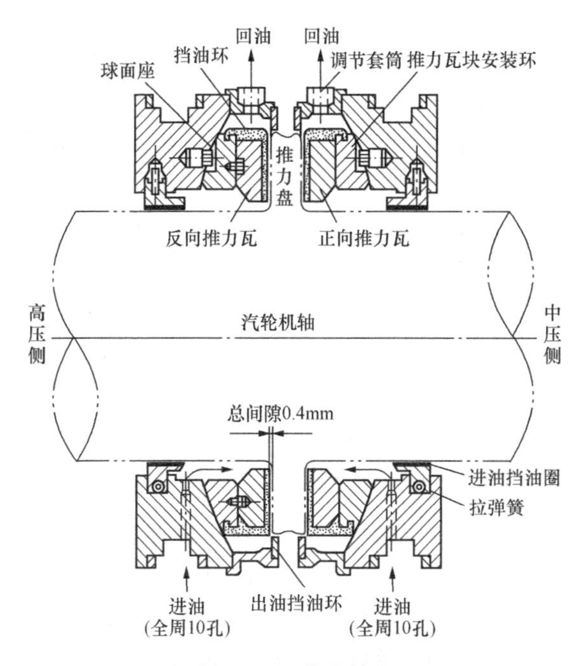

图 1-40　推力轴承

6. 汽轮机转子

叶片、叶轮及轴组合在一起称为汽轮机转子。

叶片是汽轮机最重要的部件之一，它的主要作用是将蒸汽的热能或汽流的动能转换成机械能。叶轮的作用是将叶片上的作用力转换成扭矩传给主轴。主轴的作用是将扭矩传给发电机而带动发电机的轴转动。

叶片按加工方法不同主要有铣制叶片和轧制叶片两种。叶片结构如图 1-41 所示。叶片由叶型、叶根和叶顶三部分组成。

叶型部分是叶片的工作部分，蒸汽通过叶型部分的弧形通道进行做功，其型线应符合蒸汽流动的特性。叶型部分有两种型式，一种是型线沿叶片高度相同的直叶片，另一种是型线沿叶片高度变化的扭曲叶片，如图 1-42 所示。叶根是叶片在叶轮上的

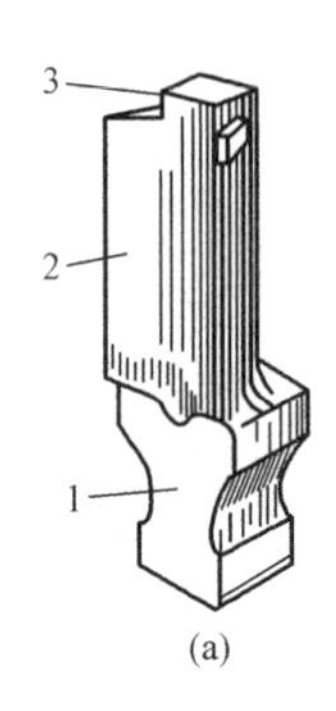

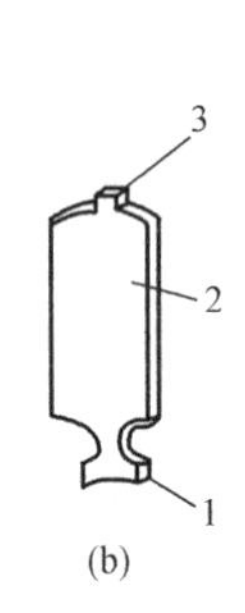

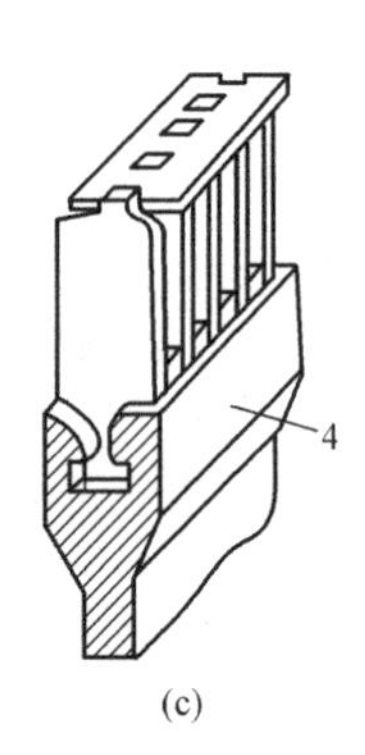

图 1-41 叶片结构

(a) 铣制叶片；(b) 轧制叶片；(c) 叶片的装配

1—叶根部分；2—叶型部分；3—叶顶部分；4—叶轮

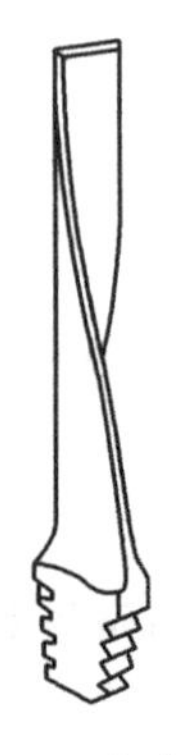

图 1-42 扭曲叶片

固定部分。叶片的叶顶部分附有铆钉头，用来固定围带。围带由扁钢制成，其作用是将若干相邻叶片连接成组，以增加叶片的刚度和改善叶片的振动性能，并使叶片构成封闭的槽道减少顶部漏汽。

汽轮机转子分为轮式和鼓式两种基本类型。轮式转子具有叶轮，应用于冲动式汽轮机；鼓式转子没有叶轮，叶片直接装在转鼓上，主要用于反动式汽轮机。

轮式转子有套装式、整锻式、组合式和焊接式四种结构形式，如图 1-43 所示。

套装式转子是将叶轮和轴单独加工后装配而成。加工时叶轮的孔径略小于轴的直径，装配时须将叶轮加热，孔径热膨胀变大后套在轴上，叶轮冷却后便紧固在主轴上，这种转子加工方便，但在高温下工作时叶轮容易松动，因此只适用在中、低参数下工作。

整锻式转子是由整个锻件加工而成。主轴、叶轮、靠背轮等

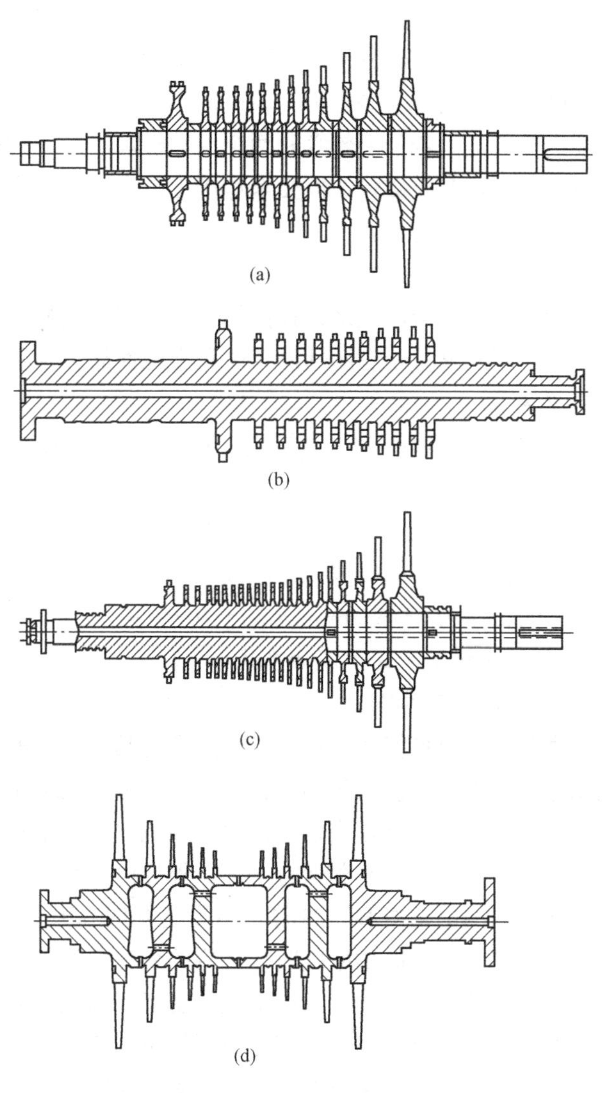

图 1-43　汽轮机轮式转子

(a) 套装式；(b) 整锻式；(c) 组合式；(d) 焊接式

部件为一整体。这种转子不存在叶轮松动问题，而且强度大，但加工要求高，材料消耗大，适用于在高温高压区段工作。

组合式转子为高压部分采用整锻式，中、低压部分采用套装式，多应用于高参数、中等容量汽轮机。

焊接式转子是由若干个轮盘和两个端轴拼焊后加工成的。这种转子强度高，相对质量轻，但要求焊接工艺高，在大容量机组中它用作低压部分的转子。

7. 靠背轮

靠背轮又称联轴器，用来连接汽轮机转子和发电机转子。汽轮发电机组常用的靠背轮有刚性靠背轮和半挠性靠背轮两种。

8. 盘车装置

盘车装置是在汽轮机启动前或停机后使转子低速转动的装置。

汽轮机在启动前或停机后，汽缸上部的温度比下部高，如转子静止不动，其上下表面的温差将使轴弯曲变形，因此必须盘动转子，盘车的转速为3～5r/min或50～70r/min。

（二）汽轮机调节、保护及油系统

1. 汽轮机的调节系统

（1）汽轮机调节系统的作用。电能生产与其他产品的生产不同，交流电目前无法直接大量储存，发电、供电、用电是同时完成的。电力生产这一特点，决定了汽轮发电机组的发电功率必须与用电功率（电力负荷）时刻保持平衡。外界电力负荷是不断变化的，例如用户的电动机和电灯等用电设备随时在开动或停止。这就要求汽轮发电机组的功率随时作相应的变化。汽轮机调节系统的第一个作用就是调节汽轮发电机组的功率，以满足电力用户用电数量的需要。发电功率的调节是由汽轮机调节系统控制调节阀门的开度，改变进入汽轮机的蒸汽流量来实现的。

汽轮机调节系统的第二个作用是调节汽轮发电机组的转速，使电频率保持在规定范围内。交流电的电频率是电能生产的质量标准之一。如电频率下降将引起电动机转速降低、电钟走慢、电灯不亮等现象。汽轮机转速与电频率是相对应的，因此只要保持机组的转速在额定值3000r/min，就能保证电频率为规定值50Hz。

（2）汽轮机调节系统的组成及调节过程。汽轮机调节系统有很多类型，但所有类型的调节系统都由转速感应机构（调速器）、传动放大机构和配汽机构三大部分组成。机械离心式调节系统如图1-44所示。现以这种比较简单的调节系统为例，说明调节系统的组成及调节过程。

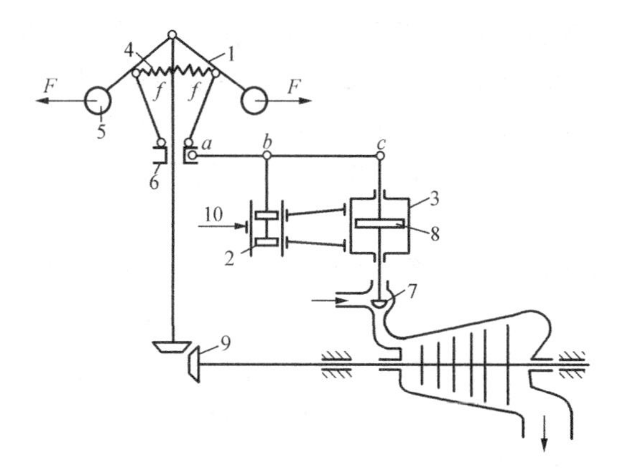

图1-44　机械离心式调节系统

1—调速器；2—错油门；3—油动机；4—弹簧；5—重锤；6—滑环；7—调节阀门；8—油动机活塞；9—减速齿轮；10—压力油管

调速器的作用是感受转速变化，相应输出一定信号的机构。本系统的调速器为机械离心式，由重锤、弹簧和滑环组成。

传动放大机构的作用是将调速器输出信号经过传递、放大，变为油动机活塞的位移，以便带动调节阀动作。本系统的传动放大机构由错油门和油动机组成。

配汽机构的作用是将油动机活塞的位移变为调节阀开度，得到相应的蒸汽流量和机组的功率。配汽机构由提升装置和若干个调节阀组成。提升装置是油动机与调节阀之间的传动机构。

在外界负荷变化时，机械离心式调节系统的调节过程为：外界负荷增加→机组转速下降→调速器转速下降→重锤收缩→滑环下移→错油门下移→油动机下部进油上部排油→油动机活塞上移→调节阀开大→蒸汽流量和机组功率增加。

油动机活塞上移引起的反馈过程：杠杆 c 点上移→杠杆 b 点上移→错油门回中复位→油动机活塞和调节阀稳定在新的位置上，调节结束。

通过上述自动调节过程，机组功率增加，适应了外界负荷增长的需要，同时转速不再下降，稳定在新的功率和转速下运行，达到了调节功率和转速的目的。但应指出，这时的转速比调节前稍低。当外界负荷减少时，调节过程正相反，此时汽轮机又维持在稍高的转速下稳定运行。

（3）同步器。调节系统的调节阀完全由调速器根据转速变化自动进行控制，并无人为地加以调节，但在运行中，运行人员经常需要用手动的方法开大或关小调节阀，以便改变机组的转速和功率，因此在调节系统中还有一种手动开大或关小调节阀门的装置，这便是同步器。

同步器的作用可以概括为：在机组负荷不变时改变转速，在转速不变时改变机组的负荷。

2. 汽轮机的保护装置

汽轮机保护装置的作用是在调节系统失灵或汽轮机故障时，能及时动作，迅速停机，避免扩大事故，以保障设备或人身的安全。

汽轮机的保护装置主要有：超速保护装置、轴向位移保护装置、低油压保护装置和低真空保护装置。

（1）自动主汽门。自动主汽门是汽轮机保护装置的执行机构。它装置在调节阀前的主蒸汽管道上，当汽轮机的某个保护装置动作时，自动主汽门将自动关闭，切断汽轮机的进汽，实现迅速停机。为了有效地保证设备安全，要求自动主汽门动作迅速并且关闭严密。

（2）超速保护装置。汽轮机转子上各部件的强度一般按额定转速的115％设计。汽轮机转速过高，因离心力迅速增加将导致转动部件的严重损坏。因此所有汽轮机必须设有保护装置。其作用是当汽轮机转速超过额定转速的10％～12％时立即停机。

超速保护装置由危急保安器和危急遮断油门组成。危急保安器有飞锤式和飞环式两种类型。

（3）轴向位移保护装置。汽轮机的转动部件和静止部件之间的间隙很小，当转子受轴向推力作用产生较大的轴向位移时，将会造成动静部分的摩擦和碰撞事故，因此汽轮机需设置轴向位移保护装置。

轴向位移保护装置的作用是监视转子轴向位移变化情况；当轴向位移超过允许值时，及时动作，关闭自动主汽门，立即停机。

（4）低油压保护装置。低油压保护装置用来防止润滑油压过低时轴瓦磨损或熔化的严重事故。它具有以下功能：润滑油压低于正常值时，首先发出灯光信息，提醒运行人员注意；油压继续降低时，自动投入辅助油泵提高油压；油压降到极限数值以下时，实行停机，直至停止盘车。

（5）低真空保护装置。汽轮机运行中，凝汽器真空降低过多不仅使经济性下降，还会引起排汽温度升高和轴向推力增加而造成机组的振动，因此较大功率的汽轮机均装有低真空保护装置，它的作用是：当真空降到一定数值时，发出报警信号；当真空降到允许极限数值时，自动停止汽轮机运行。

3. 汽轮机的供油系统

（1）供油系统的作用及基本要求。汽轮机的调节系统和保护装置需要用高压油作为工作介质，汽轮机和发电机的轴承也需要润滑油才能工作，因此汽轮机专门设置一套供油设备和供油管道。它们组成了供油系统。

供油系统的基本作用是：供给调节系统和保护装置高压油；供给汽轮发电机组各轴承低压润滑油，用来润滑并冷却轴承。

对供油系统有以下基本要求：一是供油可靠。供油系统必须不中断地向用油设备提供具有特定性能、足够数量的油，并保持所需的油压和油温。运行中即使短时间中断供油，也会造成轴承乌金熔化、保护失灵、调节瘫痪等事故。二是防火安全。汽轮机油又称透平油。它由矿物油炼制成，燃点为350～400℃，由于其燃点比蒸汽温度还低，油系统一旦漏油在蒸汽管道或汽缸上就很容易造成火灾，因此，在安装和检修中必须保证油系统，特别是高压管道和设备的严密，防止泄漏。

(2) 供油系统的组成。汽轮机供油系统如图1-45所示。它主要包括油箱、主油泵、高压辅助油泵，低压辅助油泵、注油器和冷油器等设备。

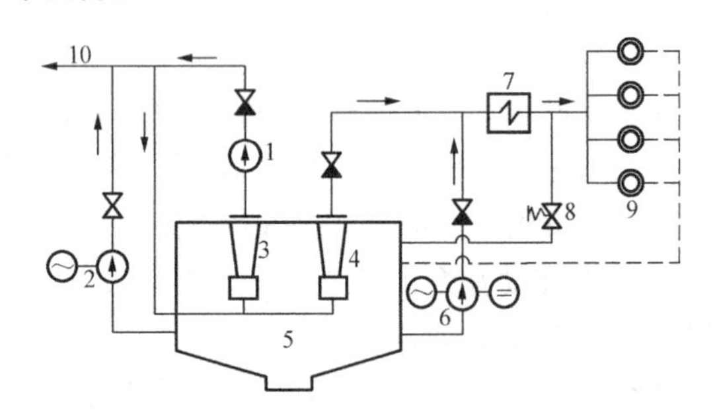

图1-45 供油系统

1—主油泵；2—高压辅助油泵；3—注油器Ⅰ；4—注油器Ⅱ；5—油箱；6—低压辅助油泵；7—冷油器；8—溢油阀；9—轴承；10—至调节保护系统油管

油箱是供油系统的储油容器，设置在汽轮机运转层下部。油箱除储油外，还起分离回油中的杂质、水分和气体的作用。油箱的结构如图1-46所示。

主油泵装在汽轮机主轴前端，为离心式泵。在汽轮机正常运行时，它向油系统供油。主油泵的进油，是由注油器Ⅰ吸取油箱

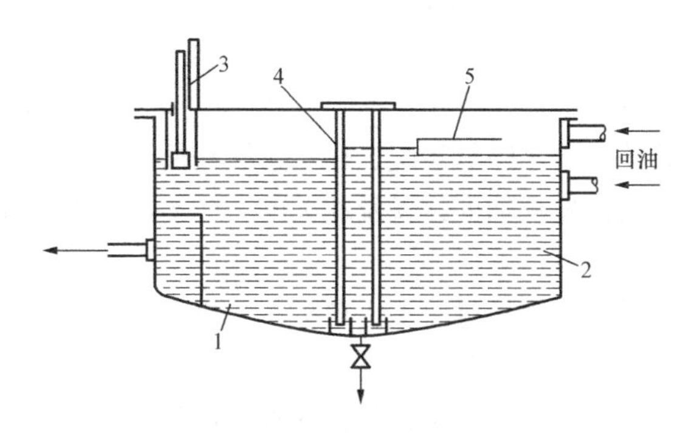

图 1-46　油箱结构

1—排油侧；2—进油侧；3—油位计；4—过滤网；5—导流槽

中油后供给的，在主油泵中升高油压后，经止回阀分两路输出，一路直接向调节保护系统供给高压油；另一路高压油送入两台注油器作为它们的输油介质。在注油器Ⅱ中，高压油在油箱中吸油后成为大流量的低压油，经冷油器降低油温后供给轴承。轴承的回油通过回油管返回油箱。

注油器是以小流量的高压油在油箱中吸油后输出大流量低压油的装置。

辅助油泵有高压辅助油泵和低压辅助油泵两种。高压辅助油泵是在主油泵不能正常工作时代替主油泵工作，例如在汽轮机启动过程中，主轴的转速尚未达到工作转速，这时由高压辅助油泵上油，待转速正常时再切换为主油泵上油。高压辅助油泵由交流电动机带动。

低压辅助油泵又称事故油泵。它是在润滑油压降低时或在停机后盘车时供给润滑油。在低油压保护装置动作时，它能自动投入工作，低压辅助油泵在厂用电正常时由交流电动机带动，在厂用电中断时由直流电动机依靠直流电源供电带动。

冷油器的作用就是用冷却水冷却进入轴承的润滑油，使油温控制 35～40℃。

（三）汽轮机辅助设备和管道系统

汽轮机主要辅助设备有凝汽器、抽气器、除氧器、加热器、给水泵、凝结水泵、循环水泵等。主要管道系统有主蒸汽系统、给水回热系统、给水除氧系统、供水系统和循环水系统等。

下面介绍汽轮机辅助设备及相关的一些局部热力系统。

1. 主蒸汽系统

主蒸汽系统由锅炉过热器出口至汽轮机自动主汽门的新蒸汽管道、连接母管及通往辅助设备的蒸汽支管组成。蒸汽支管主要接往汽动给水泵、汽动油泵、射汽式抽气器和减温减压器等辅助设备。

主蒸汽管道是发电厂中最重要的管道之一，由于它承受很高的压力和温度，要用高性能的昂贵金属，因此对发电厂的安全性和建设投资有很大影响。对主蒸汽管道要求是：系统简单，安全可靠，便于运行切换和检修，节省投资和运行费用。

常用的主蒸汽系统有切换母管制系统和单元制系统。

（1）切换母管制系统。切换母管制主蒸汽系统如图 1-47 所示，它是将每个机炉单元的主蒸汽管道用一根母管连起来，并在各连接处设有三个切换阀门。利用这种系统，各机炉单元之间可以切换成三种运行方式。

1）与母管接通时，两单元实行并列运行；

2）与母管切断时，各单元实行单独运行；

3）两单元之间实行交叉运行，即由一个单元的锅炉单独向另一单元的汽轮机供汽。

各种运行方式可根据机炉检修需要，或出现故障时进行切换。切换母管制系统具有运行灵活方便、能充分利用锅炉富裕容量的优点。其缺点是增加了管道和阀门数量，因而建设投资大，阀门事故的可能性大。在我国，中小容量的高、中压机组或供热机组一般均采用这种系统。

（2）单元制系统。单元制主蒸汽系统如图 1-48 所示。在单元制主蒸汽系统中，锅炉只向本单元配合的汽轮机供汽，与其他单元无母管连接，各辅助设备的蒸汽支管直接从本单元的蒸汽总管接出。

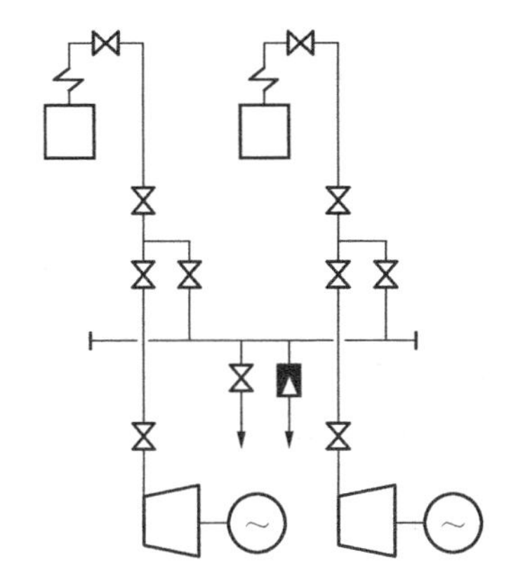

图 1-47 切换母管制主蒸汽系统

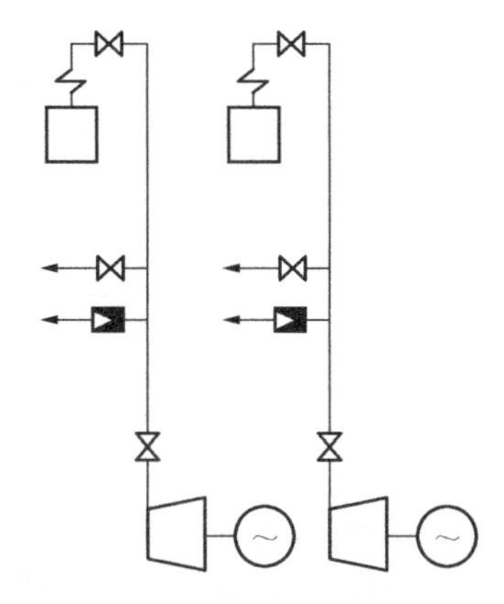

图 1-48 单元制主蒸汽系统

单元制系统的优点是系统简单、管道短、阀门少，因而建设投资少，而且便于机炉的集中控制。缺点是各机炉之间不能切换运行，灵活性差。现代超高参数的大容量机组的主蒸汽管道必须用昂贵的合金钢管，采用单元制系统可以节省大量投资。此外，大容量机组一般采用中间再热。由于各机的再热蒸汽参数不同，无法并列运行，故只能采用单元制主蒸汽系统。

2. 汽轮机的凝汽设备及系统

(1) 凝汽系统。汽轮机凝汽系统如图 1-49 所示。它由凝汽器、抽气器和凝结水泵等凝汽设备及它们的连接管道组成。汽轮机排汽进入凝汽器，流经凝汽器铜管外壁时，被铜管内的冷却水凝结成为凝结水。凝结水汇集在凝汽器下部的热水井中，由凝结水泵抽出，送入回热系统。凝汽器中不能凝结的空气由抽气器抽出，排入大气。

凝汽设备的作用如下：

1) 将汽轮机的排汽凝结成水。锅炉要求品质很高的给水，

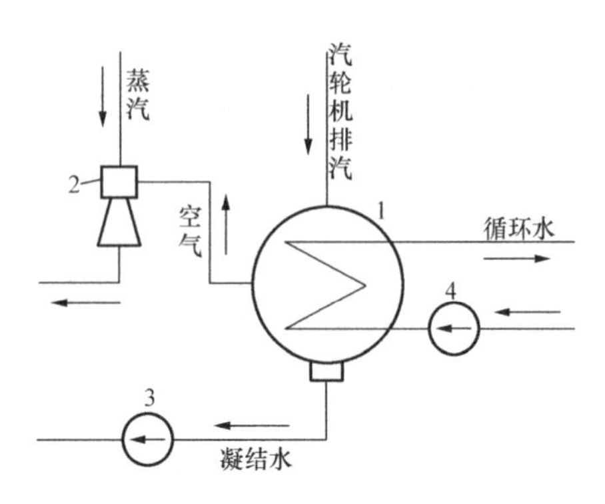

图 1-49 凝汽系统示意

1—凝汽器；2—抽气器；3—凝结水泵；4—循环水泵

纯净的凝结水正符合给水的水质要求，回收凝结水后可以减少化学水处理系统制备的补充水量。

2）在汽轮机排汽口建立并保持高度真空。排汽的真空越高，则排汽压力越低，蒸汽在汽轮机内转换为功的热量也就越多，因而使发电厂效率提高。凝汽器真空对汽轮机的经济性影响非常显著，例如真空每升高1%，汽轮机所消耗的热量可减少1%～2%。

凝汽器内的真空是这样形成的：体积很大的汽轮机排汽在凝汽器内凝结成水时，体积骤然缩小到约三万分之一，于是原来充满蒸汽的空间便立即形成了真空。为了维持高度真空，还必须用抽气器把漏入凝汽器内的空气不断抽出。

（2）抽气器。锅炉给水虽经除氧器除氧，但仍溶解有一部分空气。这些空气在炉水蒸发后随蒸汽进入汽轮机，并排到凝汽器中，此外，在真空系统不严密处也会有空气漏入凝汽器。由于空气不能凝结，因此当凝汽器中空气含量不断增多时，真空会降低。抽气器就是用来将凝汽器内的空气不断抽出，使凝汽器保持高度真空。

凝汽设备中广泛应用喷射式抽气器。根据所使用的工作介质不同有射汽式和射水式两种。

（3）凝结水泵。凝结水泵的作用是将凝汽器热水井中的凝结水抽出，升压后打入除氧器内。

3. 给水回热设备及系统

（1）给水回热的作用。从正在运行的汽轮机某些中间级抽出做过部分功的蒸汽，并将该蒸汽送到给水加热器中对锅炉给水进行加热，称为给水回热。

给水回热示意如图 1-50 所示。进入凝汽式汽轮机的蒸汽量为 D，从汽轮机中间级抽出的做过部分功的抽汽量 D_c，送入加热器加热锅炉给水，其余蒸汽在以后各级做完功后进入凝汽器凝结，排汽量 D_n。

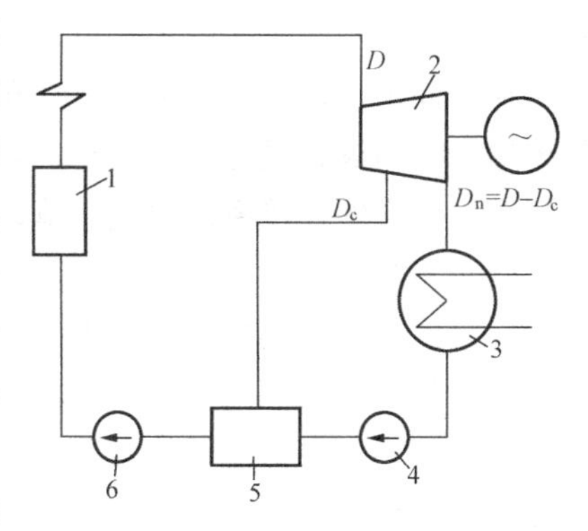

图 1-50　给水回热示意

1—锅炉；2—汽轮机；3—凝汽器；4—凝结水泵；5—加热器；6—给水泵

汽轮机若没有抽汽加热给水，即 D_c 为零，则进入汽轮机的蒸汽量 D 做完功后将全部作为排汽进入凝汽器。排汽在凝汽器内凝结过程中，其汽化潜热给冷却水带走，形成排汽热损失。排汽热损失占火力发电厂全部热损失的一半以上。这是火力发电厂效率低的主要原因。

采用给水回热后，由于 D_c 这部分抽汽没有作为排汽进入凝汽器，而且进入了加热器，使给水温度提高，因此减少了给水在锅炉中的吸热量，节省了燃煤量，使火力发电厂的效率提高。

通过以上分析可知，给水回热的作用就是减少汽轮机的排汽热损失，提高火力发电厂的效率。因此，现代汽轮机几乎全都采用给水回热。

（2）给水回热设备。给水回热设备是指用汽轮机抽汽加热凝结水和给水的加热器及其辅助装置。按传热方式不同，加热器分为混合式和表面式两种。

在混合式加热器中，加热蒸汽与给水直接混合进行传热。这种加热器结构简单，传热效果好，给水温度可以达到加热蒸汽压力下的饱和温度，因而能除去水中的氧气。但是每个混合式加热器出口必须装置一台水泵，造成系统复杂，运行操作不便。因此发电厂中一般每台汽轮机只采用一个混合式加热器，主要用来给水除氧和汇集不同温度的疏水。

在表面式加热器中，加热蒸汽和给水之间是通过管壁进行热量传递的。与混合式加热器相比，表面式加热器传热效果差，结构复杂，但它的连接系统比较简单，运行也较安全可靠，因此在给水回热系统中主要采用表面式加热器。例如国产 200MW 机组采用一台混合式加热器和七台表面式加热器。

按加热器中水侧压力不同，表面式加热器又分为低压加热器和高压加热器两种。位于给水泵之前的表面式加热器，因其水侧承受压力较低，称低压加热器；位于给水泵之后的表面式加热器，其水侧承受高压给水压力，称高压加热器。

按放置位置不同，表面式加热器又分为立式（垂直放置）和卧式（水平放置）两种。立式传热差，但检修方便。占地面积少，应用较广泛。

（3）给水回热系统。给水回热系统主要由加热器、回热抽汽管道和疏水连接系统组成。给水回热系统是原则性热力系统的主要组成部分之一，按加热器的类型、数量及其疏水方式不同，可组成各种回热系统。

从汽轮机抽汽口至加热器进口的管路为回热抽汽管道。图 1 - 51所示的汽轮机抽汽管道系统有七段抽汽，分别从汽轮机不同级中抽出，具有不同的压力，其中第一段压力最高，其后各段压力依次降低。七段抽汽分别送往两台高压加热器（GJ_1、GJ_2）、一台除氧器（即混合式加热器）和四台低压加热器（DJ_1、DJ_2、DJ_3、DJ_4）。高压加热器和低压加热器按低压向高压顺序编号，与抽汽段数编号相反，各段抽汽所对应的加热器如图 1 - 51 所示。

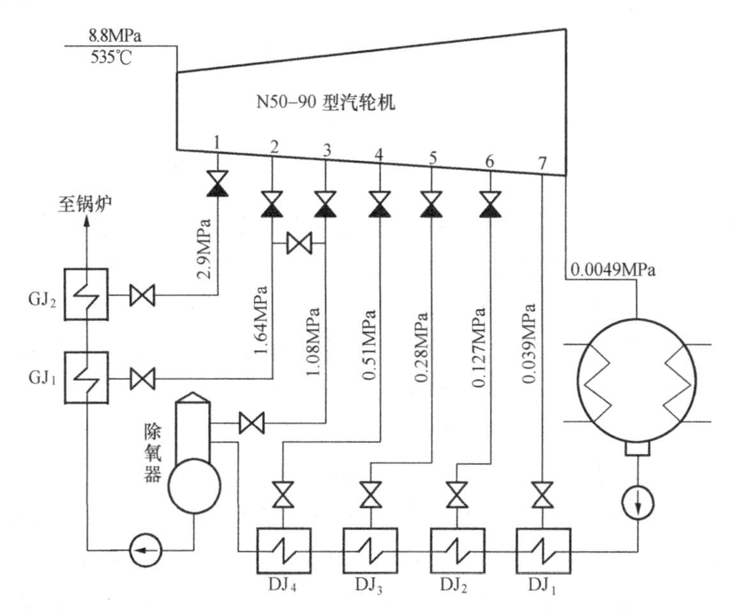

图 1 - 51　回热抽汽管道

在抽汽管道上靠近抽汽口处设有抽汽止回阀，其作用是在故障停机时防止加热器中的汽水倒流入汽缸内。在靠近加热器处还设有阀门，用于加热器停用时切断抽汽。

表面式加热器的疏水连接系统原则上有疏水泵疏水和疏水逐级自流两种，回热加热器疏水系统如图 1 - 52 所示。

图 1 - 52（a）为疏水泵疏水连接系统。它用疏水泵将疏水送入加热器出口的水管中。

图 1 - 52（b）为疏水逐级自流连接系统。它利用相邻加热器间的压力差，将疏水逐级自流到压力较低的加热器中，最后流入凝汽器。

疏水方式和连接系统的选择，既要考虑运行的经济性，又要

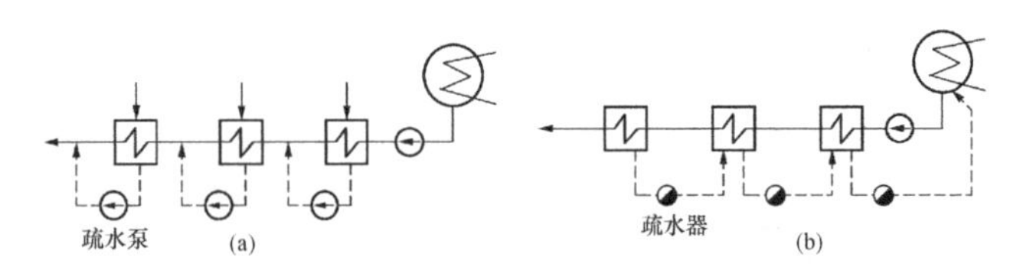

图 1-52 回热加热器疏水系统

(a) 疏水泵疏水连接系统；(b) 疏水逐级自流连接系统

考虑系统简单可靠并减少投资费用。因此在实际的回热系统中，是通过技术经济比较，综合应用上述两种疏水连接系统。

4. 给水除氧设备及系统

给水除氧的方法有热力除氧和化学除氧。现代电厂主要采用热力除氧，热力除氧的主要设备是除氧器。

(1) 除氧器的作用和原理。锅炉给水来自于凝结水和补充水。在这些水中都溶解有一定数量的气体，如氧气和二氧化碳等。这些气体进入汽水系统会对热力设备及管道产生腐蚀作用，同时这些气体附在受热面上形成气膜，使传热恶化。因此，为了提高热力设备的安全和经济性，必须利用除氧器去除凝结水和补充水中的氧气及其他气体。同时，在给水回热系统中，除氧器还起到混合式加热器的作用。

除氧器是根据水中气体的溶解量与该气体在水面上的分压力成正比的原理工作。在除氧器中通入蒸汽，将凝结水和补充水加热到沸腾温度。在水汽化时，水面上的蒸汽分压力不断增加，而溶解于水的气体分离出水面并加以排走，使气体的分压力逐渐降低到零，这样水中便不含有溶解气体。为了迅速有效地使气体从水中分离出水面，在除氧器中还需把水分成细流状、雾状或膜状进行加热。

(2) 除氧器的类型和结构。根据除氧器压力的不同，除氧器分为大气式除氧器、高压除氧器和真空除氧器等。

大气式除氧器的工作压力为 0.12MPa，对应的沸腾温度为 104℃。这种除氧器主要应用于中、低压电厂，在高压电厂中仅用作补充水的除氧。

高压除氧器的工作压力为 0.4～0.6MPa，我国目前采用 0.6MPa，其对应的沸腾温度为 158℃。高压除氧效果好，并且作为加热器可以代替一台高压加热器，因而在高压及超高压电厂中广泛应用。

此外，在一些大型凝汽器中也装设有除氧装置，这被称为真空除氧器。

根据水在除氧器中散布的形状不同，除氧器又可以分为水膜式、淋水盘式、喷雾式、喷雾淋水盘式和喷雾填料式五种类型。下面介绍喷雾填料式除氧器的结构和工作过程。

喷雾填料式除氧器如图 1-53 所示。在此除氧器中凝结水从除氧塔中部的进口管进入中心管，再流入环形配水管，从喷嘴向上喷成雾状。加热蒸汽管由除氧塔顶部伸入喷雾层，喷出的蒸汽

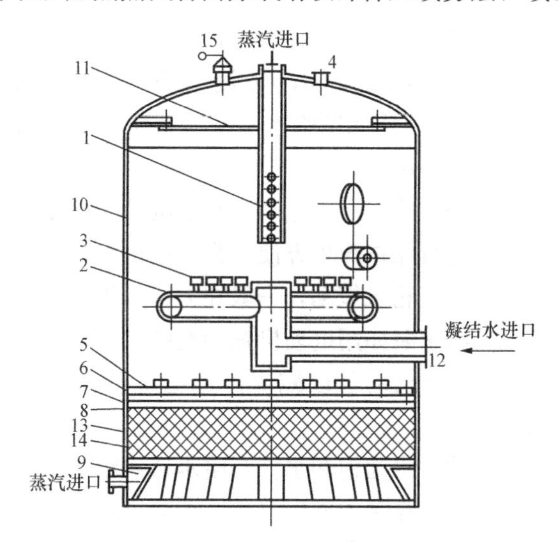

图 1-53　喷雾填料式除氧器

1—加热蒸汽管；2—环形配水管；3—喷嘴；4—排气管；5—淋水区；6—支承圈；7—滤板；8—支承卷；9—进汽室；10—筒身；11—挡水板；12—凝结水进口管；13—不锈钢 Ω 形填料；14—滤网；15—弹簧式安全网

将雾状水珠加热到沸腾温度，水中约有80%～90%的溶解气体逸出，作为第一阶段除氧。然后水滴落经淋水区进入由Ω形不锈钢圈组成的填料层，在填料层上形成水膜，又被下部进入的加热蒸汽再次加热，使水中的残余气体进一步分离，完成第二阶段除氧。分离出的气体与少量蒸汽由顶部排气管排出。

喷雾填料式除氧器的除氧效果好，检修也方便，近年来得到广泛应用。

5. 给水泵和给水系统

（1）给水泵。给水泵是火力发电厂中最重要的辅助设备之一。它的作用是将给水从除氧器的给水箱不断打进锅炉汽包中去。给水泵出口处的给水压力很高，一般比锅炉汽包压力还高25%以上，以便克服高压加热器、省煤器及给水管道的阻力进入汽包。因此给水泵都采用多级离心泵，如国产高压机组的给水泵级数为10级，其出口处的给水压力为15MPa。

为保证锅炉供水的可靠，应设有备用给水泵。如国产100MW汽轮机，采用单元制给水系统时，设有三台给水泵，其中两台运行，一台备用。

给水泵按拖动方式不同有电动和汽动两种。电动给水泵由电动机拖动。它的运行操作简单方便，为一般机组普遍采用。汽动给水泵是由专设的汽轮机拖动，一般在大容量机组中采用。其原因是，大机组的给水泵如用电动机拖动耗电量很大（约占总厂用电量的一半），采用汽动可以减少厂用电，使机组向外界多供3%～4%的电量。

进入给水泵的给水为饱和水。当给水进入给水泵时，因流动阻力使其压力下降，在泵内发生汽化，影响给水泵正常工作。为防止汽化发生，要求除氧器给水箱高于给水泵一定距离，以增加给水泵进口的静压力。因此除氧器一般采用高位布置。大气式除氧器的布置高度应比给水泵高6～7m以上，高压除氧器应比给水泵高14～18m以上。

（2）给水系统。从除氧器给水箱，经给水泵和高压加热器，到锅炉省煤器进口的全部管道系统称为给水系统。其中，给水泵之前为低压给水系统，给水泵之后为高压给水系统。

6. 汽轮机排汽的冷却系统

汽轮机排汽的冷却系统是电力生产过程中的一个重要环节，做完功的汽轮机排汽需要冷却凝结成水，然后重新开始循环。将汽轮机排汽凝结成水可采用水冷和空冷。水冷（又叫湿冷）是指将冷却水送入凝汽器吸收汽轮机排汽的热量使其凝结成水。空冷就是以空气取代水为冷却介质的一种冷却方式。

（1）供水系统。发电厂的供水系统主要是指凝汽器的冷却水系统。常用的供水系统有直流式和循环式两种。

1）直流供水系统。直流供水系统就是以江、河、海为水源，将冷却水供给凝汽器等设备使用后，再排放回去的供水系统。直流供水系统如图 1 - 54 所示。在河岸设有岸边水泵房，循环水泵从河流上游取水，通过循环管道送入凝汽器。冷却水在凝汽器中受热后再通过排水管排到河流的下游。当水源距厂区较远时，可用渠道将水引入厂区后再用泵打入凝汽器。为防止河中的杂物和

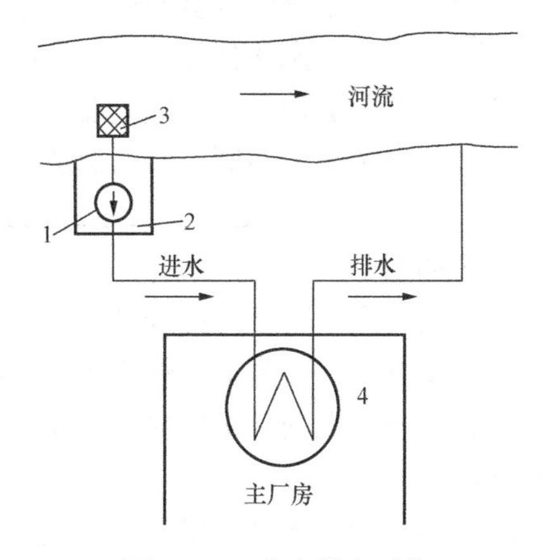

图 1 - 54　直流供水系统

1—循环水泵；2—岸边水泵房；3—滤网；4—凝汽器

水生物进入凝汽器而堵塞铜管，在取水口装置滤网。

直流供水系统比较简单，能节约投资和运行费用，但它的应用受到地理位置的限制。当发电厂附近有流量很大的河流、湖泊和海洋作为水源时，才可采用直流供水系统。

2）循环供水系统如图 1-55 所示。该系统的原理是，将凝汽器中吸热后的冷却水送入冷却设备，当被周围空气冷却后，再用循环水泵送入凝汽器中重复使用。

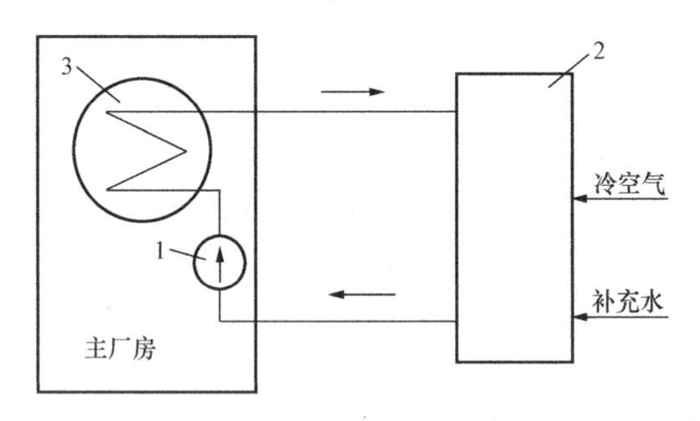

图 1-55　循环供水系统

1—循环水泵；2—冷却设备；3—凝汽器

循环供水系统由于冷却水得到重复利用，耗水量少，只需补充占冷却水量 5%的水损失，适用于水源不十分充足的发电厂。

根据冷却设备的不同，循环供水系统主要有喷水池和冷却塔两种系统。冷却塔根据通风方式不同，有自然通风冷却塔和机力通风冷却塔两种。

自然通风冷却塔如图 1-56 所示。它由塔身、淋水装置和水池组成。塔身起通风筒作用。它是双曲线型巨大构筑物，下部由人字形支柱支承。塔身越高，通风抽力作用越强。淋水装置安装在塔身下部，由木板条或水泥网格板组成，其作用是增加水与空气的接触面积和接触时间。

从凝汽器中吸热后的冷却水进入塔身，经配水槽呈淋雨状落下，并在淋水装置上形成水膜。冷空气依靠塔身产生的自拔力从下部吸入，向上流动，吸收水的热量后连带一部分水汽从塔身顶部排入大气。冷却后的水落入水池中，由循环水泵送入凝汽器。

机力通风冷却塔如图 1-57 所示。它的塔身较低，主要依靠塔身上部的风机通风。

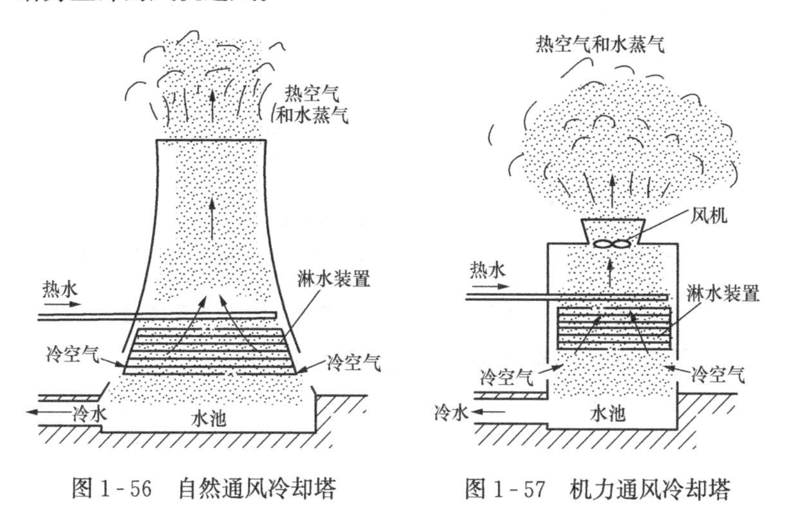

图 1-56　自然通风冷却塔　　图 1-57　机力通风冷却塔

冷却塔比喷水池造价高，但冷却效果好、水量损失小、占地面积少，为大、中型电厂普遍采用。

除了上述两种循环供水系统外，在有条件的地区，可利用湖泊、水库作为冷却水池。冷却水从水池的一端引入凝汽器，吸热后再排入水池的另一端。水的冷却是靠蒸发散热及水面上的空气对流作用来实现。

(2) 空气冷却系统。空气冷却系统有两种型式，一是直接空气冷却系统；另一种是间接空气冷却系统。

在直接空气冷却系统中，取消了常规的凝汽器，汽轮机的排汽用大口径管道引至布置在汽机间外的表面式空气冷却器中被空气直接冷却凝结成水。该系统完全取消了循环水，节水效果非常突出。直接空气冷却系统如图 1-58所示。

在间接空冷系统中，汽轮机还设置有凝汽器，不同的是其冷却水是在密闭系统中形成循环，它又有两种型式，一种是海勒式

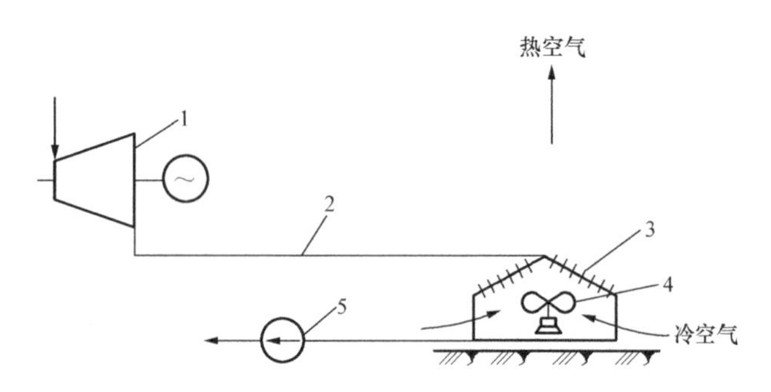

图 1-58　直接空气冷却系统

1—汽轮机；2—大口径排汽管；3—空气冷却器；4—风机；5—凝结水泵

空气冷却系统，凝汽器是混合式的，海勒式空冷系统如图 1-59 所示。冷却水送入凝汽器与汽轮机排汽均匀混合，并使其凝结。吸热后的冷却水在空冷塔中的冷却为表面式。另一种是哈蒙式空气冷却系统，其凝汽器与普通机组类同为表面式，吸热后的冷却水在空冷塔中的冷却亦为表面式。哈蒙式空气冷却系统如图 1-60所示。

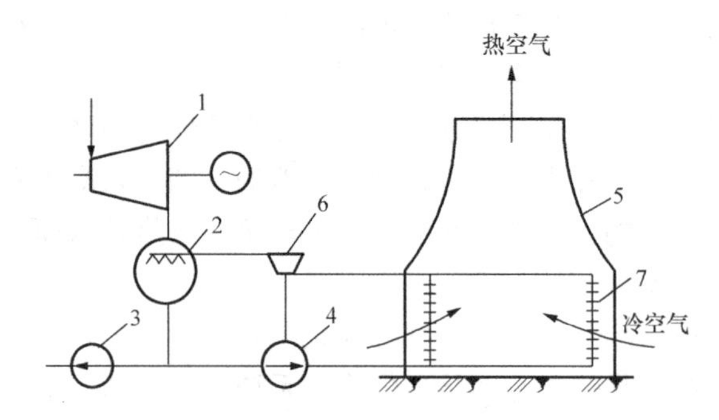

图 1-59　海勒式空气冷却系统

1—汽轮机；2—混合式凝汽器；3—凝结水泵；4—循环水泵；
5—空气冷却塔；6—水轮机；7—冷却器

7. 水处理系统

(1) 水处理系统的作用。火力发电厂的汽水系统在运行中有

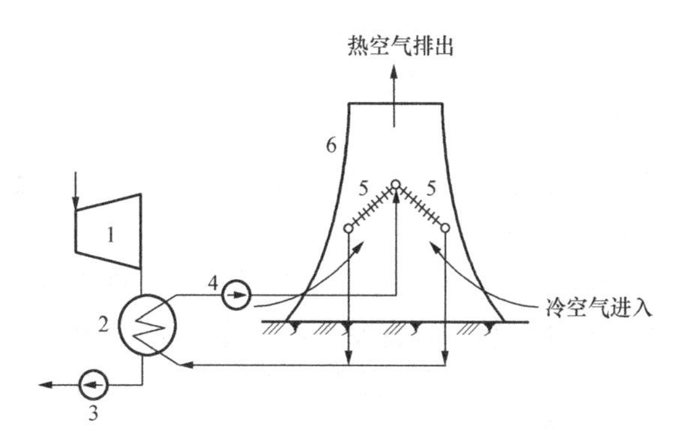

图 1-60　哈蒙式空气冷却系统

1—汽轮机；2—凝汽器；3—凝结水泵；4—循环水泵；
5—空冷散热器；6—空冷塔

许多水损失，如锅炉排污、汽轮机轴封漏汽、热力设备启动和停机时的排汽放水、设备和管道的漏汽等，因此必须不断向汽水系统补入合格的补充水。河水、井水等天然水中含有各种杂质，必须经过严格的处理后才能作为补充水使用。

天然水中含有的杂质主要有以下几种：

1）不溶于水的杂质。主要有泥、砂、有机物等形成的微粒，称为悬浮物。

2）溶于水的盐类。主要有钙盐、镁盐、钠盐等。这些盐类在水中溶解并解离为带正电荷的阳离子（钙离子、镁离子和钠离子等）和带负电荷的阴离子（重碳酸根、氯离子、硫酸根等）。

3）溶解气体。如氧气和二氧化碳等。

上述杂质对热力设备将造成如下危害：

1）杂质在炉管内壁上积成水垢。水垢的传热能力比金属的传热能力低几百倍，炉管上结垢不仅使煤耗增加，而且使管壁温度过高而被烧坏。

2）蒸汽携带盐类造成过热器内和汽轮机内积盐。过热器积盐会引起管壁过热而被烧坏。汽轮机的喷嘴和叶片上积盐会引起效率和出力降低，并影响安全运行。

3）水中的氧、二氧化碳及某些盐类对热力设备产生腐蚀，影响使用寿命。

（2）水质的指标。水质指标是表示水中所含有杂质数量的指标，主要有以下几种：

1）透明度，又称浊度。表示水中含有悬浮物的数量。悬浮物会引起热力设备的结垢和腐蚀，并使蒸汽品质恶化。

2）硬度。表示水中钙、镁离子的含量。钙盐和镁盐是结垢的主要成分，硬度大结垢就严重。

3）含盐量。表示水中含有盐类的阴、阳离子的总和。炉水含盐量超出允许标准，会使蒸汽品质恶化，在过热器和汽轮机内积盐。

4）碱度。表示水中氢氧化物和碱性盐类的总和。炉水碱度大会造成设备腐蚀和蒸汽携带盐类增多。

5）pH 值。表示水的酸、碱性。pH 值为 7 时水为中性，大于 7 时为碱性，小于 7 时为酸性。通常炉水的 pH 值控制在 8～9，略呈碱性，以防止炉管和设备的酸性腐蚀。

（3）补充水的水处理过程。补充水的水处理基本过程是：首先对天然水进行预处理，再进行软化处理或化学除盐，最后成为锅炉的补给水。这些过程是在炉外进行的，故称为炉外水处理。

1）补充水的预处理。补充水的预处理目的是将天然水中的悬浮物，通过凝聚、澄清和过滤等方法加以去除。预处理的主要设备有澄清器和过滤器。在澄清器内的水中加入适量的混凝剂，使悬浮物凝聚成大颗粒而沉淀，并加以排除，然后水在过滤器中通过石英砂等过滤物质将细小的悬浮物颗粒去除。经过预处理后，天然水变成透明度很高的清水。

2）补充水的软化处理。含有钙、镁离子很多的水叫作硬水，经过化学软化处理，将钙、镁离子基本除去的水称为软化水。软化水可以避免硬垢的生成。在中、低压电厂中，由于对水质要求相对不太高，采用软化水作为锅炉补给水就可以。

软化处理的基本方法是离子交换，即利用化学树脂等离子交换剂，以离子交换的方式吸收水中的钙、镁离子。软化处理系统主要设备是钠离子交换器。交换器中装有 Na 型阳离子交换剂。当预处理后的清水通过时，水中的钙、镁离子与钠离子交换，被交换剂吸收，从而降低水的硬度，成为软化水。

3）补充水的化学除盐处理。除盐处理就是将水中的所有阳离子和阴离子都除去，成为基本不含任何盐类的纯水即无盐水。高温高压以上电厂对水质要求很高，需进行除盐处理。

化学除盐处理系统如图 1-61 所示。经过预处理的清水进入 H 型阳离子交换器。在其内利用交换剂中的氢离子与水中各种阳离子如钙、镁、钠、铁等交换，从而去除水中的各种阳离子。在交换过程中生成的二氧化碳通过除碳器排出。除去阳离子的水经中间水箱和水泵，进入 OH 型阴离子交换器。在其内利用阴离子交换剂中的氢氧离子与水中的硫酸根、碳酸根等离子交换，从而去除各种阴离子。然后再经阳阴离子混合交换器，进一步去除水中残留的阴、阳离子。制成的无盐水储入除盐水箱，通过补水泵打入除氧器或凝汽器。

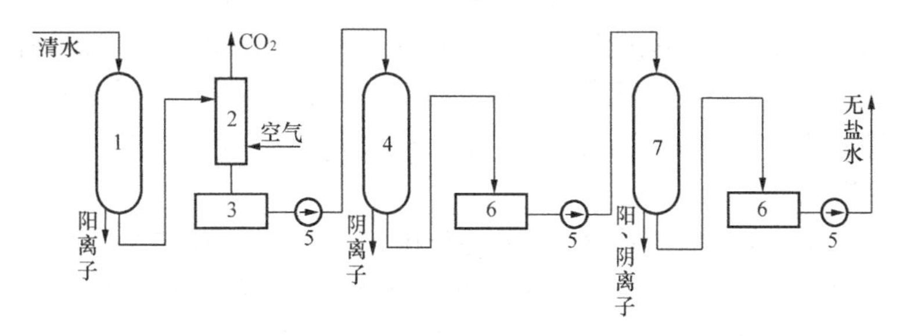

图 1-61　化学除盐处理系统

1—阳离子交换器；2—除碳器；3—中间水箱；4—阴离子交换器；5—泵；6—除盐水箱；7—阳阴离子混合交换器

除以上补充水的炉外处理之外，在锅炉运行中还要进行炉内水处理，以清除炉水中剩余的结垢物质。通常在炉水中加入磷酸三钠，与炉水中的钙盐和镁盐发生化学反应，生成松软的水渣，然后利用排污的方法排出炉外。

六、典型原则性热力系统举例

将火力发电厂的锅炉、汽轮机及辅助设备按汽水流程用管道和附件连接起来所构成的系统，称为热力系统。根据不同的应用目的，热力系统分为原则性热力系统和全面性热力系统两种。

原则性热力系统只表示出主要热力设备的组成和连接关系，从中反映了发电厂的类型、容量、参数及主要热力设备之间的循环工作过程。它常被用来分析、论证发电厂所选用设备和系统的合理性和热经济性。

全面性热力系统是将全厂所有热力设备及其汽水管道都表示出来的总系统。它包括原则性热力系统和所有局部的热力系统，用来作为施工和运行操作的依据。下面介绍一些典型的原则性热力系统。

（一）国产N200-130/535/535型汽轮机原则性热力系统

该系统如图1-62所示。锅炉为超高压670t/h自然循环锅炉。汽轮机为中间再热式，具有三个汽缸三排汽口。参数为13MPa、535℃新蒸汽在高压缸做功膨胀到2.5MPa、313℃后排出，经再热蒸汽管道引向锅炉再热器，加热至535℃后返回汽轮机的中、低压缸继续做功，最后从低压缸的三个排汽口进入三台凝汽器。

在主蒸汽系统和再热蒸汽系统中，采用了中间再热机组所特有的旁路蒸汽系统。该系统中有一个整机大旁路和两级小旁路。整机大旁路从高压缸进口的主蒸汽管道接至凝汽器。它与整个汽轮机并联，其作用是在汽轮机突然甩负荷时将新蒸汽经减温减压后全部排入凝汽器。Ⅰ、Ⅱ两级小旁路分别与高压缸并联和中、低压缸并联，其作用是在低负荷时保护再热器不被烧坏。低负荷时由于汽轮机所需蒸汽量很少，因此高压缸排入再热器的蒸汽相

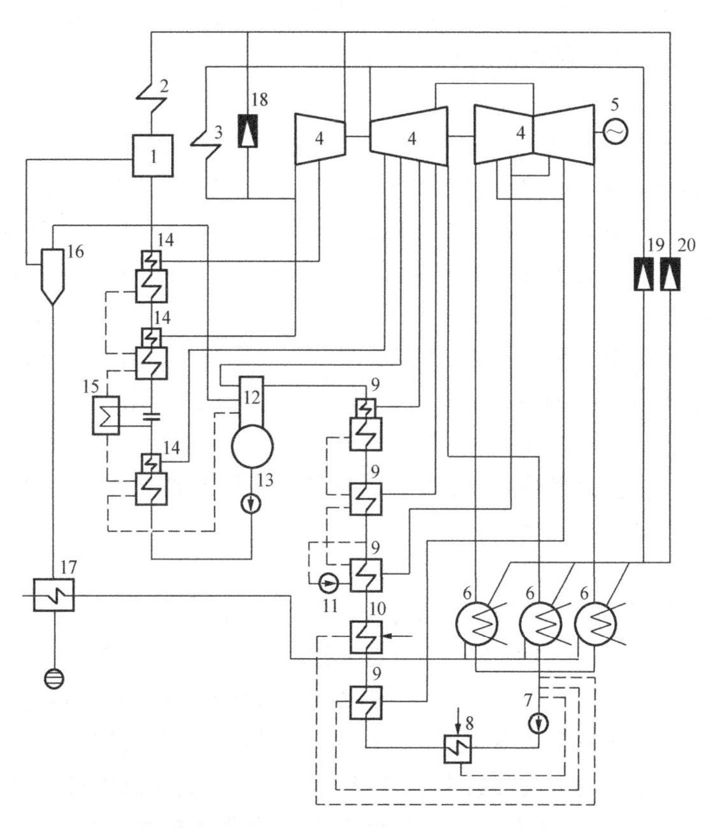

图1-62　N200—130/535/535型汽轮机原则性热力系统

1—锅炉；2—过热器；3—再热器；4—汽轮机；5—发电机；6—凝汽器；7—凝结水泵；8—低压轴封加热器；9—低压加热器；10—高压轴封加热器；11—疏水泵；12—除氧器；13—给水泵；14—高压加热器；15—疏水冷却器；16—排污扩容器；17—排污水冷却器；18—Ⅰ级小旁路；19—Ⅱ级小旁路；20—大旁路

应很少，不足以冷却再热器，再热器因超温而可能被烧坏。为此将一部分新蒸汽经减温减压后通过Ⅰ级小旁路直接进入再热器，以防止其超温。再热后的蒸汽一部分进入中压缸，多余的蒸汽通过Ⅱ级小旁路排入凝汽器。

汽轮机共有八段回热抽汽，其中前三段抽汽供给三台高压加热器，第四段抽汽供 0.6MPa 高压除氧器，后四段抽汽供四台低压加热器。经回热加热后，给水温度可达到 240℃。高压加热器的疏水逐级自流至除氧器。在一、二号高压加热器之间设有一台疏水冷却器，目的是增加第三段抽汽，减少第二段抽汽，从而在汽轮机内多做功。低压加热器疏水逐级自流至 2 号低压加热器，再由疏水泵送入主凝结水管道中。1 号低压加热器疏水直接流入凝汽器。

系统中有两台轴封加热器，其中一台在凝结水泵出口处，吸收低压汽缸的轴封汽；另一台在 1 号低压加热器出口处，吸收高、中压汽缸的轴封汽。轴封汽凝结后的疏水自流至凝汽器。

化学补充水经排污水冷却器加热后，进入凝汽器真空除氧，并补充到汽水系统中。

锅炉汽包的排污水进入排污扩容器扩容后，蒸汽送入除氧器，剩下的排污水经排污水冷却器冷却后排入地沟。

（二）N300-165/550/550 型汽轮机原则性热力系统

该系统如图 1-63 所示。锅炉为 1000t/h 亚临界压力直流锅炉。汽轮机额定功率为 300MW，中间再热式，具有四缸四排汽口。高压缸的进汽参数为 16.5MPa、550℃，高压缸的排汽参数为 3.53MPa、328℃，经再热后中压缸的进汽参数为 3.17MPa、550℃。全机共八段回热抽汽。回热加热后给水温度为 263℃，前三段抽汽供三台高压加热器，第四段抽汽供一台高压除氧器，后四段抽汽供四台低压加热器。

给水泵汽轮机采用第五段抽汽作为汽源，其排汽排入辅助汽轮机凝汽器，凝结水由辅助汽轮机凝结水泵打入主凝结水管中。

为保证直流锅炉的给水品质，该系统增设了凝结水除盐设备。除盐后的凝结水由凝结水升压泵打入回热系统。高压加热器的疏水逐级自流至除氧器。低压加热器疏水也逐级自流至 2 号低压加热器，再用疏水泵送至该加热器出口处的主凝结水管中。

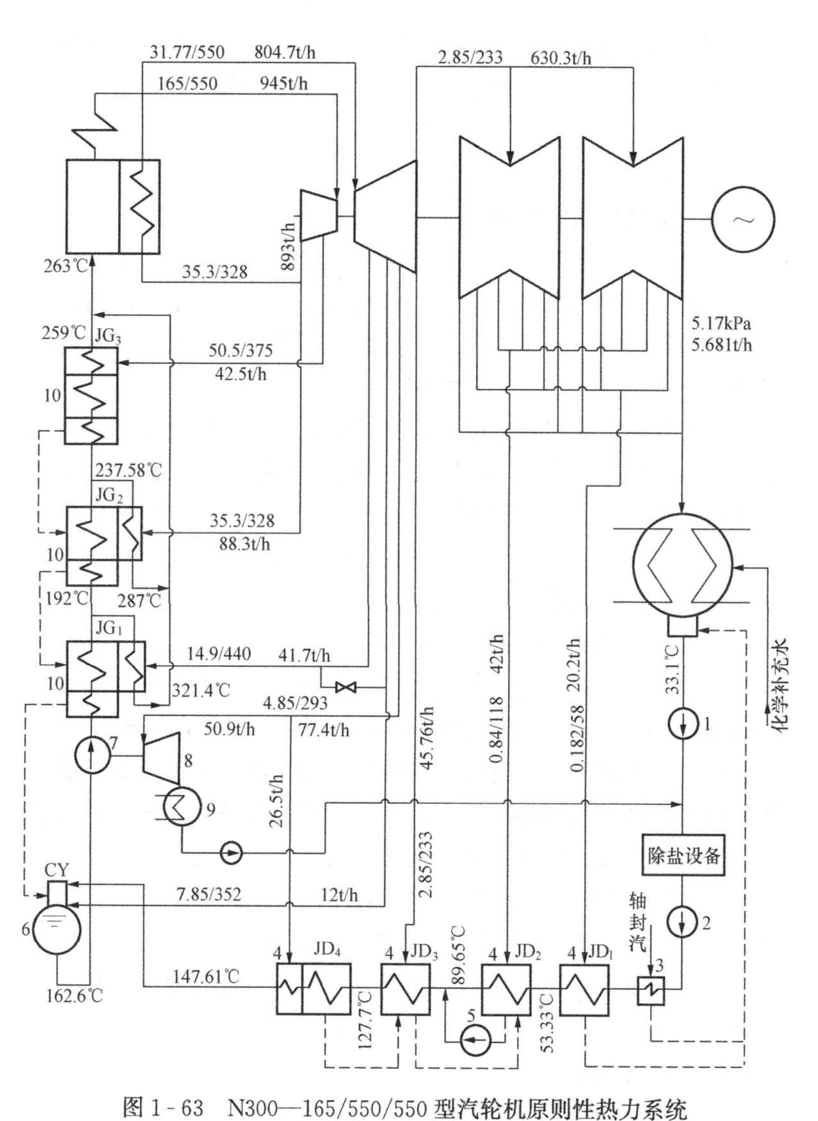

图 1-63　N300—165/550/550 型汽轮机原则性热力系统

1—主凝结水泵；2—凝结水升压泵；3—轴封加热器；4—低压加热器；5—疏水泵；6—高压除氧器；7—汽动给水泵；8—辅助汽轮机；9—辅助汽轮机凝汽器；10—高压加热器

1 号低压加热器的疏水自流至凝汽器。轴封加热器的疏水也自流至凝汽器。化学补充水直接送入凝汽器内真空除氧。

第五节 电 气 设 备

一、发电厂电气设备简介

发电厂中，直接生产电能的设备是发电机。大型的发电机一般是水轮发电机和汽轮发电机。它们在发电原理上是相同的。由于汽轮发电机的转速比水轮发电机高，所以汽轮发电机通常制成隐极形，本章只介绍汽轮发电机。

由于目前绝缘材料耐电压程度有限，汽轮发电机本身输出的电压等级（例如，我国只有 6.3～20kV 等级）较低。从电工学中可以知道，当输电功率和距离一定时，线路上的电压损耗与输电电压成反比。如果用汽轮发电机的输出电压给远方用户输出大量的电能，那么线路损失是很大的。所以，对于区域性或省内的供电，一般应将它升压到 110kV 或 220kV；对于省外及更远地区的供电，则应将电压升至 330kV 或 500kV，或更高电压等级（如 1000 kV）。这个升压的任务，是由厂用主变压器完成的。

在电力系统中，发电机与变压器、变压器与线路及变压器与用电器之间要装置接通和断开电路的开关设备。高压开关有断路器、隔离开关；低压开关有闸刀开关、自动开关、接触器及磁力启动器等。此外，还有保护电器和测量、绝缘监察等装置（如熔断器、各种继电保护装置、电抗器、避雷器、电流表、电压表，功率表及交直流系统监察装置等），以及供测量仪表和继电器用的辅助装置（如电流互感器及电压互感器）等。

二、汽轮发电机

（一）汽轮发电机的工作原理

汽轮发电机是将汽轮机转子转动的机械能转换为电能的一种设备。从法拉第电磁感应定律知道，导线切割磁力线能产生感应电动势。如果将该导线连成闭合回路，那么就有电流流过该回路。这就是一切发电机的基本工作原理。

1. 交流发电机的工作原理

利用电磁感应原理来进行发电的交流发电机工作原理图如图1-64。

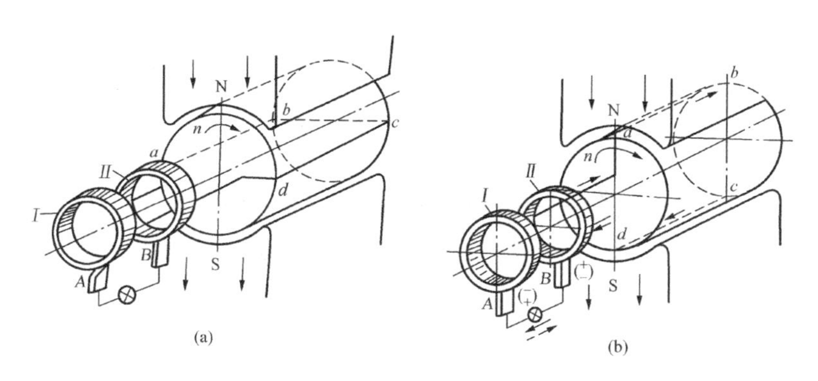

图1-64　交流发电机的工作原理
(a) 电刷A、B之间电动势为零；(b) 电刷A、B之间电动势最大

图1-64中*abcd*是发电机转子上的一个矩形线圈。它的两端分别接在发电机轴上Ⅰ、Ⅱ两个铜滑环上。与这两个铜滑环滑动接触的是*A*、*B*两个电刷。*A*、*B*两个电刷是固定不动的，在两者之间连接一个电器，例如一个灯泡，就构成了一个闭合的电路。

转轴一般在原动机带动下，做匀速转动。当矩形线圈在图1-64 (a) 所示水平位置时，导线*ab*和*cd*不切割磁力线，电刷*A*、*B*之间电势为零。在以后位置，*ab*线段转到水平面以上，单位时间内它们切割磁力线越来越多。在垂直位置，如图1-64 (b) 时。单位时间内切割磁力线最多，此时，*A*、*B*之间的电动势达到最大。用右手定则可以确定导线中的电流方向，如图1-64 (b) 中所示的方向。灯泡中的电流方向是$B \rightarrow A$。当*ab*转到水平面以下时，导线中电流方向反向，灯泡中的电流方向也反向，即$A \rightarrow B$。

这就是说，当转轴匀速转动一周时，电刷 A、B 之间的电极极性改变一次，并且 A、B 之间的电动势 e（或流过灯泡的电流 I）的大小是随时间作正弦变化的，正弦交流电动势波形如图 1 - 65 所示。

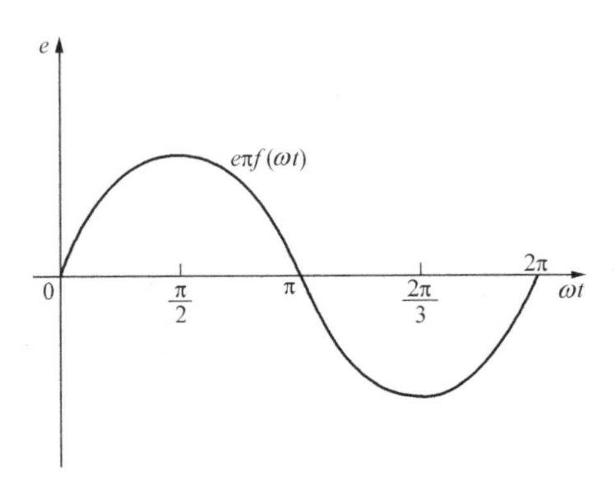

图 1 - 65 正弦交流电动势波形

图 1 - 65 中，ω 表示转轴恒定的角速度，单位是 rad/s（弧度/秒）。

2. 汽轮发电机的工作原理

现代汽轮发电机是一种同步交流发电机，因为它的定子绕组所产生的旋转磁场与转子的转速大小相等，方向相同。它的转子与汽轮机的转子相连，以 3000r/min 旋转。

它的工作原理与上述交流发电机相同，但在结构上是把三相相互成 120°的线圈嵌在定子铁芯槽里不动，而让磁场旋转。旋转的磁场是由直流发电机（称为励磁机）供给转子线圈直流电而形成的。旋转磁场切割静止的三相定子线圈，在定子线圈中产生三相交变电动势。

汽轮发电机的简单工作原理示意图如图 1 - 66 所示。三相交流发电机横断面示意图如图 1 - 67 所示。

如果以转子转动的角度为横坐标，以线圈中瞬时电动势大小为纵坐标，那么可以得出如图 1 - 68 所示的三相交流电的波形

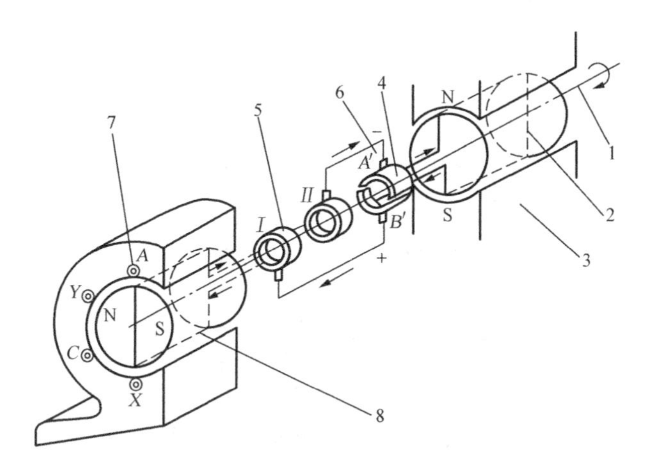

图 1-66　汽轮发电机简单工作原理示意

1—发电机转轴；2—励磁机转子线圈；3—励磁机定子磁极；4—换向器；5—滑环；6—固定电刷及其连线；7—交充发电机定子线圈；8—交流发电机转子（励磁）线圈

图。从图上可以看出，三相交流电是在位置上彼此相差（称为相位差）2π/3 的三个正弦波形的交流电，或者说是在时间上彼此相差1/3周期的三个正弦波形的交流电。

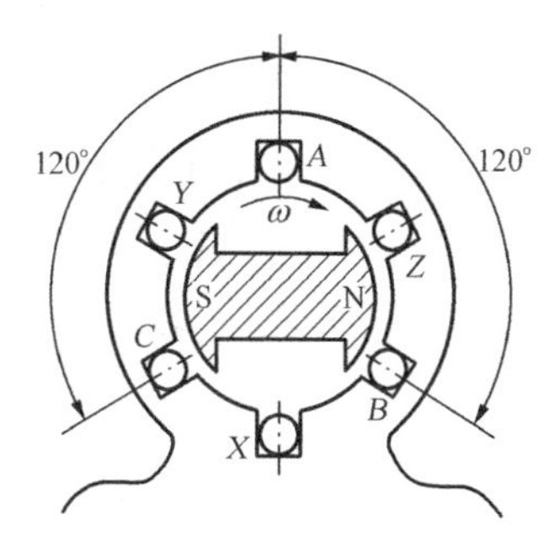

图 1-67　三相交流发电机横断面示意

（二）汽轮发电机的组成

汽轮发电机主要是由定子和转子两大部分组成。定子又由定子铁芯、定子绕组、机座、端盖及轴承等组成。转子又由转子铁芯和转子绕组（励磁绕组）、护环、风扇等组成。

1. 汽轮发电机定子

（1）定子铁芯。定子铁芯是由许多厚度为 0.35mm 的扇形硅钢片叠装而成的。扇形硅钢片形状和叠装（拼成一个整圈）方法如图 1-69 所示。硅钢片具有良好的导磁性能。由它们组成的定

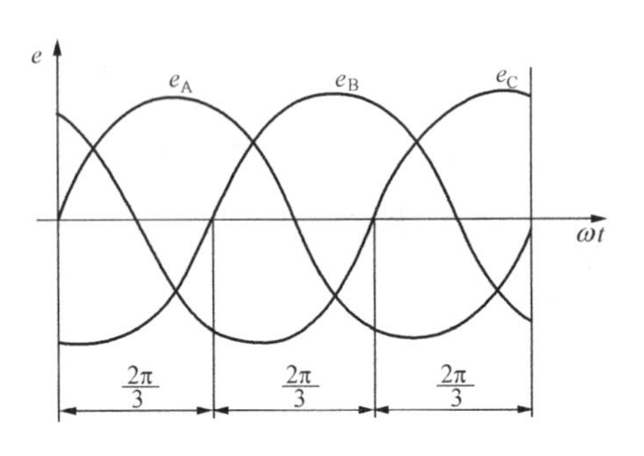

图 1-68　三相交流电的波形图

子铁芯可以与转子本体在一起很好地构成封闭的电动机主磁回路。

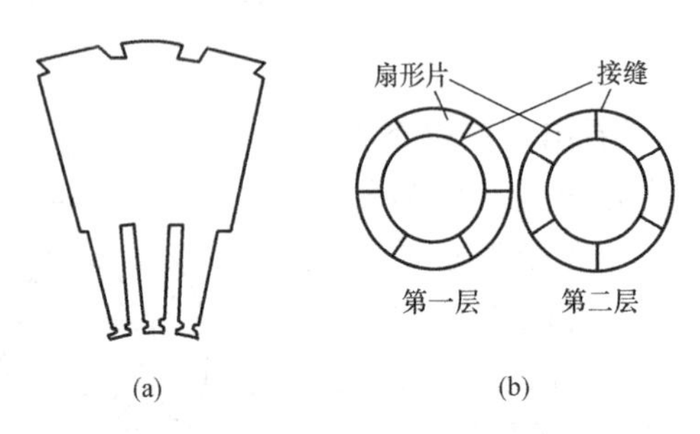

图 1-69　扇形硅钢片及叠装方法

(a) 扇形硅钢片；(b) 叠装方法示意

在交变磁场作用下，铁芯内部会产生垂直于磁力线方向上的电流，称为涡流，从而使铁芯发热。为了减少涡流损失，硅铁片厚度应尽量做薄，并且每片硅钢片表面都涂上电气绝缘漆。将许多这样的硅钢片压成一个整体，就是定子铁芯。

沿铁芯内圈，有安放定子线圈的槽，一般为图 1-69（a）所示的开口槽。

（2）定子绕组。定子绕组在铁心槽内的一段称为直线部分，是切割磁力线产生感应电动势的部分。在直线部分的两端称为定子绕组的端部。

大、中容量的发电机均为双层线圈，即在每个槽里的线圈作双层布置，一个槽里的上层线圈和另一个槽里的下层线圈的一端焊在一起，构成一个线圈，如图 1-70 所示。

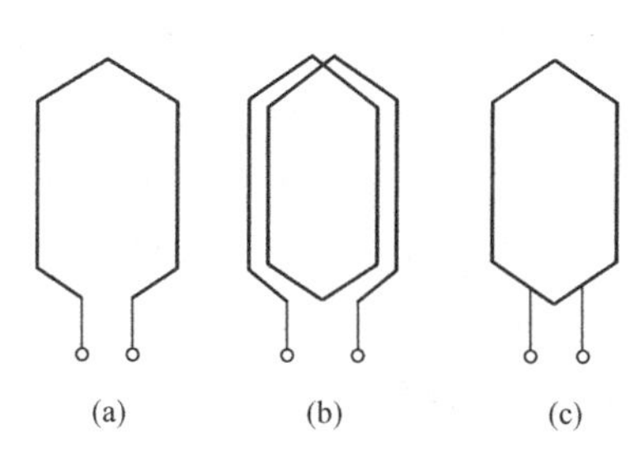

图 1-70　线圈

(a) 单匝线圈；(b) 双匝线圈；(c) 双匝或多匝线圈简化画法

(3) 机座、端盖、底盖及底板。机座用来支撑和固定定子铁芯和线圈等部件，并利用它形成风道，发电机的定子如图 1-71 所示。机座通过底板（或底架）安装在基础上。它们一般是用钢板焊接而成的。

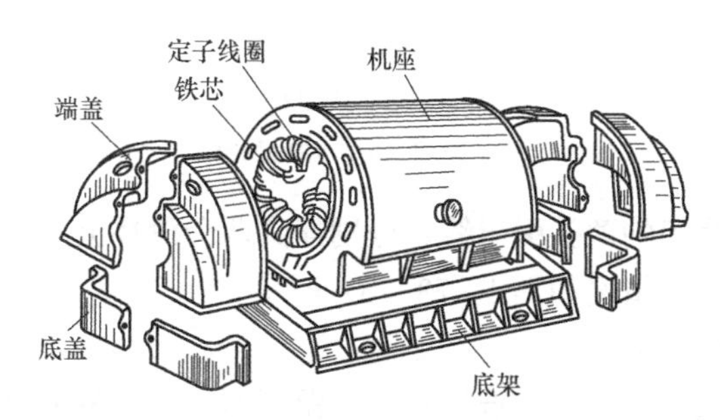

图 1-71　发电机的定子

端盖和底盖的作用是把定子端部封闭起来，并借此构成风路。装在上半部的叫端盖，装在下半部的叫底盖。它们的材料可采用铸铁、铸铝或玻璃钢。

2. 汽轮发电机转子

用良好导磁性的合金钢加工成的转子铁芯如图 1-72 所示。励磁的扁铜导线是嵌在轴向的齿槽内。两个不开槽的相

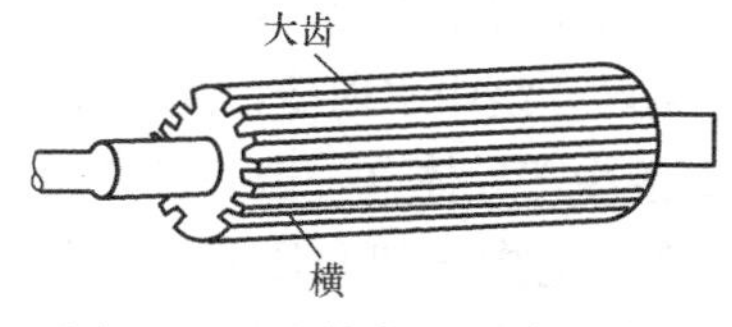

图 1-72　汽轮发电机转子铁芯

对区，共约占1/3周长，称为大齿。大齿实际上就是磁极。由扁铜导体绕成的励磁绕组如图1-73所示。它是一个矩形的，但宽度逐渐减小，呈宝塔形的同心线圈，如图1-73（a）所示。它的两个长圈边分别放在大齿两侧对称的槽中。导线每绕一圈称为一匝。大小不同的线圈嵌在转轴槽后，首尾相接，如同螺旋线圈，构成了励磁绕组。

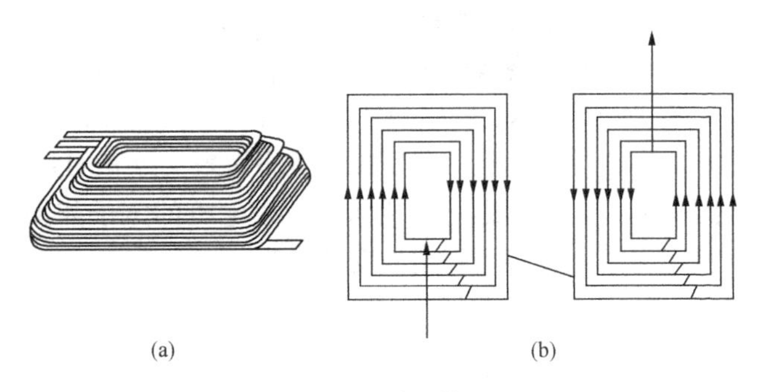

图1-73　励磁绕组
（a）线圈；（b）绕组接线

励磁绕组的两头引出线，分别连到两个滑环上。两个极所有槽的线圈串联情况如图1-73（b）所示。

3. 冷却系统

为了限制发电机的温度在允许温度值之内，发电机必须进行冷却。发电机的冷却方式较多，按冷却介质和冷却方式的不同组合，汽轮发电机的冷却方式主要有以下三种：

（1）水—氢—氢冷却，即定子绕组水内冷，转子绕组氢内冷，铁芯氢冷；

（2）水—水—空冷却，即定子与转子绕组水内冷，铁芯空冷；

（3）水—水—氢冷却，即定子与转子绕组水内冷，铁芯氢冷。

所谓“内冷”是指冷却介质直接冷却导体（一般在空心导线内冷却），冷却效果好。所谓“外冷”是指冷却介质和导体隔着绝缘层的冷却，冷却效果差。所有的发电机都有风路系统。所谓

“风路系统”是由风扇、冷风道、铁芯通风沟、热风道和冷却器等组成的系统。轴向分段送风系统的示意如图 1 - 74 所示。

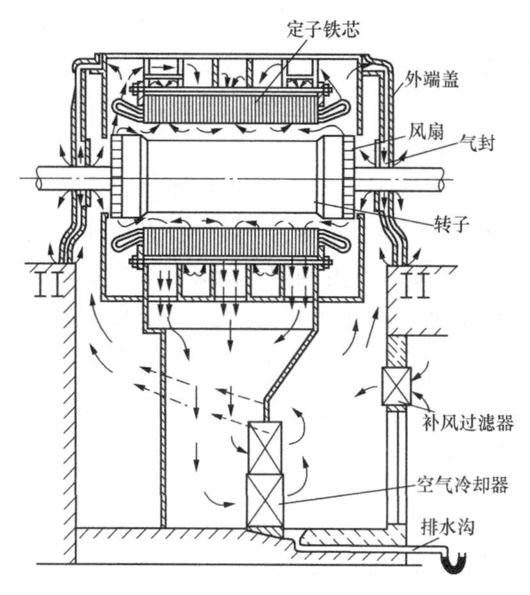

图 1 - 74 轴向分段送风系统

第六节 新能源发电技术

一、概述

（一）能源发展简介

能源是国民经济发展和人民生活所必需的重要物质基础，对社会经济发展和提高人民物质文化生活水平极为重要。现代社会的生产和生活，依赖于能源的大量消费，能源是重要的物质条件。因此，在中国的社会主义现代化建设中，必须充分重视能源问题。

当代社会广泛使用的能源是煤炭、石油、天然气和水力，尤其是石油和天然气的消耗量增长迅速，占全世界能源消耗总量的60％左右，但是，石油和天然气的储量是有限的，煤炭消耗又会造成严重的环境污染，因此，人类将会面临一场全面的能源危机，这是当前必须面对的重大挑战。

人类已进入21世纪，21世纪将是一个知识经济的时代。为了保证大规模的能源供应，人类应大力开发太阳能、风能、生物质能、地热能、海洋能等新能源技术，力争在不久的将来，将以石化能源为基础的常规能源系统，逐步过渡到持久的、多样化的、可再生的新能源系统。

2005年2月，我国国家立法机关通过了《可再生资源法》，明确指出风能、太阳能、水能、生物质能及海洋能等为可再生资源，确立了可再生资源开发利用在能源发展中的优先地位。2009年12月，我国政府曾向世界承诺到2020年单位国内生产总值二氧化碳排放比2005年下降40%～45%，大力发展各种可再生资源，争取到2020年非化石能源占一次能源比重达到15%。

（二）能源的含义及分类

我们把能量的来源称为能源，自然界在一定条件下能够提供机械能、热能、电能、化学能等某种形式的自然资源叫能源。能源的种类很多，分类方法也很多。

（1）按照能源的生成方式可分为一次能源和二次能源。一次能源又叫自然能源，它以自然形态存在于自然界中，是直接来自自然界而未经过人们加工转换的能源。如石油、煤炭、天然气、水力、原子能、风能、地热能、海洋能、太阳能等都是一次能源。一次能源通过不同的生产过程转化而成的能源称为二次能源。如电能、汽油、柴油、焦炭、煤气、蒸汽等均为二次能源。由一次能源转换而成的二次能源，可以满足多方面需要，使用方便，还可提高能源的使用效率。随着科学技术的发展和社会生活的现代化，在整个能源消费系统中，二次能源所占的比重日益增大。

（2）按照能源在当代人类社会生活中的地位，人们常把能源分为常规能源和新能源两大类。技术上比较成熟，已被人类广泛利用，在生产和生活中起着重要作用的能源，称为常规能源。例如煤炭、石油、天然气、水能和核裂变能等，目前世界能源的消费几乎全靠这五大能源来供应。尚未被人类大规模利用，还有待进一步研究试验与开发利用的能源，称为新能源。例如太阳能、风能、地热能、海洋能及核聚变能等。

（3）一次能源按照能否再生而循环使用，可分为可再生能源和非再生能源。所谓可再生能源，就是不会随着它本身的转化或人类的利用而日益减少的能源，具有自然的恢复性。如太阳能、风能、水能、生物质能、海洋能以及地热能等，都是可再生能源。化石燃料和核燃料则不然，它们经过亿万年形成而在短期内无法恢复再生，这种随着人类的利用而逐渐减少的能源称为非再生能源。

（4）一次能源按照其来源的不同，分为来自地球以外天体的能源、来自地球内部的能源、地球与其他天体相互作用产生的能源三大类。来自地球以外天体的能源主要指太阳辐射能，各种植物通过光合作用把太阳能转化为化学能，在植物体内储存下来，这部分能量为动物和人类的生存提供了能源。地球上的煤炭、石油和天然气等化石燃料，是古代埋藏在地下的动植物经过漫长的地质年代而形成的，实质上是储存下来的太阳能。太阳能、风能、水能、海水温差能、海洋波浪能以及生物质能等，也都直接或间接来自太阳。来自地球内部的能源，主要是指地下热水、地下蒸汽、岩浆等地热能和铀、钍等核燃料所具有的核能。地球与其他天体相互作用产生的能源，主要是指由于地球和月亮以及太阳之间的引力作用造成的海水有规律的涨落而形成的潮汐能。

（三）新能源与可再生能源的含义及分类

新能源与可再生能源的含义，在中国是指除常规化石能源和大中型水力发电、核裂变发电以外的太阳能、风能、生物质能、小水电、地热能以及海洋能等一次能源。这些能量资源丰富、可以再生、清洁干净，是最有前景的替代能源，将成为未来世界能源的基石。

（1）小水电。所谓小水电，通常是指小水电站及与其相配套的小电网的统称。按装机容量划分标准为：大（1）型为≥1200MW，大（2）型为1200MW～300MW；中型为300MW～50MW；小（1）型为50MW～10MW，小（2）型为＜10MW。目前中国农村村级以下办的小水电，多数属于容量为10MW以下的微型水电站。小水电的开发方式，按照集中水头的办法，可分为引水式、堤坝式和混合式三类。

（2）太阳能。太阳能的转换和利用方式有光—热转换、光—电转换和光—化学转换等。接收或聚集太阳能使之转换为热能，然后用于生产和生活的一些方面，其中光—热转换即是太阳能光热利用的基本方式。太阳能热水系统是太阳能热利用的主要形式，它是一种利用太阳能将水加热并储于水箱中以便利用的装置。太阳能产生的热能可以广泛应用于采暖、制冷、干燥、蒸馏、温室、烹饪以及工农业生产等各领域，并可进行太阳能热发电。利用光伏效应原料制成的太阳能电池，可将太阳的光能直接转换成为电能，称为光—电转换，即太阳能光电利用。光—化学转换亦称光化学制氢转换技术，就是将太阳辐射能转化为氢的化学自由能，通称太阳能制氢，可以通过以下三种途径来进行：光电化学池、光助络合催化、半导体催化。光—化学转换目前尚处于实验室研究开发阶段。

（3）风能。风能是指太阳辐射造成地球各部分受热不均匀，引起各地温差和气压不同，导致空气运动而产生的能量。利用风力机可将风能转换成电能、机械能和热能等。风能利用的主要形式有风力发电、风力提水、风力致热以及风帆助航等。

（4）生物质能。生物质能是蕴藏在生物质中的能量，是绿色植物通过叶绿素将太阳能转换为化学能而储存在生物质内部的能量。有机物中除矿物燃料以外的所有来源于动植物的能源物质均属于生物质能，通常包括木材及森林废弃物、农业废弃物、水生植物、油料植物、城市和工业有机废弃物以及动物粪便等。

生物质能的利用主要有直接燃烧、热化学转化和生物化学转化三种途径。生物质直接燃烧在今后相当长的时间内仍将是中国农村生物质能利用的主要方式。因此，改造热效率仅为10%的传统烧柴灶，推广热效率可达20%～30%的节柴灶（这种技术简单、易于推广、效益明显），被国家列为农村能源建设的重点任务之一。生物质的热化学转换，是指在一定温度和条件下，使生物质气化、炭化、热解和液化，以生产气体燃料、液态燃料和化学物质的技术。生物质的生物化学转化，包括生物质—沼气的转换和生物质—乙醇的转换等方式。

（5）地热能。地热资源是指在当前技术经济和地质环境条件下，地壳内能够科学、合理地开发出来的岩石中的地热能和地热流体中的热能量及其伴生的有用组分。地热资源按储存形式可分为水热型（又分为干蒸汽型、湿蒸汽型和热水型）、地压型、干热岩型和岩浆型四大类；按温度可分为高温、中温和低温三类。温度大于150℃的地热以蒸汽形式存在，叫高温地热；90～150℃的地热以水和蒸汽的混合物等形式存在，叫中温地热；温度大于25℃、小于90℃的地热以温水（25～40℃）、温热水（40～60℃）、热水（60～90℃）等形式存在，叫低温地热。地热能的利用方式主要有地热发电和地热直接利用两大类。不同品质的地热能可用于不同的目的。流体温度为200～400℃的地热能，主要可用于发电和综合利用；150～200℃的地热能，主要可用于发电、工业热加工、工业干燥和制冷；100～150℃的地热能，主要用于采暖、工业干燥、脱水加工、回收盐类和双循环发电；50～100℃的地热能，主要可用于温室、采暖、家用热水、工业干燥和制冷；20～50℃的地热能，主要用于洗浴、养殖、种植和医疗等。

（6）海洋能。海洋能是指蕴藏在海洋中的可再生能源，它包括潮汐能、波浪能、海流能、潮流能、海水温差能和海水盐差能等不同的能源形态。海洋能按储存的能量形式，可分为机械能、热能和化学能。潮汐能、波浪能、海流能和潮流能为机械能，海水温差能为热能，海水盐差能为化学能。海洋能技术是指将海洋能转换成电能或机械能的技术。

（四）中国新能源与可再生能源的发展现状及其前景

中国政府对新能源与可再生能源的发展十分重视，已出台了相关法律法规和一系列方针政策、规章制度。由于政策上的支持和经济上的激励，随着科学技术的进步与发展，中国新能源与可再生能源产业不断发展，并形成了一定的规模。2010 年中国可再生能源（水电、风电、太阳能发电、生物质发电）和生物液体燃料等计入能源统计的商品化可再生能源利用量达到约 2.6 亿 t 标准煤，约占当年一次能源消费总量（32.5 亿 t 标准煤）的 7.9%。如果计入沼气、太阳能热利用等非商品可再生能源，可再生能源年利用量总计 2.9 亿 t 标准煤，约占当年一次能源消费总量的 9%。新能源与可再生能源产业的形成和扩大，不仅意味着原有能源系统更新改造历程的开始，而且通过新能源与可再生能源的发展，还可为社会提供新的就业机会，并可带动相关产业的发展，并且为减轻能源开发利用对于环境的污染和生态的破坏作出积极贡献。中国新能源与可再生能源及其发电应用现状的综合介绍如表 1-3 所示。

表 1-3　　中国新能源与可再生能源及其发电应用现状

序号	能源类型	项目	应用现状
1	小水电	小水电	截止 2010 年底，我国小水电装机容量达到 2788 万 kW，发电量达到 1170 亿 kWh，居世界第一位
2	太阳能	太阳能热水器	到 2010 年底，全国太阳能热水器保有量达到 1.68 亿 m^2，年产量已达 4200 万 m^2
		太阳灶	到 2010 年底，全国太阳灶保有量达到 130 余万台，居世界第一位
		太阳房	到 2010 年底，全国已建成太阳房超过 1800 万 m^2
		太阳能电池	到 2010 年底，全国太阳能电池发电装置累计装机容量约达 60 万 kW

续表

序号	能源类型	项目	应用现状
3	风能	独立型风力发电机组	截至2010年底，中国除台湾省外累计安装风电机组34 485台
		并网型风力发电机组	到2010年底，中国成为第三大风电市场，总装机容量达44 733MW，建成并网风力发电场62座
4	生物质能	家用沼气池	到2010年底，全国已累计推广农村家用沼气池3850万个，产气25.9亿m^3，居世界首位
		生活污水净化沼气池	到2010年底，全国已建成生活污水净化沼气池近19.16万处
		大中型沼气工程	到2010年底，全国已建成大中型畜禽养殖场能源环境沼气工程7.3032万处
		秸秆气化	到2010年底，全国已建成秸秆气化集中供应点600处以上，年生产生物质燃气2000万m^3以上
		蔗渣发电	到2010年底，全国已建成蔗渣发电工程1700MW以上
5	地热能	地热发电	到2010年底，全国已建成地热发电总装机容量2.4万kW，其中西藏羊八井地热电站装机25.18MW
		地热直接利用	到2004年底，全国约有地热直接利用点1300多处，利用总量达3687MW，其中利用量最大的是地热采暖，全国已营运的冬季地热供热系统的供热面积超过1000万m^2
6	海洋能	潮汐发电	到2010年底，全国已建成潮汐电站8座，潮洪电站1座，总装机容量10.65MW以上，年发电量1000多万kWh，仅次于法国、加拿大

国家能源局组织制定的《可再生能源发展“十二五”规划》以及水电、风电、太阳能、生物质能等四个专题规划日前正式发

布。根据规划，“十二五”时期可再生能源发展的总体目标是：到2015年，可再生能源年利用量达到4.78亿t标准煤，其中商品化年利用量达到4亿t标准煤，在能源消费中的比重达到9.5%以上。

各类可再生能源的发展指标是：到2015年，水电装机容量2.9亿kW，并网运行风电1亿kW，太阳能发电2100万kW，太阳能热利用累计集热面积4亿m^2，生物质能利用量5000万t标准煤。

规划明确指出，“十二五”期间，国家将组织100个新能源示范城市、200个绿色能源县、30个新能源微网示范工程建设，创建可再生能源利用综合示范区。

能源与可再生能源，经过新中国成立以来特别是近40多年来的发展，在技术水平、应用规模和产业建设上，均取得了重大进展，奠定了良好的基础，在国民经济建设中发挥了重要作用。从优化能源结构、保护生态环境、实施经济社会可持续发展战略的高度展望未来，中国新能源与可再生能源的发展前景美好，在21世纪前20年将有大的发展，到21世纪中叶将可能逐步发展成为重要的替代能源。

二、太阳能发电技术

太阳是地球永恒的能源，巨大的太阳能是地球上万物生长之源，除了其“永恒”和“巨大”之外，还具有“广泛性”、“分散性”、“随机性”、“间歇性”、“区域性”、“清洁性”等特点。在石油、天然气和核矿藏逐渐枯竭的今天，充分利用太阳能显然具有持续功能和绿色环保的伟大意义。“到处阳光到处电”的美好理想终将伴随人们对于绿色能源的追求而实现。太阳能的利用方式很多，如表1-4所示。

将吸收的太阳辐射热能转换成电能的发电技术称太阳能发电技术，太阳能发电分为太阳能直接光发电和太阳能间接光发电两大类。

表 1-4　　太阳能的利用方式

序号	利用方式	内　　容
1	太阳能发电	直接光发电：太阳能光伏发电、太阳能光感应发电。 间接光发电：太阳能热发电、太阳能光化学发电、太阳能光生物发电等
2	太阳能热利用	高温利用（>800℃）：高温太阳炉、熔炼金属等。 中温利用（200～800℃）：太阳灶、太阳能热发电等。 低温利用（<200℃）：太阳热水器、太阳能干燥、海水淡化、太阳能空调制冷、太阳房、太阳能暖棚等
3	太阳能动力利用	热气机—斯特林发动机（用于抽水和发电）、光压转轮等
4	太阳能光化利用	光聚合、光分解、光解制氢等
5	太阳能生物利用	速生植物（如薪柴林）、油料植物、巨型海藻等
6	太阳能光—光利用	太空反光镜、太阳能激光器、光导照明灯

太阳能直接光发电有太阳能光伏发电、太阳能光感应发电等。

太阳能间接光发电有太阳能热发电、太阳能光化学发电、太阳能光生物发电等。

太阳能热发电分为太阳能热直接发电和太阳能热间接发电。太阳能热直接发电有太阳能热离子发电、太阳能热光伏发电、太阳能热温差发电和太阳能热磁流体发电等。太阳能热间接发电分为非聚光类太阳能热发电（低温）和聚光类太阳能热发电（中、高温）。非聚光类太阳能热发电有太阳池热发电、太阳能热气流发电等。聚光类太阳能热发电有塔式太阳能热发电、槽式太阳能热发电、蝶式太阳能热发电等。

聚光类太阳能热发电是通过聚光产生高温，再通过各种发电装置将热能转换为电能，效率较高，具有应用前景。

目前，较为成熟的太阳能发电技术是光伏发电和太阳能热发电。

（一）光伏发电

太阳能光伏发电是一种零排放的清洁能源，也是一种能够规模应用的现实能源，可用来进行独立发电和并网发电。以其转换效率高、无污染、不受地域限制、维护方便、使用寿命长等诸多优点，广泛应用于航天、通讯、军事、交通、城市建设、民用设施等诸多领域。

1. 光伏发电系统的原理

太阳能光伏发电系统是利用太阳电池半导体材料的光伏效应，将太阳光辐射能直接转换为电能的一种新型发电系统，有独立运行和并网运行两种方式。独立运行的光伏发电系统需要有蓄电池作为储能装置，主要用于无电网的边远地区和人口分散地区，整个系统造价较高；在有公共电网的地区，光伏发电系统与电网连接并网运行，省去蓄电池，不仅可以大幅度降低造价，而且具有更高的发电效率和更好的环保性能。

我国的太阳能资源比较丰富，且分布范围较广，太阳能光伏发电的发展潜力巨大。光伏发电系统分为独立光伏发电系统和并网光伏发电系统。为边远地区供电的系统、太阳能户用电源系统、通讯信号电源、阴极保护、太阳能路灯等各种带有蓄电池的可以独立运行的光伏发电站是独立光伏系统。

2. 光伏发电系统的组成

图 1 - 75 为一个独立光伏发电系统的结构示意图，光伏发电系统由太阳能电池、阻塞二极管、调节控制器和蓄电池组成。

（1）太阳能电池方阵。由单位太阳能电池封装成满足一定电

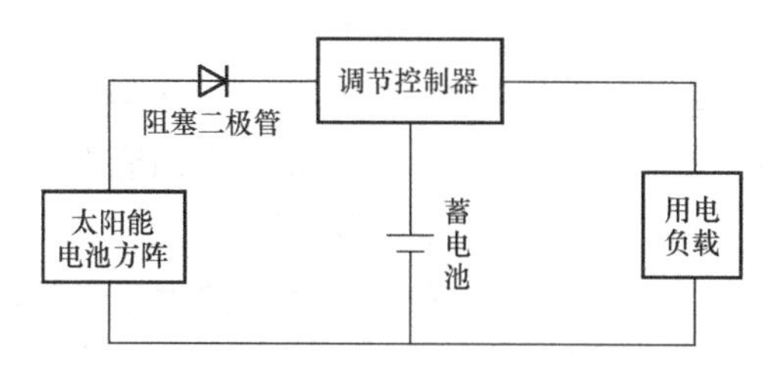

图 1-75　太阳能光伏发电系统结构示意

压和功率的小组合，根据需要可由小组合构成太阳能电池光伏发电系统方阵，太阳能电池方阵工作电压一般为负载工作电压的 1.4 倍。太阳能电池有以下几种：

1）单晶硅太阳能电池。单晶硅太阳能电池的光电转换效率为 15%左右，最高的达到 24%，这是目前所有种类的太阳能电池中光电转换效率最高的，但制作成本很大，所以还不能被大量广泛使用。由于单晶硅一般用钢化玻璃以及防水树脂进行封装，因此其坚固耐用，使用寿命一般可达 15 年，最高可达 25 年。

2）多晶硅太阳能电池。多晶硅太阳能电池的制作工艺与单晶硅太阳能电池差不多，但是多晶硅太阳能电池的光电转换效率则要降低不少，其光电转换效率为 12%左右。从制作成本上来讲，比单晶硅太阳能电池要便宜一些，材料制造简便，节约电耗，总的生产成本较低，因此得到大量发展。此外，多晶硅太阳能电池的使用寿命要比单晶硅太阳能电池短。从性能价格比来讲，单晶硅太阳能电池略好。

3）非晶硅太阳能电池。非晶硅太阳能电池是 1976 年出现的新型薄模式太阳能电池，它与单晶硅和多晶硅太阳能电池的制作方法完全不同，工艺过程大大简化，硅材料消耗很少，电耗更低，它的主要优点是在弱光条件下也能发电。但非晶硅太阳能电池存在的主要问题是光电转换效率偏低，目前国际先进水平为 10%左右，且不够稳定，随着时间的延长，其转换效率衰减。

4）多元化合物太阳能电池。多元化合物太阳能电池指不是用单一元素半导体材料制成的太阳能电池。现在各国研究的品种繁多，大多数尚未工业化生产，主要有以下几种：①硫化镉太阳能电池；②砷化镓太阳能电池；③铜铟硒太阳能电池［新型多元带隙梯度 Cu（In，Ga）Se_2 薄膜太阳能电池］。

Cu（In，Ga）Se_2 是一种性能优良的太阳光吸收材料，具有梯度能带间隙（导带与价带之间的能级差）的多元的半导体材料，可以扩大太阳能吸收光谱范围，进而提高光电转化效率。以它为基础可以设计出光电转换效率比硅薄膜太阳能电池明显提高的薄膜太阳能电池。可以达到 18%的光电转化率。而且，此类薄膜太阳能到目前为止，未发现有光辐射引致性能衰退效应，其光电转化效率比目前商用的薄膜太阳能电池板提高 50%～75%，在薄膜太阳能电池中属于世界最高水平的光电转化效率。

（2）阻塞二极管。阻塞二极管的作用是避免太阳能方阵不发电或出现短路故障时，蓄电池通过太阳能电池放电。它串联在太阳能电池方阵电路中，起单向导通的作用。

（3）储能蓄电池组。太阳能电池方阵只有在光照射下工作才有功率输出，到晚上或阴雨天由于没有光线而不能输出功率，平时将太阳能电池方阵有光时发的电能储存起来，供晚上或雨天无光照时应用，所以太阳能光伏发电系统要装备储能蓄电池。太阳能光伏发电系统中的储能蓄电池，有以下几个作用：一是储能；二是确定太阳能光伏发电方阵的工作点和起到一定钳位和稳定作用，不管方阵电压随光照如何变动，输出电压一定被钳位在蓄电池电压上。国外也有专为太阳能光伏发电储蓄所用的蓄电池，称为“太阳能蓄电池”。具有耐低倍率充放电性能好，耐气候性好，价格低，寿命长，可靠性高等优点。

（4）调节控制器。控制器的主要功能是防止方阵对蓄电池过充电或防止蓄电池对负载过放电。对铅酸蓄电池来说，充电到单体电池平均电压为 2.38～2.42V 时起控制停充或涓流充电，蓄电池放电时，根据不同的放电率放电到单体电池平均电压 $U=$

(1.8～2.0) VA控制停止放电，以保护蓄电池，而太阳能光伏发电系统，电力是并入电网使用，必须设置控制调节转换装置，并起到如下作用：①当蓄电池过充或过放时，可以报警或自动切断电路，保护蓄电池。②接需要设置高精度的恒压或恒流装置。③当蓄电池有故障时，可以自动切换接通备用蓄电池，以保证负载正常用电。④当负载发生短路时，可以自动断开。⑤与交流电网同步以保证并网的可靠性。

并网光伏发电系统是与电网相连，并向电网馈送电能的光伏发电系统。利用蓄电池和太阳能电池构成独立的供电系统来向负载提供电能，当太阳能电池输出电能不能满足负载要求时，由蓄电池来进行补充，而当其输出的功率超出负载需求时，将电能储存在蓄电池中；将太阳能电池控制系统和电网并联，当太阳能电池输出电能不能满足负载要求时，由电网来进行补充；而当其输出的功率超出负载需求时，将电能输送到电网中。图1-76是一个太阳能光伏并网发电系统示意，该系统由太阳能、光伏列阵、双向直流变换器、蓄电池或超级电容和并网逆变器构成。光伏阵列除保证负载的正常供电外，将多余电能通过双向直流变换器储存到蓄电池或超级电容中；当日光不足时，光伏阵列不足以提供负载所需的电能，双向直流变换器反向工作向负载提供电能。

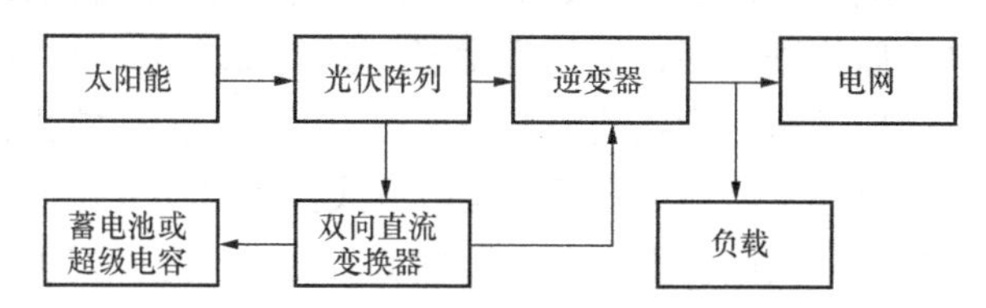

图1-76　太阳能光伏并网发电系统示意

双向直流变换器作为蓄电池的充放电管理器，它的电气性能直接影响到发电系统蓄电池的效率和使用寿命。

3. 太阳能光伏制氢储能—燃料电池混合发电系统

我国现有的太阳能光伏发电系统基本上是独立运行方式，系统供电受季节与气象条件的影响是其固有的弊端。目前，通过蓄电池储能来调整光伏发电系统的发电与供电之间的时间差，是减少自然条件影响的主要手段。根据独立运行的光伏发电系统设计原则，用户对供电质量、供电保证率提出的要求愈高，系统对蓄电池的需求量也就愈大。长期以来，对蓄电池的依赖性是影响独立运行的光伏发电系统大量推广应用的重要原因。鉴于我国边远山区多、海岛多的特点，独立运行的光伏发电系统仍然有着广大的市场。因此，研制高密度、低成本、长寿命、无污染的储能系统，减少发电系统对自然条件的依赖性，提高光伏发电系统供电的稳定性，是深入普及光伏发电技术，进一步开拓市场的重大课题。近年来，氢能领域中制氢技术的进展和质子交换膜燃料电池技术的突破，为其改变依赖蓄电池的储能方式寻求新的系统运行模式提供了可能性。

图 1-77 是太阳能光伏制氢储能—燃料电池发电系统示意，它的运行方式是：在光伏发电系统中，以制氢储能方式替代传统的蓄电池储能环节。当日照情况良好时，通过电解水制氢将多余的电能储存起来；在阳光条件不能使光伏发电系统正常工作时，将储存的氢通过燃料电池转换成电能，继续向负载送电，从而保证了系统供电的持续性。“太阳能光伏制氢储能—燃料电池发电系统”具有储能密度高、使用寿命长、运行成本低、没有污染、可最大限度地发挥光伏系统的发电能力的优点。太阳能光伏制氢储能—燃料电池发电系统有两种运行方式：当日照充足时，光伏阵列将以满功率发电。由于白天用电负荷较轻，此时光电池发出的电能将全部或部分地通过功率分配器流向制氢单元，制出的氢气储存于储氢单元，待夜晚或无日照时，燃料电池利用存储的氢气发电，供负荷使用。当日照不足时，光伏阵列发出的电能不能满足负载需要，此时启动燃料电池发电装置与光伏电池方阵同时向负载供电。此外，在紧急情况下，当光伏电池方阵发生故障不能发电时，用户还可通过购买氢气供燃料电池发电，以保证用电

负荷的急需。随着我国经济的发展，特别是西部大开发战略的实施，市场对光伏发电设备的需求必将有大幅度的增加。独立运行的光伏发电系统非常适合边远地区和分散用户的需要。太阳能光伏制氢储能—燃料电池发电系统不仅省去了蓄电池，同时燃料电池在发电的同时还产生纯净水。因此，该系统特别适合我国广大西北缺水的干旱地区及沿海缺乏淡水的海岛。由于该系统避开了维护麻烦、笨重且有污染的蓄电池，通过部件的合理集成，可开发成移动电源、军用特种电源等，因此，可进一步扩大太阳能光伏发电的应用范围。此外，以制氢储能技术，因地制宜改造国内已有的独立运行光伏发电系统，不仅可节省大量的蓄电池更新费用，而且可减少蓄电池带来的污染。随着电解水制氢效率的提高和金属储氢材料及质子交换膜燃料电池成本的降低，该系统的经济与社会效益将日益显著。太阳能发电制氢技术的实用化，必将对太阳能光伏发电的推广产生深远影响。

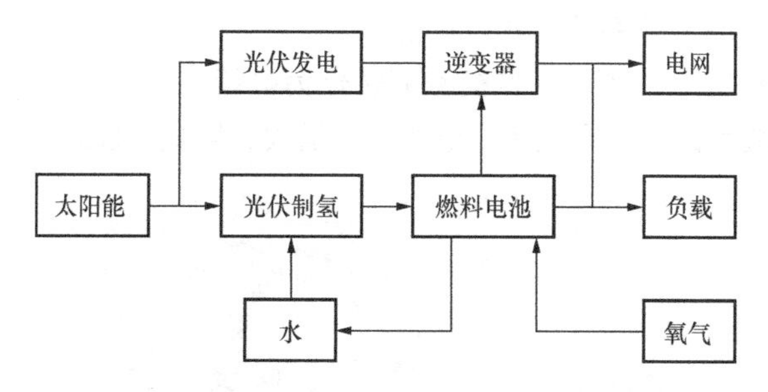

图 1-77　太阳能光伏制氢储能—燃料电池发电系统示意

（二）太阳能热发电

太阳能热发电方式是将太阳热能通过热机带动发电机发电，其基本组成与常规发电设备类似，只不过其热能是从太阳能转换而来的。利用大规模阵列抛物面或碟形镜面收集太阳热能，通过换热装置提供蒸汽，结合传统汽轮发电机的工艺，从而达到发电的目的。

采用太阳能热发电技术，避免了昂贵的硅晶光电转换工艺，可以大大降低太阳能发电的成本。而且，这种形式的太阳能利用还有一个其他形式的太阳能转换所无法比拟的优势，即太阳能所烧热的水可以储存在巨大的容器中，在太阳落山后几个小时仍然能够带动汽轮发电机组发电。

太阳能热发电系统一般由六部分组成：

(1) 太阳能集热子系统：将分散的、功率密度低的太阳能聚集。

(2) 吸热与输送热量子系统：吸收聚集的太阳热量，输送给工质。

以上两部分简称为太阳场，是太阳能发电系统的核心。

(3) 蓄热子系统：将多余的太阳热量储存起来，以便太阳辐射不足或夜间也能发电，使发电装置能稳定运行。

(4) 蒸汽发生系统：将热量传递给工质，使其温度、压力提高。

(5) 动力子系统：蒸汽膨胀做功。

(6) 发电子系统：将机械能转化为电能。

一般来说，太阳能热发电形式有槽式、塔式、碟式三种系统。

图 1-78　槽式太阳能热发电

1. 槽式太阳能热发电

槽式太阳能热发电系统全称为槽式抛物面反射镜太阳能热发

电系统，是将多个槽型抛物面聚光集热器经过串并联的排列，加热工质，产生高温蒸汽，驱动汽轮机发电机组发电。如图1-78所示。20世纪70年代，在槽式太阳能热发电技术方面，中科院和中国科技大学曾做过单元性试验研究。进入21世纪，联合攻关队伍，在太阳能热发电领域的太阳光方位传感器、自动跟踪系统、槽式抛物面反射镜、槽式太阳能接收器方面取得了突破性进展。目前正着手开展完全拥有自主知识产权的100kW槽式太阳能热发电试验装置。2009年华园新能源应用技术研究所与中科院电工所、清华大学等科研单位联手研制开发的太阳能中高温热利用系统，设备结构简单而且安装方便，整体使用寿命可达20年。由于反射镜是固定在地上的，所以不仅能更有效地抵御风雨的侵蚀破坏，而且还大大降低了反射镜支架的造价。更为重要的是，该设备技术突破了以往一套控制装置只能控制一面反射镜的限制。我们采用菲涅尔凸透镜技术可以对数百面反射镜进行同时跟踪，将数百或数千平方米的阳光聚焦到光能转换部件上（聚光度约50倍，可以产生300～400℃的高温），采用菲涅尔线焦透镜系统，改变了以往整个工程造价大部分为跟踪控制系统成本的局面，使其在整个工程造价中只占很小的一部分。同时对集热核心部件镜面反射材料，以及太阳能中高温直通管采取国产化市场化生产，降低了成本，并且在运输安装费用上降低大量费用。这两项突破彻底克服了长期制约太阳能在中高温领域内大规模应用的技术障碍，为实现太阳能中高温设备制造标准化和产业化规模化运作开辟了广阔的道路。

2. 塔式太阳能热发电

太阳能塔式热发电是应用的塔式系统，如图1-79所示。塔式系统又称集中式系统，它是在很大面积的场地上装有许多台大型太阳能反射镜，通常称为定日镜，每台都各自配有跟踪机构，准确地将太阳光反射集中到一个高塔顶部的接收器上。接收器上的聚光倍率可超过1000倍。在这里把吸收的太阳光能转化成热能，再将热能传给工质，经过蓄热环节再输入热动力机，膨胀做功，带动发电机最后以电能的形式输出。主要由聚光子系统、集热子系统、蓄热子系统、发电子系统等部分组成。1982 年 4 月，美国在加州南部巴斯托附近的沙漠地区建成一座称为“太阳 1 号”的塔式太阳能热发电系统。该系统的反射镜阵列，由 1818 面反射镜环包括接收器高达 85.5m 的高塔排列组成。1992 年装置经过改装，用于示范熔盐接收器和蓄热装置。以后，又开始建设“太阳 2 号”系统，并于 1996 年并网发电。今年，以色列 Weizmanm 科学研究院正在对此系统进行改进，据悉仍在研究实验中。

图 1-79　塔式太阳能热发电

3. 碟式太阳能热发电

太阳能碟式发电也称盘式系统，如图 1-80 所示。主要特征是采用盘状抛物面聚光集热器，其结构从外形上看类似于大型抛物面雷达天线。由于盘状抛物面镜是一种点聚焦集热器，其聚光比可以高达数百到数千倍，因而可产生非常高的温度。碟式热发电系统在 20 世纪 70 年代末到 80 年代初，首先由瑞典 US—AB 和美国 Advanco Corporation、MDAC、NASA 及 DOE 等开始研发，大都采用 Silver/glass 聚光镜、管状直接照射式集热管及 USAB4—95 型热机。进入 20 世纪 90 年代以来，美国和德国的某些企业和研究机构，在政府有关部门的资助下，用项目或计划的方式加速碟式系统的研发步伐，以推动其商业化进程。

图 1-80　碟式太阳能热发电

三种系统目前只有槽式聚焦系统实现了商业化，其他两种处在示范阶段，有实现商业化的可能和前景。三种系统均可单独使用太阳能运行，安装成燃料混合（如与天然气、生物质气等）互补系统是其突出的优点，其性能比较如表 1-5 所示。

表 1-5　　　　三种太阳能热发电系统性能比较

	槽式系统	塔式系统	碟式系统
规模	30～320MW	10～20MW	5～25MW
运行温度（℃）	390/734	565/1049	750/1382
年容量因子	23%～50%	20%～77%	25%
峰值效率	20%	23%	24%
年净效率	11%～16%	7%～20%	12%～25%
可否储能	有限制	可以	蓄电池
互补系统设计	可以	可以	可以
$/m²	275～630	200～475	320～3100
美元/瓦	2.7～4.0	2.5～4.4	1.3～12.6
美元/峰瓦	1.3～4.0	0.9～2.4	1.1～12.6

就几种形式的太阳热发电系统相比较而言，槽式热发电系统

是最成熟，也是达到商业化发展的技术，塔式热发电系统的成熟度目前不如抛物面槽式热发电系统，而配以斯特林发电机的抛物面盘式热发电系统虽然有比较优良的性能指标，但目前主要还是用于边远地区的小型独立供电，大规模应用成熟度则稍逊一筹。应该指出，槽式、塔式和盘式太阳能热发电技术同样受到世界各国的重视，并正在积极开展研发工作。

三、风力发电技术

（一）风能特点及其资源利用

1. 风的起源

风的形成是空气流动的结果，风就是水平运动的空气，空气运动主要是由于地球上各纬度所接受的太阳辐射强度不同而形成的。大气的流动也像水流一样，是从压力高处往压力低处流，太阳能正是形成大气压差的原因。由于地球自转轴与围绕太阳的公转轴之间存在 66.5°的夹角，因此对地球上不同地点太阳照射角度是不同的，而且对同一地点一年中这个角度也是变化的。地球上某处所接受的太阳辐射能与该地点太阳照射角的正弦成正比。

2. 风的参数

风向和风速是两个描述风的重要参数。风向是指风吹来的方向，如果风是从东方吹来的就称为东风。风速是表示风移动的速度即单位时间内空气流动所经过的距离。

风速是指某一高度联系 10min 所测得各瞬时风速的平均值。一般以草地上空 10m 高处的 10min 内风速的平均值为参考。

3. 风能的特点

风能的特点主要有能量密度低、不稳定性、分布不均匀、可再生、须在有风地带、无污染、分布广泛、可分散利用，另外无须能源运输、可和其他能源相互转换等。按照不同的需要，风能可以被转化成其他不同形式的能量，如机械能、电能、热能等，以实现提水灌溉、发电、供热、风帆助航等功能。

4. 风力资源利用

风能属于可再生资源，与存在于自然界中的其他一次能源如煤、石油、天然气等不同，不会随着其本身的转化和人类的利用而日趋减少。风能又是一种过程性能源，与煤、石油、天然气等近代广为开发利用的能源不同，不能直接储存起来，只有转化成其他形式的可以储存的能量才行，如电能。风能在 20 世纪 70 年代中叶以后受到重视和开发利用，因此风能与太阳能、地热能、海洋能、生物质能等一起被称为新能源。

利用风能可以节约化石燃料，同时可以减少环境污染。但风能具有随机性，利用风能必须考虑储能或与其他能源相互配合，才能获得稳定的能源供应，这就增加了技术上的复杂性。另一方面，风能的能量密度低，空气的密度仅为水的 1/800，因此风能利用装置的体积大、耗用的材料多、投资也高，这也是风能利用必须克服的制约因素。21 世纪风能利用的主要领域是风力发电。

风能作为一种清洁的可再生能源，越来越受到世界各国的重视。其蕴藏量巨大，全球风能资源总量约为 2.74×109MW，其中可利用的风能为 2×107MW。中国风能储量很大，分布面广，开发利用潜力巨大。

5. 风力发电的特点

（1）可再生的洁净能源。风力发电是一种可再生的洁净能源，不消耗化石资源也不污染环境，这是火力发电所无法比拟的优点。

（2）建设周期短。一个十兆瓦级的风电场建设期不到一年。

（3）装机规模灵活。可根据资金情况决定一次装机规模，有一台资金就可以安装一台投产一台。

（4）可靠性高。把现代高科技应用于风力发电机组使其发电可靠性大大提高，大、中型风力发电机组可靠性从 20 世纪 80 年代的 50%提高到了 98%，高于火力发电且机组寿命可达 20 年。

（5）造价低。从国外建成的风电场看，单位千瓦造价和单位千瓦时电价都低于火力发电，和常规能源发电相比具有竞争力。我国由于大中型风力发电机组全部从国外引进，造价和电价相对比火力发电高，但随着大中型风力发电机组实现国产化、产业化，在不久的将来风力发电的造价和电价都将低于火力发电。

（6）运行维护简单。现代大中型风力发电机的自动化水平很高，完全可以在无人值守的情况下正常工作，只需定期进行必要的维护，不存在火力发电的大修问题。

（7）实际占地面积小。发电机组与监控、变电等建筑仅占火力发电厂1%的土地，其余场地仍可供农、牧、渔使用。

（8）发电方式多样化。风力发电既可并网运行，也可以和其他能源如柴油发电、太阳能发电、水利发电机组形成互补系统，还可以独立运行，因此对于解决边远地区的用电问题提供了现实可行性。

（9）单机容量小。由于风能密度低决定了单台风力发电机组容量不可能很大，与现在的火力发电机组和核电机组无法相比。另外，风况是不稳定的，有时无风，有时有有破坏性的大风，这都是风力发电必须解决的实际问题。

（二）风力发电系统及主要设备

1. 风力发电的基本原理

风力发电的原理是利用风带动风车叶片旋转，再通过增速器将旋转的速度提高来促使发电机发电的。依据目前的技术，大约3m/s的微风速度便可以开始发电。最简单的风力发电机可由叶片和发电机两部分构成，如图1-81所示。空气流动的动能作用在叶轮上，将动能转换成机械能，从而推动叶片旋转，如果将叶轮的转轴与发电机的转轴相连就会带动发电机发出电来。

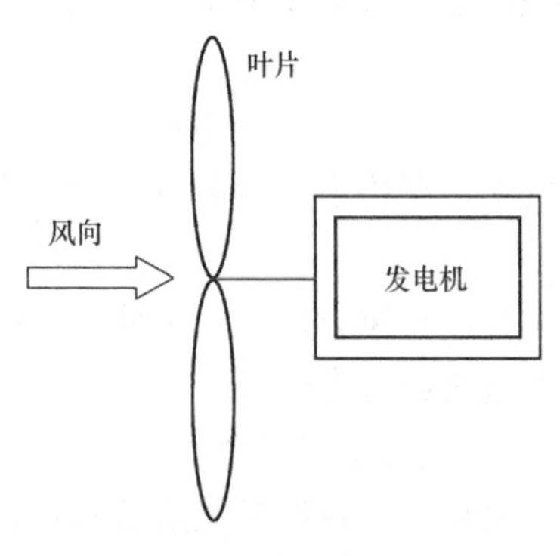

图1-81　风力发电机原理图

2. 风力发电机的分类及其结构

风力发电机组是将风能转化为电能的装置，按其容量可分为小型（10kW以下）、中型（10～100kW）和大型（100kW以上）风力发电机组。按主轴与地面相对位置又可分为水平轴风力发电机组、垂直轴风力发电机组。水平轴风力发电机是目前世界各国风力发电机最为成功的一种形式，主要优点是风轮可以架设到离地面较高的地方，从而减少了由于地面扰动对风轮动态特性的影响。它的主要机型部件都在机舱中，如主轴、齿轮箱、发电机、液压系统及调向装置等。而生产垂直轴风力发电机的国家很少，主要原因是垂直轴风力发电机效率低，需启动设备，同时还有些技术问题尚待解决。以下重点介绍大中型水平轴风力发电机组。

（1）机舱。机舱包含着风力发电机的关键设备，包括齿轮箱、发电机等。

（2）风轮。叶片安装在轮毂上称作风轮，它包括叶片、轮毂、主轴等。风轮是风力发电机接受风能的部件，是叶片式风力发电机组最关键的部件，现代风力发电机上每个转子叶片的测量长度大约为20m，叶片数通常为2枚或3枚，大部分转子叶片用玻璃纤维强化塑料（GRP）制造。叶片可分为变桨距和定桨距两种叶片，其作用都是为了调速，当风力达到风力发电机组设计的额定风速时，在风轮上就要采取措施，以保证风力发电机的输出功率不会超过允许值。

轮毂是连接叶片和主轴的零部件。轮毂一般由铸钢或钢板焊接而成，其中不允许有夹渣、砂眼、裂纹等缺陷，并按桨叶可承受的最大离心力荷载来设计。

主轴也称低速轴，将转子轴心与齿轮箱连接在一起，由于承受的扭矩较大，其转速一般小于50r/min，一般由40Cr或其他高强度合金钢制成。

（3）增速器。增速器就是齿轮箱，是风力发电机组关键部件之一。由于风轮机工作在低转速下，而发电机工作在高转速下，为实现匹配采用增速齿轮箱。使用齿轮箱可以将风电机转子上的较低转速、较高转矩转换为用于发电机上的较高转速、较低转矩。

（4）联轴器。增速器与发电机之间用联轴器连接，为了减少占地空间，往往联轴器与制动器设计在一起。

（5）制动器。制动器是使风力发电机停止转动的装置，也称刹车。

（6）发电机。发电机是风力发电机组中最关键的部件，是将风能最终转变成电能的设备。发电机的性能好坏直接影响整机效率和可靠性。大型风电机（100～150kW）通常产生 690V 的三相交流电。然后电流通过风电机旁的变压器（或在塔内），电压被提高至 1～3 万 V，这取决于当地电网的标准。风力发电机上常用的发电机有以下几种：

1）直流发电机，常用在微、小型风力发电机上。

2）永磁发电机，常用在小型风力发电机上。现在我国已经发明了交流电源 440/240V 的高效永磁交流发电机，可以做成多对极低转速的，特别适合风力发电机。

3）同步或异步交流发电机，它的电枢磁场与主磁场不同步旋转，其转速比同步转速略低，当并网时转速应提高。

（7）塔架。塔架是支撑风力发电机的支架。塔架有型钢架结构、圆锥形钢管和钢筋混凝土等三种形式，风电机塔载有机舱及转子。

（8）调速装置。风速是变化的，风轮的转速也会随风速的变化而变化，调速装置只在额定风速以上时调速。目前世界各国所采用的调速装置主要有以下几种：

1）可变桨距的调速装置；

2）定桨距叶尖失速控制的调速装置；

3）离心飞球调速装置；

4）空气动力调速装置；

5）扭头、仰头调速装置。

（9）调向（偏航）装置。调向装置就是使风轮正常运转时一直使风轮对准风向的装置。借助电动机转动机舱以使转子正对着风。偏航装置由电子控制器操作，电子控制器可以通过风向标来感觉风向。通常在风改变其方向时，风电机一次只会偏转几度。

（10）风力发电机微机控制系统。风力发电机的微机控制属于离散型控制，是将风向标，风速计，风轮转速，发电机电压、频率、电流，发电机温升，增速器温升，机舱振动，塔架振动，电缆过缠绕，电网电压、电流、频率等传感器的信号经 A/D 转换，输送给单片机再按设计程序给出各种指令实现自动启动、自动调向、自动调速、自动并网、自动解列及运行中机组故障的自动停机、自动电缆解绕、过振动停机、过大风停机等的自动控制。自我故障诊断及微机终端故障输出需维修的故障，由维修人员维修后给微机以指令，微机再执行自动控制程序。风电场的机组群可以实现联网管理、互相通信，出现故障的风机会在微机总站的微机终端和显示器上读出、调出程序和修改程序等，使现代风力发电机真正实现现场无人值守的自动控制。

（11）电缆扭缆计数器。电缆是用来将电流从风电机运载到塔下的重要装置。但是当风电机偶然沿一个方向偏转太长时间时，电缆将越来越扭曲，导致电缆扭断或出现其他故障。因此风力发电机配备有电缆扭曲计数器，用于提醒操作员应该将电缆解开。风力发电机还会配备有拉动开关在电缆扭曲太厉害时被激发，断开装置或刹车停机，然后解缆。

3. 风力发电机组的分类

水平轴风力发电机组按风力机功率调节方式可分为定浆距失速型风力发电机组、变浆距失速型风力发电机组和变速恒频型风力发电机组。

（1）定浆距失速型风力发电机组。定浆距失速型风力发电机组通过风轮叶片失速来控制风力发电机组在大风时的功率输出，通过叶尖扰流器来实现极端情况下的安全停机问题。

（2）变桨距失速型风力发电机组。变桨距失速型（主动失速型）风力发电机组在低于额定风速时通过改变桨距角，使其功率输出增加，或保持一定的桨距角运行；在高于额定风速时通过改变叶片桨距角来控制功率输出，稳定在额定功率。

（3）变速恒频型风力发电机组。变速恒频型风力发电机组的风轮叶片桨距角可以调节，同时发电机可以变速，并输出恒频恒压电能。在低于额定风速时，它通过改变风轮转速和叶片桨距角使风力发电机组在最佳尖速比下运行，输出最大的功率；在高于额定风速时通过改变叶片桨距角使风力发电机组功率输出稳定在额定功率。

（4）大型并网风力发电机组。目前世界上比较成熟的并网型风力发电机组多采用水平轴风力机，其形式多种多样，常见的水平轴风力机类型有单叶片式、双叶片式、三叶片式、多叶片风车式、车轮式多叶片风车式、迎风式和背风式等。

（三）风力发电的前景展望

从自然环境来看，我国居于非常有利的优势地位。我国地域广阔，海岸线长，风力资源十分丰富。据统计，全国平均风能密度大约为 100W/m^2，风能总量为 3226GW，其中可供开发利用的陆上风能总量大约为 253GW。在我国东南沿海及附近岛屿、内蒙和河西走廊，以及我国东北、西北、华北、海南及西青藏高原等部分地区，每年的年平均风速在 3m/s 以上时间近 4000h，一些地区的年平均风速在 6～7m/s 以上，对于风力发电来说，具有很大的开发价值和广阔的利用空间。

“十一五”期间，中国的并网风电得到迅速发展。2007 年以来，中国风电产业规模延续暴发式增长态势。内蒙古、新疆、辽宁、山东、广东等地风能资源丰富，风电产业发展较快。2010 年 10 000MW 的发展目标在 2008 年就已达到，《可再生能源中长期规划》中 2020 年 30 000MW 的风电装机目标也在 2010 年提前实现。

2011年中国风电上网电量达715亿kWh，占全国总发电量的1.5%。全年新增风电机组11 409台，新增装机容量17.63GW，与2010年的18.94GW相比，下降了6.9%。截至2011年底，全国累计安装风电机组45 894台，累计装机容量62.23GW。2011年全国新增核准容量20.91GW，同比2010年增加14%。中国风电市场在经历多年的迅猛增长后进入稳健发展期。

中国风力发电行业发展前景广阔，预计未来很长一段时间都将保持高速发展，同时盈利能力也将随着技术的逐渐成熟稳步提升。“十二五”期间，我国风电产业仍将持续每年10 000MW以上的新增装机速度，风电场建设、并网发电、风电设备制造等领域成为投资热点，市场前景看好。但无论从发电能力的需求还是从环境保护的压力来分析，我国风能开发利用还任重道远，应在以下几方面开展工作。

(1) 继续发展小型风力机组。我国幅员辽阔，地域差别大，经济发展不平衡，一些边远和海岛地区的人民还没用上电。小型风力发电机组在解决有风无电地区的生活用电方面是非常有效的方式，这方面我国有很好的研制基础和应用推广经验，应继续大力发展。

(2) 加速发展大型风力发电机组。我国风电场运行的风力发电机组绝大部分是从国外引进或合作制造，国内自行研制的机组很少。因此，加速大型风力机组的国产化势在必行。要组织国内相关单位的技术攻关，同时加强基础研究工作。

(3) 快速建设风电场。实践表明，风电场是大规模利用风能，实现风电产业化的最好方式。要制定适合国情的优惠政策和法规，各相关部门也应大力支持风电场的建设。

(4) 综合利用新能源和可再生资源。风能在众多可再生资源中最有大规模发电前景，但也受到资源限制，为更好地利用风能，应与其他形式的能源综合利用，根据当地对能源的不同需求做到新能源和可再生能源与常规能源之间的综合利用，如组成风—光混合系统、风—油混合系统等。另外，在重点发展风力发电的同时，要注意解决风能在提水、助航、制冷、制氢等方面的应用问题。

四、生物质能发电技术

（一）生物质能的概念、分类及特点

1. 生物质及生物质能

生物质能来源于生物质。所谓生物质，是指通过光合作用形成的各种有机体，包括所有的动植物和微生物。而生物质能，就是太阳能以化学能形式储存在生物质中的能量形式，即以生物质为载体的能量。它直接或间接地来源于绿色植物的光合作用，可转化为常规的固态、液态和气态燃料，取之不尽、用之不竭，是一种可再生能源，同时也是唯一一种可再生的碳源。生物质能的原始能量来源于太阳，所以从广义上讲，生物质能是太阳能的一种表现形式。生物质能一直是人类赖以生存的重要能源，它是仅次于煤炭、石油和天然气而居于世界能源消费总量第四位的能源，在整个能源系统中占有重要地位。有关专家估计，生物质能极有可能成为未来可持续能源系统的组成部分，到22世纪中叶，采用新技术生产的各种生物质替代燃料将占全球总能耗的40%以上。

2. 生物质能的分类

依据来源的不同，可以将适合于能源利用的生物质分为林业资源、农业资源、生活污水和工业有机废水、城市固体废物及畜禽粪便等五大类。

（1）林业资源。林业生物质资源是指森林生长和林业生产过程提供的生物质能源，包括薪炭林，在森林抚育和间伐作业中的零散木材，残留的树枝、树叶和木屑等；木材采运和加工过程中的枝丫、锯末、木屑、梢头、板皮和截头等；林业副产品的废弃

物，如果壳和果核等。

（2）农业资源。农业生物质能资源是指农业作物（包括能源作物）；农业生产过程中的废弃物，如农作物收获时残留在农田内的农作物秸秆（玉米秸、高粱秸、麦秸、稻草、豆秸和棉秆等）；农业加工业的废弃物，如农业生产过程中剩余的稻壳等。能源植物泛指各种用以提供能源的植物，通常包括草本能源作物、油料作物、制取碳氢化合物植物和水生植物等几类。

（3）生活污水和工业有机废水。生活污水主要由城镇居民生活、商业和服务业的各种排水组成，如冷却水、洗浴排水、盥洗排水、洗衣排水、厨房排水、粪便污水等。工业有机废水主要是酒精、酿酒、制糖、食品、制药、造纸及屠宰等行业生产过程中排出的废水等，其中都富含有机物。

（4）城市固体废物。城市固体废物主要是由城镇居民生活垃圾，商业、服务业垃圾和少量建筑业垃圾等固体废物构成。其组成成分比较复杂，受当地居民的平均生活水平、能源消费结构、城镇建设、自然条件、传统习惯以及季节变化等因素影响。

（5）畜禽粪便。畜禽粪便是畜禽排泄物的总称，它是其他形态生物质（主要是粮食、农作物秸秆和牧草等）的转化形式，包括畜禽排出的粪便、尿及其与垫草的混合物。

3. 生物质能的特点

（1）可再生性。生物质能属可再生资源，生物质能由于通过植物的光合作用可以再生，与风能、太阳能等同属可再生能源，资源丰富，可保证能源的永续利用。

（2）低污染性。生物质能的硫含量、氮含量低，燃烧过程中生成的 SO_x、NO_x 较少；生物质作为燃料时，由于它在生长时需要的二氧化碳相当于它排放的二氧化碳的量，因而对大气的二氧化碳净排放量近似于零，可有效地减轻温室效应。

（3）广泛分布性。缺乏煤炭的地域，可充分利用生物质能。

（4）总量丰富。生物质能是世界第四大能源，仅次于煤炭、石油和天然气。根据生物学家估算，地球陆地每年生产1000～1250亿t干生物质；海洋年生产500亿t干生物质。生物质能源的年生产量远远超过2007年全世界总能源需求量，相当于2007年世界总能耗的10倍。中国可开发为能源的生物质资源到2010年已达3亿t。随着农林业的发展，特别是薪炭林的推广，生物质资源还将越来越多。

（二）生物质能的利用

1. 直接燃烧

采用直接燃料的目的是获取热量。燃烧热值的多少因生物质的种类而不同，并与空气（氧气）的供应量有关。有机物氧化的越充分，产生的热量越多，它是生物质利用最古老最广泛的方式，但直接燃烧的转换效率很低，一般不超过20%（节柴灶最多可达30%以上）。

生物质的直接燃烧和固化成型技术的研究开发主要着重于专用燃烧设备的设计和生物质成型物的应用。现已成功开发的成型技术按成型物形状主要分为大三类：以日本为代表开发的螺旋挤压生产棒状成型物技术，欧洲各国开发的活塞式挤压制的圆柱块状成型技术，以及美国开发研究的内压滚筒颗粒状成型技术和设备。

2. 生物质气化

生物质气化技术是将固体生物质置于气化炉内加热，同时通入空气、氧气或水蒸气，来产生品位较高的可燃气体。它的特点是气化率可达70%以上，热效率也可达85%。生物质气化生成的可燃气经过处理可用于合成、取暖、发电等不同用途，这对于生物质原料丰富的偏远山区意义十分重大，不仅能改变他们的生活质量，而且也能够提高用能效率，节约能源。

生物质燃气是可燃烧的生物质如木材、锯末屑、秸秆、谷壳、果壳等在高温条件下经过干燥、干馏热解、氧化还原等过程后产生的可燃混合气体。其主要成分有CO、H_2、CH_4、C_mH_n

等可燃气体及不可燃气体 CO_2、O_2、N_2 和少量水蒸气。另外，还有大量煤焦油，它是由生物质裂解放出的多种碳氧化合物组成的。不同的生物质资源气化产生的混合气体含量有所差异。生物质气化产生的混合气体与煤、石油气化后产生的可燃混合气体—煤气的成分大致相同，为了区别俗称“水煤气”。

生物质热裂解是指在完全无氧或只提供有限的氧气条件下进行的生物质的热降解过程。此时气化不会大量发生，生物质分解为气体（不可凝的挥发物）、液体（可凝的挥发物）和固体碳。上述产品均可作为燃料使用，其中生物油还是用途广泛的有机化学原料。

3. 液体生物燃料

由生物质制成的液体燃料叫生物燃料。生物燃料主要包括生物乙醇、生物丁醇、生物柴油、生物甲醇等。虽然利用生物质制成液体燃料起步较早，但发展比较缓慢，由于受世界石油资源、价格、环保和全球气候变化的影响，20 世纪 70 年代以来，许多国家日益重视生物燃料的发展，并取得了显著的成效。

绿色“石油燃料”——酒精。把植物纤维素经过一定的加工改造、发酵即可获得乙醇（酒精）。用酒精作燃料，可大大减少石油产品对环境的污染，且其生产成本与汽油基本相同。科学研究表明，生产 1 加仑酒精约需要 56 000 热量单位的能量，而 1 加仑酒精至少可以产生 76 000 热量单位的能量，从而增加了 20%的有用能量。若在乙醇里加入 10%的汽油，则燃烧生成的一氧化碳将可大大减少。因此酒精被广泛用在交通运输上作为汽油、柴油的替代品，得到环境保护组织的青睐。车用乙醇汽油的组成，是将乙醇脱水后再加上适量汽油形成“变性燃料乙醇”，再与汽油以一定比例混合配制成为“车用乙醇汽油”。

甲醇是由植物纤维素转化而来的重要产品，是一种环境污染很小的液体燃料。甲醇的突出优点是燃烧中碳氢化合物、氧化氮和一氧化碳的排放量很低，且效率较高。美国环保局试验表明：

汽车使用85%甲醇和15%无铅汽油制成的混合燃料，可使碳氢化合物的排放量减少20%～50%。

4. 沼气

沼气是各种有机物质在隔绝空气（还原）并且在适宜的温度、湿度条件下，经过微生物的发酵作用产生的一种可燃烧气体。沼气的主要成分甲烷类似于天然气，主要成分为甲烷（55%～70%）、二氧化碳（30%～35%）和极少量硫化氰、氢气、氨气、磷化三氢、水蒸气等。它是一种理想的气体燃料，无色无味，与适量空气混合后即可燃烧。

5. 生物制氢

氢气是一种清洁、高效的能源，有着广泛的工业用途，潜力巨大，生物制氢的研究逐渐成为人们关注的热点，但将其他物质转化为氢并不容易。生物制氢过程可分为厌氧光合制氢和厌氧发酵制氢两大类。

6. 生物质发电

生物质发电是将生物质能源转化为电能的一种技术，主要包括农林废物发电、垃圾发电和沼气发电等。作为一种可再生能源，生物质能发电在国际上越来越受到重视，在我国也越来越受到政府的关注和民间的拥护。

与其他可再生能源一样，利用生物质能的最有效途径之一，是首先将其转化为可驱动发电机的能量形式，如燃气、燃油、酒精等，再按照通用的发电技术发电，然后直接提供给用户或并入电网提供给用户。

基于上述生物资源的自然特性，生物质能发电与大型发电厂相比，具有如下特点：

（1）生物质能发电的重要配套技术是生物质能的转化技术，且转化设备必须安全可靠、维修保养方便。

（2）利用当地生物资源发电的原料必须具有足够数量的储存，以保证持续供应。

（3）所用发电设备的装机容量一般较小，且多为独立运行的方式。

（4）利用当地生物质能资源就地发电、就地利用，不需外运燃料和远距离输电，适用于居住分散、人口稀少、用电负荷较小的农牧业区及山区。

（5）生物质能发电所用能源为可再生能源，污染小、清洁卫生，有利于环境保护。

（三）生物质能发电技术

1. 甲醇发电站

甲醇作为发电站燃料，是当前研究开发利用生物能源的重要课题。甲醇发电的优点除了低污染外，其成本低于石油和天然气发电也很有吸引力。利用甲醇的主要问题是燃烧甲醇时会产生大量的甲醛（比石油燃烧多 5 倍）。而有人认为甲醛是致癌物质，且有毒刺激眼睛，导致目前对甲醇的开发利用存在分歧，应对其危害性进一步进行研究观察。

2. 城市垃圾发电技术

城市垃圾处理的新方向是通过发酵产生沼气再用来发电。据统计，中国 1998 年 688 座城市实际产生垃圾达 1.4 亿 t，城市垃圾存量约为 60 多亿 t，且每年以 8%～10%的速度增长。垃圾存放场侵占土地面积已超过 5 亿 m^2，全国有 200 多座城市被垃圾包围。目前城市人均垃圾年产量达 400kg，到 2000 年，中国生活垃圾年产生量已达到 1.5 亿 t 以上。因此，在中国发展垃圾发电十分迫切。目前中国已在深圳、上海、广州、杭州、南京、宁波等地建成多座垃圾焚烧电站。

3. 生物质燃气（水煤气）发电技术

生物质燃气（水煤气）发电技术中的关键技术是气化炉及热裂解技术。生物质燃气发电系统如图 1 - 82 所示，它主要由气化炉、冷却过滤装置、煤气发动机、发电机等四大主机构成，其工作流程为生物燃气冷却过滤送入煤气发动机，将燃气的热能转化为机械能，再带动发电机发电。

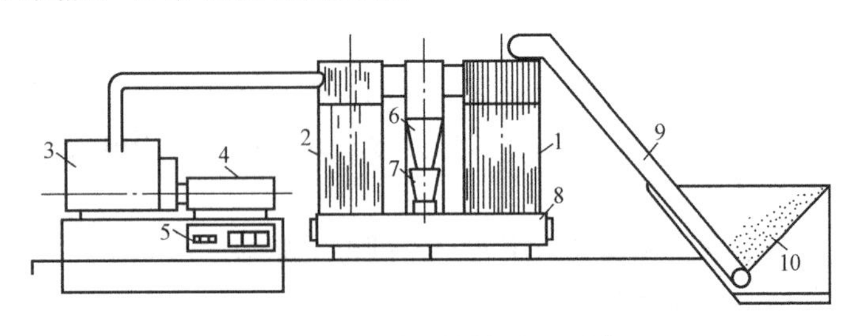

图 1-82　生物质燃气发电系统

1—煤气发生炉；2—煤气冷却过滤装置；3—煤气发动机；4—发电机；5—配电盘；6—离心过滤器；7—灰分收集器；8—底座；9—燃料输送带；10—生物质燃料

（四）生物质燃气发电系统

1. 生物质燃气发电系统组成

生物质燃气发电系统主要包括以下几部分：

（1）气化炉。

（2）冷却过滤装置。水煤气从气化炉引出后，含有大量的灰分杂质，其中煤焦油、水蒸气的稳定温度高达100～300℃，在送入煤气发动机前必须很好地过滤和冷却。因为煤气发动机的气门、活塞、活塞环等运动部件配合间隙要求很高，焦油和灰尘极易造成黏连和磨损；高温气体和水蒸气则会影响机器的换气质量和数量，造成直接功率损失。这些都直接关系到发动机运行特性和使用寿命。

冷却过滤装置分粗滤和细滤。粗滤多采用离心式和加长管路多次折返，从而将大颗粒炭灰杂质清除。细滤多采用磁环、棕榈火柴杆、玻璃纤维、毛毡和棉纱细密物质，并在过滤的同时喷淋洁净的冷水，将煤气冷却到常温。一般采用三级过滤，即一次粗滤和两次细滤。经过滤清后的煤气，其清洁程度应达到专业标准规定：含灰分杂质量为40mg/m^{3}以下，温度为环境温度。

（3）煤气发动机。滤清后的煤气与洁净空气在混合器中按一定比例混合，进入煤气发动机。煤气发动机由汽油机或柴油机改装而成。其压缩比与汽油机或柴油机不同。这是由于煤气的热值远比石油燃料热值低，故发动机的功率要下降30%左右。

(4) 发电机。发动机运转带动发电机工作。对于小型发电机，为简化机构多采用相同转速，以节省一套变速机构。

2. 沼气发电技术

沼气发电技术分为纯沼气电站和沼气—柴油混烧发电站，按规模分为50kW以下的小型沼气电站、50～500kW的中型沼气电站和500kW以上的大型沼气电站。

沼气发电系统工艺流程如图1-83所示。

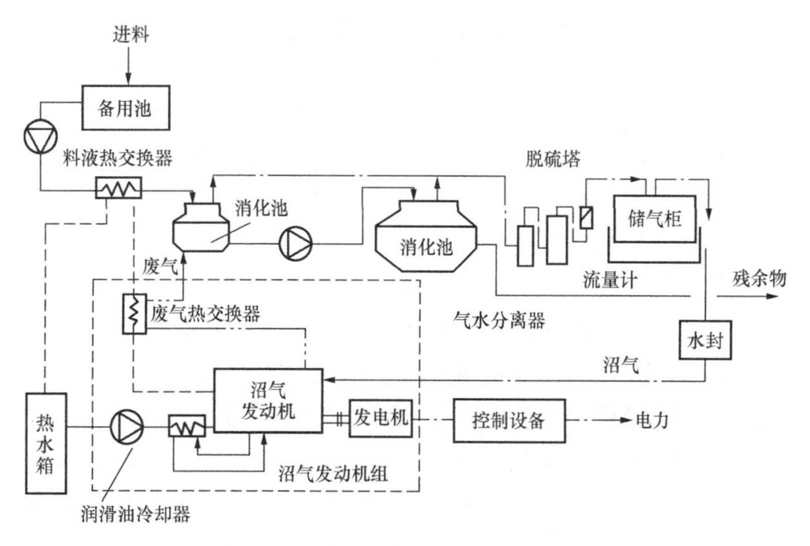

图1-83 沼气发电系统工艺流程

沼气发电系统主要由消化池、汽水分离器、脱硫化氰及二氧化碳塔、储气柜、稳压箱、发电机组、废热回收装置、控制输配电系统等部分构成。

沼气发电系统的工艺流程为消化池产生的沼气经汽水分离器、脱硫化氰及脱二氧化碳塔净化后，进入储气柜，经稳压箱进入沼气发动机驱动沼气发电机发电。发电机所排出的废水和冷却水所携带的废热经热交换器回收，作为消化池液加温热源或其他再利用。发电机所产出电流经控制输配电系统送往用户。

沼气发电系统主要包括以下几部分：

(1) 沼气发动机。与通用的柴油发动机一样，沼气发动机的工作循环包括进气、压缩、燃烧膨胀做功、排气四个基本过程。由于沼气的燃烧热值、特点与柴油、汽油不同，沼气发动机的技术关键在于压缩比、喷嘴设计和点火技术等。

(2) 发电机。根据具体情况可选用须与外接励磁电源配用的感应发电机和自身作为励磁电源的同步发电机，与沼气发动机配套使用。上述发电机与通用发电机无特殊要求，不再详述。

(3) 废热回收装置。采用水—废气热交换器、冷却排水—空气热交换器及余热锅炉等废热回收装置回收利用发动机排除的沼气废热（约占燃烧热量的65%～70%）。通过该措施，可使机组总能量利用量达到65%～68%。废热回收装置所回收的余热可用于消化池料液升温或采暖空调。

(4) 气源处理。须进行疏水、脱硫化氢处理，将硫化氢含量降到500mg/m^{3}以下，并且要经过稳压器使压强保持在1470～2940Pa再输入发动机用。同时，为保证安全用气，在沼气发动机进气管上必须设置水封装置，防止水进入发动机。

沼气电站适于建设在远离大电网、少煤缺水的山区农村地区。中国是农业大国，商品能源比较缺乏，一些乡村地区距离电网较远，在农村开发利用沼气有着特殊意义。无论从环境保护还是发展农村经济的角度考虑，沼气再促进生物质良性循环、发展庭院经济、建立生态农业、维护生态平衡、建立大农业系统工程中都将发挥重要作用。经过40余年的发展，中国的沼气发电已初具规模，研制制造出0.5～250kW各种不同容量的沼气发电机组，基本形成系列产品。

（五）生物质能利用的重大意义及发展前景

(1) 在相当长一个时期内，人类面临着经济增长和环境保护的双重压力，因而改变能源的生产方式和消费方式，用现代技术开发利用包括生物质能在内的可再生能源资源，对于建立持续发展的能源系统，促进社会经济的发展和生态环境的改善具有重大意义。

（2）从环境效益上看，利用生物质可以实现 CO_2 归零的排放，从根本上解决能源消耗带来的温室效应问题。

（3）生物质能属于低碳能源，对于逐步改变以化石燃料为主的能源结构具有重要作用。

生物质资源量丰富且可以再生，其含硫量和灰分都比煤低，而含氢量较高，因此比煤清洁。若把它变成气体或液体燃料，使用起来清洁、方便。此外，矿物燃料在燃烧过程中，排放出 CO_2 气体，在大气层中不断积累，温室气体在大气中的浓度不断增加，导致气候变暖，而生物质既是低碳燃料，又由于其生产过程中吸收 CO_2，因此，随着国际社会对温室气体减排联合行动付诸实施，大力开发生物质能源资源，对于改善以化石燃料为主的能源结构，特别是为农村地区因地制宜地提供清洁方便能源，具有十分重要的意义。

2011 年以来，我国生物质发电装机快速提升，沼气、生物质固体成型燃料、非粮原料燃料乙醇项目遍地开花。我国陆续突破了厌氧发酵过程微生物调控、沼气工业化利用、秸秆类资源高效生物降解、高值化转化为液体燃料等关键技术，建立了兆瓦级沼气发电、万吨级生物柴油、千吨级纤维素乙醇及气化合成燃料示范工程。

我国“十二五”规划纲要明确表明，“大力发展沼气、作物秸秆及林业废弃物利用等生物质能”。同时，对于未来五年生物质能产业发展的思路已基本清晰。2012 年 8 月发布的可再生能源发展“十二五”规划提出“因地制宜利用生物质能”，要求统筹各类生物质资源，结合资源综合利用和生态环境建设，合理选择利用方式，推动各类生物质能的市场化和规模化利用，加快生物质能产业体系建设。

五、地热发电技术

(一) 基本知识

1. 地热能的起源

所谓地热能，就是来自地下的热能，即地球内部的热能。但是地热从何而来，地球内部的温度有多高，地热水或蒸汽是如何形成的呢?

地球的内部是一个高温、高压的世界，是一个巨大的热库，蕴藏着无比巨大的热能。假定地球的平均温度为2000℃，地球的质量为6×10^{27}g，地球内部的比热为1.045J/(g·℃)，那么整个地球内部的热含量大约为1.25×10^{31}J。即便是地球表层10km厚这样薄薄的一层，所储存的热量也有10^{25}J。地球通过火山爆发、间歇喷泉和温泉等途径，源源不断地把它内部的热能通过传导、对流和辐射的方式传到地面上来。据统计，全世界地热资源的总量，大约为1.45×10^{26}，相当于4.948×10^{15}t标准煤燃烧时所放出的热量。如果把地球上储存的全部煤炭燃烧时所放出的热量作为标准来计算，那么石油的储存量约为煤炭的3%，目前可利用的核燃料的储存量约为煤炭的15%，而地热能的总储存量则为煤炭的1.7亿倍。可见，地球是一个名副其实的巨大热库，我们居住的地球实际上是一个庞大的热球。

关于地热的来源问题，有许多不同的解释。这些解释都一致承认，地球物质中放射性元素衰变产生的热量是地热的主要来源。放射性元素有铀238、铀235、钍232和钾40等，这些放射性元素的衰变是原子核能的释放过程。放射性物质的原子核，无须外力的作用，就能自发放出电子、氦核和光子等高速粒子并形成射线。在地球内部，这些粒子和射线的动能和辐射能，在同地球物质的碰撞过程中便转变成了热能。

2. 地热资源的分类

目前一般认为，地下热水和地热蒸汽主要是由在地下不同深处被热岩体加热了的大气降水所形成的。形成地热资源有热储层、热储体盖层、热流体通道和热源四个要素。通常，我们把地热资源根据在地下热储中存在的不同形式，分为蒸汽型、热水型、地压型、干热岩型资源和岩浆型资源等几类。

(1) 蒸汽型资源。蒸汽型资源是指地下热储中以蒸汽为主的对流水热系统，它以产生温度较高的过热蒸汽为主，掺杂有少量其他气体，所含水分很少或没有。这种干蒸汽可以直接进入汽轮机，对汽轮机腐蚀较轻，能取得满意的工作效果。但这类构造需要独特的地质条件，因而资源少、地区局限性大。

(2) 热水型资源。热水型资源是指地下热储中以水为主的对流水热系统，它包括喷出地面时呈现的热水以及水汽混合的湿蒸汽。这类资源分布广、储量丰富，根据其温度可分为高温（>150℃）、中温（90～150℃）和低温（<90℃）。

(3) 地压型资源。地压型资源是一种目前尚未被人们充分认识的、但可能是一种十分重要的地热资源。它以高压水的形式储存于地表以下2～3km的深部沉积盆地中，并被不透水的盖层所封闭，形成长1000km，宽数千米的巨大热水体。地压水除了高压、高温的特点外，还溶有大量的碳氢化合物（如甲烷等）。所以，地压型资源中的能量，实际上是由机械能（压力）、热能（温度）和化学能（天然气）三个部分组成的。

(4) 干热岩型资源。干热岩型资源是比上述各种资源更为巨大的地热资源。它是指地下普遍存在的没有水或蒸汽的热岩石。从现阶段来说，干热岩型资源专指埋深较浅、温度较高的有开发经济价值的热岩石。提取干热岩的热量，需要有特殊的办法，技术难度大。

(5) 岩浆型资源。岩浆型资源是指蕴藏在熔融状和半熔融状岩浆中的巨大能量，它的温度高达600～1500℃左右。在一些多火山地区，这类资源可以在地表以下较浅的地层中找到。但多数则是埋在目前钻探还比较困难的地层中。

在上述五类地热资源中，目前能为人类开发利用的，主要是地热蒸汽和地热水两大类资源；其他几类资源尚处于试验阶段，开发利用很少。仅是蒸汽型资源和热水型资源所包括的热能，其储量也是极为可观的，按目前可供开采的地下 3km 范围内的地热资源来计算，就相当于 2.9×10^{12}t 煤炭燃烧所发出的热量。

（二）地热的直接利用

地热能的利用可分为直接利用和间接利用两大方面。地热的直接利用是将中、低温地热能直接用于中、低温的用热过程，从热力学的角度看是最合理的。对地热能的直接利用，能量的损耗较小，并且对地下热水的温度要求也低得多，从 15～180℃这样宽的温度范围均可利用。在全部地热资源中，这类中、低温地热资源十分丰富，远比高温地热资源丰富得多。

1. 地热供暖

将地热能直接用于采暖、供热和供热水是仅次于地热发电的地热利用方式。这种利用方式简单、经济性好，备受各国重视，特别是位于高寒地区的西方国家，其中冰岛开发利用得最好。我国主要对北京、天津、西安、咸阳、郑州、鞍山、大庆林甸、河北霸州、固安、雄县等城镇供暖，面积约 2000 万 m^2，其中对天津的 106 家单位供暖，供暖面积 940 万 m^2，位居全国第一，年节约原煤 22.51 万 t。

近 10 年来，由于热泵技术的应用，浅层地热资源开发有了快速发展，地源热泵供暖的发展速率已超过常规中低温地热资源利用的发展速度。

2. 地热务农、水产养殖

地热在农业中的应用范围十分广阔。如利用水质好、40℃以下的地热水或利用后的地热温水灌溉农田，可使农作物早熟增产；利用地热水养鱼，在 28℃水温下可加速鱼的育肥，提高鱼的出产率；利用地热建造温室，育秧、培养菌种、种菜和养花，利用不同作物对最低温度要求，梯级利用地热种植名贵花卉、特色蔬菜、反季节蔬菜和发展观光农业等，效果非常好；利用地热给沼气池加温，提高沼气的产量等。

3. 地热医疗保健

由于地热水从很深的地下提取到地面，除温度较高外，常含有一些特殊的化学元素，从而使它具有一定的医疗效果。如含碳酸的矿泉水供饮用，可调节胃酸、平衡人体酸碱度；含铁矿泉水饮用后，可治疗缺铁贫血症；氢泉、硫水氢泉洗浴可治疗神经衰弱和关节炎、皮肤病等。由于温泉的医疗作用及伴随温泉出现的特殊的地质、地貌条件，使温泉常常成为旅游胜地，吸引大批疗养者和旅游者。

4. 工业利用

主要用于印染、粮食烘干、生产矿泉水等。

（三）地热发电

地热能的间接利用，即是指地热发电。

1. 地热发电原理

地热发电的基本原理是利用丰富的地热来加热地下水，使其成为过热蒸汽后，作为工质来推动汽轮机旋转发电，先是将地热转换为机械能，再将机械能转换为电能。这种以蒸汽来冲动汽轮发电机组的方式，和火力发电的原理是相同的。地热发电的示意如图 1-84 所示。

按照载热体类型、温度、压力和其他特性的不同，可把地热发电的方式划分为地热蒸汽发电和地下热水发电两大类。此外，还有正在研究试验的干热岩发电系统。

2. 地热发电方式

（1）地热蒸汽发电。

1）背压式汽轮机发电系统。最简单的地热干蒸汽发电，是采用背压式汽轮机地热蒸汽发电系统。其工作原理为：首先把干蒸汽从蒸汽井中引出，先加以净化，经过分离器分离出所含的固体杂质，然后就可把蒸汽通入汽轮机做功，驱动发电机发电。做

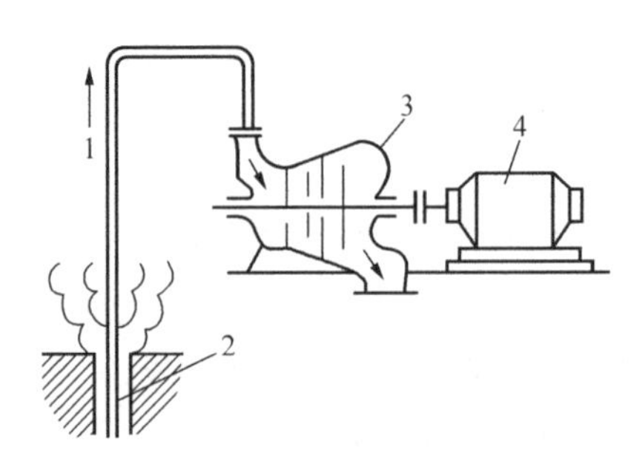

图 1-84　地热发电示意
1—地热蒸汽；2—地热蒸汽井；3—汽轮机；4—发电机

功后的蒸汽，可直接排入大气；也可用于工业生产中的加热过程。这种系统大多用于地热蒸汽。

2）凝汽式汽轮机发电系统。为提高地热电站的机组出力和发电效率，通常采用凝汽式汽轮机地热蒸汽发电系统。在该系统中，由于蒸汽在汽轮机中能膨胀到很低的压力，因而能做更多的功。做功后的蒸汽排入混合式凝汽器，并在其中被循环水泵打入冷却水所冷却而凝结成水，然后排走。在凝汽器中，为保持很低的冷凝压力，即真空状态，设有两台带有冷却器的射汽抽气器来抽气，把由地热蒸汽带来的各种不凝结气体和外界漏入系统中的空气从凝汽器中抽走。

（2）地下热水发电。地下热水发电有两种方式：一种是直接利用地下热水所产生的蒸汽进入汽轮机工作，叫做闪蒸地热发电系统；另一种是利用地下热水来加热某种低沸点工质，使其产生蒸汽进入汽轮机工作，叫做双循环地热发电系统。

1）闪蒸地热发电系统。在此种方式下，不论地热资源是湿蒸汽田或者是热水田，都是直接利用地下热水所产生的蒸汽来推动汽轮机做功。

根据水的沸点随着压力的降低而降低的特性，可以把 100℃以下的地下热水送入一个密封容器中进行抽气降压，使温度不太高的地下热水因气压降低而沸腾，变成蒸汽。由于热水降压蒸发的速度很快，是一种闪急蒸发过程，同时，热水蒸发产生蒸汽时，它的体积要迅速扩大，所以这个容器就叫做闪蒸器或扩容器。用这种方法产生蒸汽的发电系统，叫做闪蒸法地热发电系统。它又可以分为单级闪蒸地热发电系统（又包括湿蒸汽型和热水型两种）、两级闪蒸地热发电系统和全流法地热系统等。

采用闪蒸法发电的地热电站，基本上是沿用火力发电厂的技术，即将地下热水送入减压设备——扩容器，将产生的低压水蒸气导入汽轮机做功。在热水温度低于100℃时，全热力系统处于负压状态，这种电站设备简单，易于制造，可以采用混合式热交换器。其缺点是设备尺寸大，容易腐蚀结垢，热效率较低。由于是直接以地下热水蒸气为工质，因而对地下热水的温度、矿化度以及不凝气体含量等有较高的要求。

2）双循环地热发电系统。双循环地热发电也叫做低沸点工质地热发电或中间介质地热发电，又叫做热交换法地热发电。这种发电方式，不是直接利用地下热水所产生的蒸汽进入汽轮机做功，而是通过热交换器利用地下热水来加热某种低沸点的工质，使之变为蒸汽，然后推动汽轮机并带动发电机发电；汽轮机排出的乏汽经凝汽器冷凝成液体，使工质再回到蒸发器重新受热，循环使用。在这种发电系统中，低沸点介质常采用两种流体：一是采用地热流体作热源；另一种是采用低沸点工质流体作为一种工作介质来完成将地下热水的热能转变为机械能。所谓双循环地热发电系统即是由此得名。常用的低沸点工质有氯乙烷、正丁烷、异丁烷、氟利昂—11、氟利昂—12等。

双循环地热发电系统又可分为单级双循环地热发电系统、两级双循环地热发电系统和闪蒸与双循环两级串联发电系统等。

单级双循环发电系统发电后的热排水还有很高的温度，可达50～60℃。两级双循环地热发电系统，就是利用排水中的热量再次发电的系统。采用两级利用方案，各级蒸发器中的蒸发压力要综合考虑，选择最佳数值。如果这些数值选择合理，在地下热水的水量和温度一定的情况下，一般可提高发电量20%左右。这一系统的优点是能更充分地利用地下热水的热量，降低发电的热水消耗率，缺点是增加了设备的投资和运行的复杂性。

目前中国高温地热电站主要集中在西藏地区，总装机容量为27.18MW，其中羊八井地热电站装机容量为25.18MW，朗久地热电站装机容量为1MW，那曲地热电站装机容量为1MW。羊八井地热电站是中国自行设计建设的第一座用于商业应用的、装机容量最大的高温地热电站，年发电量约达1亿kWh，占拉萨电网总电量的40%以上，对缓和拉萨地区电力紧缺的状况起了重要作用。

羊八井第一电站1号机组是最初的试验机组，采用单级扩容法发电系统。以后建造的3台3MW机组，则均采用两级扩容法发电系统，较单级扩容法可增加20%的发电量。首级扩容时，蒸汽中的气体含量约为1%～1.5%。采用射水装置抽取凝汽器中的非凝结气体。机组全部采用凝汽式，其冷却水直接从藏布曲（河）抽取，每生产1kWh电能的比耗为130kg总流体。

经济性是考察地热发电站设计和建设的最重要的综合性指标。衡量地热发电站经济性的指标，主要有两个：一个是发电量（kWh/t热水），它表示地热发电站发电效率的高低；一个是地热发电站的投资费用（元/kW），它表示地热发电站建设费用的大小。

由于目前的地热发电站建设规模一般都较小，同时又由于钻井的初始投资较大，所以它的竞争力不强，其经济性还有待于进一步提高。但地热电站的最大优点是不耗用化石燃料，发电成本低，设备的年利用率高。我国地热资源的开发利用，应贯彻“小型分散、因地制宜、综合利用”的原则。

（3）干热岩发电方式。随着全球化石燃料总量的减少及其开发利用带来的环境恶化程度加剧，可再生且无污染的能源备受人们关注，因此在适宜的地区，开发利用无污染且少受诸如气候等外界条件变化干扰的新能源——干热岩，成了很多发达国家积极开展试验研究的新课题。干热岩开发利用前景十分诱人，科学家预测，2030年左右人类可以利用干热岩大规模发电。

1）干热岩的基本特征。

• 干热岩是一种特殊地热资源。干热岩是一种没有水或蒸汽的热岩体，主要是各种变质岩或结晶岩类岩体；干热岩普遍埋藏于距地表 2～6km 的深处，其温度范围很广，在 150～650℃之间。在学术界，干热岩有时被称为“热干岩”。干热岩的热能赋存于岩石中，较常见的岩石有黑云母片麻岩、花岗岩、花岗闪长岩以及花岗岩小丘等。一般干热岩上覆盖有沉积岩或土等隔热层。现阶段干热岩地热资源是专指埋深较浅、温度较高、有开发经济价值的热岩体。

干热岩也是一种地热资源。但是，干热岩是属于温度大于 150℃的高温地热资源，而且其性质和赋存状态有别于蒸汽型、热水型、地压型和岩浆型的地热资源。

• 干热岩的分布。干热岩的分布几乎遍及全球，是无处不在的资源。世界各大陆地下都有干热岩资源，不过，干热岩开发利用潜力最大的地方，还是那些新的火山活动区，或地壳已经变薄的地区，这些地区主要位于全球板块或构造地体的边缘。

判断某个地方是否有干热岩利用潜力，最明显的标志是看地热梯度是否有异常，或地下一定深处（2000～5000m）温度是否达 150℃以上。

2）干热岩的开发利用价值。

• 干热岩可用于发电。目前，人们对干热岩的开发利用主要是发电。美国、法国、德国、日本、意大利和英国等科技发达国家已经掌握了干热岩发电的基本原理和基本技术。

干热岩发电的基本原理是：通过深井将高压水注入地下 2000～6000m 的岩层，使其渗透进入岩层的缝隙并吸收地热能量；再通过另一个专用深井（相距约 200～600m 左右）将岩石裂隙中的高温水、汽提取到地面；取出的水、汽温度可达 150～200℃，通过热交换及地面循环装置用于发电；冷却后的水再次通过高压泵注入地下热交换系统循环使用。整个过程都是在一个封闭的系统内进行。

采热的关键技术是在不渗透的干热岩体内形成热交换系统。试验中，常用的地下热交换系统的模式主要有三种。

最早的模式是美国洛斯阿拉莫斯国家实验室提出的“人工高压裂隙模式”，即通过人工高压注水到井底，干热的岩石受水冷缩作用形成很多裂隙，水在这些裂隙间穿过，即可完成进水井和出水井所组成的水循环系统热交换过程。

第二种模式是英国卡门波矿产学校提出的“天然裂隙模式”，即较充分的利用地下已有的裂隙网络。已有的裂隙虽然一方面阻止了人工高压注水裂隙的发育，但另一方面当人工注水时，原先的裂隙会变宽或错位更大，增强了裂隙间的透水性。在这种模式下，可进行热交换的水量更大，而且热量交换的更充分。

最新的模式，即第三种模式是在欧洲 Soultz 干热岩工程中由研究人员提出来的“天然裂隙—断层模式”。这种模式除了利用地下天然的裂隙，而且还利用天然的断层系统，这两者的叠加使得热交换系统的渗透性更好。该模式的最大优势也是最大的挑战，即不需通过人工高压裂隙的方式连接进水井和出水井，而是通过已经存在的断层来连接位于进水井和出水井之间的裂隙系统。

干热岩发电地面系统采用涡轮发电。

• 干热岩能源洁净卫生。干热岩的热能是通过人工注水的方式加以利用，而且在利用的整个过程中处于封闭循环系统。因此，干热岩的利用不会出现常规地热资源利用中的麻烦，即没有硫化物等有毒、有害或阻塞管道的物质出现。

干热岩发电既不像火力发电那样，向大气排放大量的二氧化碳等温室气体、粉尘等气溶胶颗粒物；也不像水力发电那样，因水坝的修建而破坏局部乃至整个河流的生态系统以及在水电站周围引起各种程度不一的环境地质灾害。

此外，干热岩发电几乎完全摆脱了外界的干扰。干热岩发电不像水电那样受水坝所在河流流域降水量多寡的影响，而且也不像火电那样易受市场上燃煤或油气价格变化的影响。

• 干热岩热能蕴含丰富。全球干热岩蕴藏的热能十分丰富，比蒸汽型、热水型和地压型地热资源大得多，比煤炭、石油、天然气的热能总和还要大。在较浅层的干热岩资源中，蕴藏的热能等同于100亿夸脱（即quad，1夸脱相当于18 000万桶石油，而美国2001年能源消耗总量是90夸脱）。这些能量是所有热液地热资源评估能量的800倍还多，是包括石油、天然气和煤在内的所有化石燃料能量的300倍还多。

干热岩是一种可再生能源，可以说取之不尽，用之不竭。目前，世界上众多经济较发达的国家对干热岩的发电研究方兴未艾。可以预见不久的将来，随着相关技术的迅速发展，利用干热岩所发的电能将会成为国家电网中不可或缺的重要部分。

六、潮汐能发电技术

（一）潮汐能

潮汐能就是潮汐所具有的能量。潮汐含有的能量是十分巨大的，潮汐涨落的动能和位能可以说是一种取之不尽、用之不竭的动力资源，人们誉之为“蓝色的煤海”。潮汐能的大小直接与潮差有关，潮差越大，能量也就越大。由于深海大洋中的潮差一般较小，潮汐能的利用主要集中在潮差较大的浅海、海湾和河口地区。中国的海岸线漫长曲折，港湾交错，入海河口众多，有些地区潮差很大，具有开发利用潮汐能的良好条件。例如浙江省杭州湾钱塘江口，因海湾广阔，河口逐渐浅狭，潮波传播受到约束而形成了有名的钱塘江怒潮，每当涌潮出现时，潮差可达8.9m，蕴藏巨大的能量，据估算，其能量约为三门峡水电站的一半之巨。

潮汐能的蕴藏量是十分巨大的。据资料统计，全世界潮汐能的理论蕴藏量约为30亿kW，全世界可开发利用的潮汐能可发电1400亿～1800亿kWh（不包括中国），绝大部分蕴藏在窄浅的海峡、海湾和一些河口区。例如英吉利海峡的潮汐能约有8000万kW，美国和加拿大附近芬迪湾的潮汐能约有2000万kW。

（二）潮汐能发电的原理及型式

由于电能具有易于生产、便于传输、使用方便、利用率高等一系列优点，因而利用潮汐的能量来发电目前已成为世界各国利用潮汐能的基本方式。

1. 潮汐能发电原理

潮汐发电，就是利用海水涨落及其造成的水位差来推动水轮机，再由水轮机带到发电机来发电。其发电的原理与一般的水力发电差别不大。从能量转换的角度来说，潮汐发电首先是把潮汐的动能和位能通过水轮机变成机械能，然后再由水轮机带动发电机，把机械能转变为电能。如果建筑一条大坝，把靠海的河口或海湾同大海隔开，造成一个天然的水库，在大坝中间留下一个缺口，并在缺口中安装上水轮发电机组，那么涨潮时，海水从大海通过缺口流进水库，冲击水轮机旋转，从而就带动发电机发出电来；而在落潮时，海水又从水库通过缺口流入大海，则又可从相反的方向带动发电机组发电。这样，海水一涨一落，电站就可以源源不断第发出电来。

潮汐发电可按能量形式的不同分为两种：一种是利用潮汐的动能发电，就是利用涨落潮水的流速直接去冲击水轮机发电；一种是利用潮汐的势能发电，就是在海湾或河口修筑拦潮大坝，利用坝内外涨、落潮时的水位差来发电。利用潮汐动能发电的方式，一般是在流速大于1m/s的地方的水闸闸孔中安装水力转子来发电，它可充分利用原有建筑，因而结构简单，造价较低，如果安装双相发电机，则涨、落潮时都能发电。但是由于潮流流速周期性地变化，致使发电时间不稳定，发电量也较小。因此，目前一般较少采用这种方式。但在潮流较强的地区和某个特殊的地区，也还是可以考虑的。利用潮汐势能发电，要建筑较多的水工建筑，因而造价较高，但发电量较大。由于潮汐周期性地发生变化，所以电力的供应是间歇性的。

2. 潮汐能发电站型式

（1）单库单向式。也称单效应潮汐电站，这种电站仅建一个水库调节进出水量，以满足发电的要求。电站运行时，水流只在落潮时单方向通过水轮发电机组发电。其具体运动方式是：在涨潮时打开水库，到平潮时关闭闸门，落潮时打开水轮机阀门，使水通过水轮发电机组发电。在整个潮汐周期内，电站的运行按下列4个工况进行：

1）充水工况：电站停止发电，开启水闸，潮水经水闸和水轮机进入水库，至水库内外水位齐平为止。

2）等候工况：关闭水闸，水轮机停止过水，保持水库水位不变，海洋侧则因落潮而水位下降，直到水库内外水位差达到水轮机组的启动水头。

3）发电工况：开动水轮发电机组进行发电，水库的水位逐渐下降，直到水库内外水位差小于机组发电所需要的最小水头为止。

4）等候工况：机组停止运行，水轮机停止过水，保持水库水位不变，海洋侧水位因涨潮而逐步上升，直到水库内外水位平齐，转入下一个周期。这种型式的电站，只需建造一道堤坝，并且水轮发电机组仅需满足单方向通水发电的要求即可，因而发电设备的结构和建筑物结构都比较简单，投资较少。但是，因为这种电站只能在落潮时单方向发电，所以每日发电时间较短，发电量较少，在每天有两次潮汐涨、落的地方，平均每天仅可发电10～12h，使潮汐能不能得到充分地利用，一般电站效率仅为22%。

（2）单库双向式。单库双向式潮汐能发电站与单库单向式潮汐能发电站一样，也只用一个水库，但不管是在涨潮时或是落潮时均可发电。只是在平潮时，即水库内外水位相平时，才不能发电。单库双向式潮汐电站有等候、涨潮发电、充水、等候、落潮发电、泄水6个工况。这种型式的电站，由于需满足涨、落潮两个方向均能通水发电的要求，所以在厂房水工建筑物的结构上和水轮发电机组的结构上，均较第一种型式复杂。但由于它在涨、落潮时均可发电，所以每日的发电时间长，发电量也较多，一般每天可发电16～20h，能较为充分地利用潮汐的能量。

（3）双库单向式。双库单向式潮汐能发电站需要建造两座相互毗邻的水库，一个水库设有进水闸，仅在潮位比库内水位高时引水进库；另一个水库设有泄水闸，仅在潮位比库内水位低时泄水出库，这样，前一个水库的水位便始终较后一个水库的水位高，故前者称为上水库或高水库，后者则称为下水库或低水库。高水库与低水库之间终日保持着水位差，水轮发电机组放置于两水库之间的隔坝内，水流即可终日通过水轮发电机组不间断地发电。这种型式的电站，需建2座或3座堤坝、两座水闸，工程量和投资较大。但可连续发电，故其效率较第一种型式的电站要高34%左右。同时，也易于和火电、水电或核电站并网，联合调节。

（4）发电结合抽水蓄能式。这种电站的工作原理是：在潮汐电站水库水位与潮位接近并且水头小时，用电网的电力抽水蓄能。涨潮时将水抽入水库，落潮时将水库内的水往海中抽，以增加发电的有效水头，提高发电量。

上述四种型式的电站各有特点、各有利弊，在建设时，要根据当地的潮型、潮差、地形、电力系统的负荷要求、发电设备的组成情况以及建筑材料和施工条件等技术经济指标，综合进行考虑，慎重加以选择。

3. 潮汐能发电的优缺点及经济性

（1）潮汐能发电具有许多优点，主要有：

1）能量可以再生，取之不尽、用之不竭，不消耗化石燃料。

2）潮汐的涨落具有规律性，可以作出准确的长期预报，因而供电稳定可靠，没有枯水期，可长年发电。

3）清洁干净，没有环境污染。

4）运行费用低。

5）建站时没有淹地、移民等问题。

6）除发电外，还可进行围垦农田、水产养殖、蓄水灌溉等项事业，收到综合利用效益。

（2）潮汐发电目前存在的主要问题是：

1）单位投资大，造价较高。

2）水头低，机组耗能多。

3）发电具有间断性。

4）在工程技术上尚存在泥沙淤积以及海水、海生物对金属结构和海工建筑物的腐蚀及污黏等问题，需要进一步研究解决。

潮汐能发电站虽然一次性投资大，单位造价较高，但是建成以后海水可以大量稳定地自动供应，并且电站仅需要少量人员管理即可，所以发电成本很低。关于潮汐能发电的经济性，总体来说，目前还稍逊于水力发电等常规能源发电，这是当前所有新能源开发利用普遍存在的问题。但在各类海洋能发电、甚至整个新能源发电中，潮汐发电的工程费和发电成本却是最低的一种。从中国已建成的几个潮汐能发电站的实际情况来看，电站的建设投资为 2000～2500 元/kW，和当时的河川小水电站的建设费相近。但河川小水电站却存在着淹没农田及有人口迁移等问题，而潮汐电站却不存在这些问题，并且除了提供电力外还具有水产养殖、围垦、灌溉、交通运输以及旅游等综合效益。

（三）潮汐能发电的现状及前景

人类为了开发利用潮汐能，进行了长期的研究和探索。目前，世界潮汐能发电站总装机容量为 265MW，年发电量约为 6 亿 kWh，是海洋能中技术最成熟和利用规模最大的一种。据统计，全世界约有近百个站址可建设大型潮汐能发电站，能建设小型潮汐能发电站的地方则更多。中国的小型潮汐能发电站，数量多，效率高，闻名于世。中国已能生产几十千瓦至几百千瓦的潮汐能发电机组，并积累了建设小型潮汐能发电站的工程技术经验，因此，经过继续努力，使小型潮汐能发电站达到定型推广的阶段是完全可能的。

40 多年来，中国潮汐能发电领域的科学研究工作取得了不小的进展，有了良好的开端。今后，在国家的统一规划下，应着重在水库内泥沙淤积的防治、海上工程结构物的防腐和防生物附着、大型发电机组的研制、建站投资的降低以及综合利用的开展等方面进行研究和开发，为进一步发展创造条件。可以预见，中国的潮汐能发电任务艰巨，前景美好，大有可为。

第二章

电力网运行维护与管理

第一节　电力网的基本知识

一、电力网及电力系统概述

世界上大部分国家的动力资源和电力负荷中心分布是不一致的。如水力资源都是集中在江河流域水位落差较大的地方，燃料资源集中在煤、石油、天然气富有的矿区。而大电力负荷中心则多集中在工业区和大城市，因而发电厂和负荷中心往往相隔很远的距离，从而产生了电能输送的问题。水电只能通过高压输电线路把电能送到用户地区才能得到充分利用，尽管能长距离输送燃料但不如输电经济。于是就出现了坑口电厂，即把火电厂建在矿区，通过升压变电站、高压输电线、降压变电所（站）把电能送到离电厂较远的用户地区。随着高压输电技术的发展，在地理上相隔一定距离的发电厂为了安全、经济、可靠供电，需将孤立运行的发电厂用电力线路连接起来。首先在一个地区内互相连接，再到地区和地区之间互相连接，这就组成统一的电力系统。

通常将发电厂、变电所、用电设备之间用电力网和热力网络连接起来的整体，叫做动力系统。

动力系统中的电气部分，即发电机、配电装置、变压器、电力线路及各种用电设备连接在一起组成的统一整体，称为电力系统。

电力系统中由各级电压等级的输配电系统及变电所组成的部分，称为电力网。在我国习惯将电力系统称作电网。

电力系统是动力系统的重要组成部分，它担负着输送和分配电能的任务。由电源向电力负荷中心输送电能的线路，称为输电线路或送电线路。送电线路的电压较高，一般在 110kV 及以上。主要担任分配电能任务的线路，称为配电线路，配电电压较低，一般在 35kV 及以下。

为了研究和计算方便，通常将电力网络分为地方电网和区域网络。电压在 110kV 及以上、供电范围较广、输送功率较大的电网，称为区域电力网。电压在 110kV 以下，供电距离较短，输电功率较少的电力网，称为地方电力网。电压在 6～10kV 的电网，称为配电网。城市电网中 35kV 的配电电网亦称为中压配电网。电压为 380/220V 的配电网，称为低压配电网。但这种方式，其间并没有严格的界限。

根据电力网的结构方式，又分为开式电力网和闭式电力网。凡是用户只能从单方面得到电能的电力网，称为开式电力网；凡用户至少可以从两个或更多方向同时得到电能的电力网，称为闭式电力网。

根据电压等级的高低，电力网还可分为低压、高压、超高压几种。通常把 1kV 以下的电力网称为低压电网，1～220kV 的电力网称高压电网，330kV 及以上称超高压电网。

二、联合电力系统（又称大电网）

两个或两个以上小型电力系统用电网连接起来并联运行，即可组成地区性电力系统。若干个地区性电力系统用电网连接起来，即组成联合电力系统。联合电力系统在技术和经济上都有很大的优越性。

（1）提高供电可靠性和电能质量。因为大电力系统中备用发电机组较多，容量也比较大，个别机组发生故障对系统影响较小，从而提供了供电可靠性。此外，由于联合电力系统容量较大，个别负荷变动，即使是较大的冲击负荷，也不会造成电压和频率的明显变化，故可增强抵抗事故能力，提高电网的安全水平，改善电能质量。

（2）减少系统的装机容量，提高设备利用率。大电力系统往往占有很大的地域，因为存在时差和季差，各系统中最大负荷出现时间不同，综合起来的最大负荷，也将小于各系统最大负荷的总和，因此系统中总的装机容量可以减少些。同时，备用容量也可以减少些，如果装机容量一定，则可以提高设备的利用率，增加供电量。

（3）便于安装大机组、降低造价。由于联合电力系统容量大，按照比例（一般100～1000万kW电力系统中，最经济的单机容量为系统总容量的6%～10%）可装设容量较大的机组，而大机组每千瓦设备的投资和生产每千瓦时电能的燃料消耗以及维修费用都比小机组便宜，从而可以节约投资，降低成本，降低消耗，提高劳动生产率，加快电力建设速度。

（4）充分利用各种资源，提高运行的经济性。水电厂发电受季节的影响，在夏季丰水期水量过剩，在冬春枯水期水量短缺，水电厂容量占的比例较大的系统（如湖北省）将造成枯水期缺电、丰水期弃水的后果。组成联合电力系统后，水火电联合运行，丰水期水电厂多发电，火电厂少发电并适当安排检修；枯水期火电厂多发电，水电厂少发电并安排检修，这样充分利用水动力资源，减少燃料消耗，从而降低成本，提高运行的经济性。

三、对电力系统的基本要求

1. 保证供电的可靠性

间断供电，将会使生产停顿，生活混乱甚至危及人身和设备的安全，给国民经济造成极大损失，这种损失远远超出对电力系统本身的损失。运行经验表明，电力系统中的大事故，往往是由小事故扩大引起的；整体性事故往往是由局部事故发展扩大造成的。因此，要保证对用户供电可靠性，就要对每一发电、变电、输配电设备经常进行监视、维护，并进行定期预防性试验和检修，使设备始终处于完好的运行状态；严格执行规章制度，杜绝事故的发生，不断提高运行人员的技术水平和责任心；同时还要采用现代化的监测、控制设备。

造成对用户中断供电的原因主要有：

（1）电力系统中的元件发生故障；

（2）电力系统中的误操作；

（3）电力系统继电保护的误动作；

（4）运行管理水平低，维修质量不合格等。

为提高电力系统运行的可靠性，一方面应改善设备质量，提高运行管理水平和技术水平及运行检修人员的责任心。另一方面要完善电力系统的结构，提高抗干扰能力，充分发挥计算机进行监视和控制的优势，不断提高电力系统的自动化水平。

依用户对供电可靠性的要求不同，可将负荷分为以下三级：

一级负荷：因中断供电，将造成人身伤亡、设备损坏，产生废品，使生产秩序长时间不能恢复，人民生活发生混乱的负荷。这类负荷必须保证不间断供电。

二级负荷：中断供电，将造成大量减产，使人民生活受到影响的负荷，称为二级负荷。这类负荷，如有可能，也要保证不间断供电。

三级负荷：所有不属于一、二级负荷的负荷，如工厂的附属车间、小城镇等，称为三级负荷。

2. 保证良好的电能质量

所谓电能质量，是指电压、频率、波形三个技术指标，其中前两个最重要。用电设备是按额定电压设计的，实际供电电压过高过低都会使设备的运行技术经济指标下降，甚至不能工作。我国规定的电气设备允许电压偏移一般不应超过额定电压的±5%，频率偏差不超过±0.2～0.5Hz，频率的变化同样影响用电设备的正常工作。以电动机为例，频率的变化可能引起转速下降，因而影响产品质量，而且对电力系统本身也有严重危害。我国规定，电力系统的标准频率是50Hz，允许偏差值300万kW以上的系统，不得超过±0.2Hz；300万kW以下的系统，不得超过±0.5Hz。正弦交流电的波形质量一般以波形的畸变率衡量。所谓波形的畸变率，是指各次谐波有效值的平方和的方根值与基波有效值的百分比。其畸变率的允许值随电压等级的不同而不同。

如10kV供电时大约为4%，380/220V供电时为5%。

3. 保证系统运行的经济性

节约能源是当今世界上所关注的一个重要问题。电能生产的规模很大，其消耗的一次能源在国民经济一次能源消耗中的比重约为1/3，且电能在传输过程中的损耗也是相当可观的。因此，一方面，在电能生产的过程中，应力求节约，减少能源消耗，最大限度地降低发电成本有非常大的意义。另一方面，合理发展电网，优化电网结构和运行方式，降低电能传输过程中的损耗，也是一个不可忽视的问题。

提高电力系统运行的经济性，就是使系统运行中做到多供、少损、降低煤耗。主要有以下三个考核指标。

（1）燃料消耗。生产每千瓦时电能的燃料消耗量愈低愈好，这对降低发电成本、提高能源利用率有极其重要的意义。

（2）厂用电率。发电厂发电设备在生产过程中所消耗的电量与其发电量之比称为厂用电率。目前我国火电厂的厂用电率在6%～10%之间，是电能消耗大户，应努力降低。

（3）线损率（网损率）。电网在供电环节中所损耗的电量占所输送的电量之比称为线损率。目前我国各级电网的线损率在3%～10%，是一个不容忽视的能源损失，应力争降低。

为提高电力系统运行的经济性，可采取以下措施：

（1）采用高效节能的发电设备。

（2）合理调度各发电厂所承担的负荷。

（3）优化电网结构，合理发展电网。

第二节　变电运行及管理

一、变电运行工作

（一）变电站设备巡视

设备巡视是确保变电站安全运行的基础。科学、规范的设备巡视可以及早地发现设备存在的隐患和缺陷，预防事故的发生，确保变电站安全运行。变电站值班员必须严格按照规程要求，认真负责，一丝不苟地做好设备巡视工作。

1.《电业安全工作规程》关于“高压设备巡视”的规定

（1）经企业领导批准允许单独巡视高压设备的值班员和非值班员，巡视高压设备时，不得进行其他工作，不得移开或越过遮拦。

（2）雷雨天气，需要巡视室外高压设备时，应穿绝缘靴，并不得靠近避雷器和避雷针。

（3）高压设备发生接地时，室内不得接近故障点 4m 以内，室外不得接近故障点 8m 以内。进入上述范围人员必须穿绝缘靴，接触设备的外壳和架构时，应带绝缘手套。

（4）巡视配电装置，进出高压室，必须随手将门锁好。

2. 变电站主要设备的巡视要求

（1）变压器。电力变压器是用来改变电压、传递电能的，是电力系统中最重要的设备，是电网安全、经济运行的基础。变压器在运行中，运行人员应按变压器运行规程制定的周期和巡视项目进行检查，及时掌握变压器的运行状况。

1）变压器的音响，正常时变压器内部应为电磁均匀的“嗡嗡”声。

2）本体及有载时油枕的油位，在不同环境温度及负荷下，指针指示的位置，由厂家提供的曲线确定。对照油位曲线应在适当的位置。

3）各充油套管的油位应适中，油位不能过高，也不能过低。瓷套应清洁，无破损、裂纹和打火放电现象。

4）气体继电器与油枕间连接阀门，应在开启位置，气体继电器内应无气体，且充满油。

5）压力释放阀的指示杆未突出，无喷油痕迹。

6）各引线接头接触良好，无搭挂杂物。

7）察看变压器油温表，了解变压器上层油温是否正常。

8）检查冷却装置运行情况。冷却器组数应按规定启用，分布应合理，油泵运转应正常，无其他金属碰撞声，无漏油现象，油流继电器应指示在“流动位置”。

9）检查呼吸器，油封应正常，呼吸应畅通，油杯中油位应适中，硅胶变色部分不应超过总量的1/2。

10）变压器铁芯接地线和外壳接地线应禁锢可靠，且接地良好。

11）检查有载调压开关分接开关位置应正确。操作机构中机械指示器与控制室内分接开关位置指示应一致。

12）充氮灭火装置运行应正常，氮气压力应在合格范围。

（2）断路器。高压断路器可以切断和接通高压电路中的空载电流和负荷电流，还可以在系统故障下与保护装置和自动装置相配合，迅速地切断故障电流，防止事故延伸扩大，保证系统的安全运行。

1）少油断路器。

a 各连接头螺丝禁锢接触良好，无搭挂杂物。

b 套管油位应在上、下限之间，油色透明且无炭黑悬浮物。

c 断路器本体各部位及并联电容应无渗漏油现象。

d 各套管瓷质绝缘应完好，无破损、裂纹、严重污秽及打火放电现象。

e 检查传动拉杆应完整无断裂现象。

f 检查断路器机械指示器位置是否与实际运行情况相符。

g 断路器本体接地应可靠、牢固。

h 油箱油位应正常，无渗漏油现象。

i 油管各连接点禁锢，无渗漏油现象。

j 机构箱加热器正常完好。

k 行程开关接点无卡涩或变形。

l 高压油的油压在正常范围内。

m 油泵运行正常，油封密封严密无渗漏油现象。

n 机构箱内干净，封堵良好，无油污。

2）SF_6 断路器。

a 检查各连接头螺丝禁锢接触良好，无搭挂杂物。

b 检查瓷套管清洁，无裂纹打火放电现象。

c 检查套管法兰无裂纹，连接禁锢。

d 检查 SF_6 气体压力，压力曲线应在合适位置。

e 检查空气的压力应在正常范围。

f 检查储气筒放气阀关闭严密，无漏气现象。

g 检查 SF_6 气体回路无异常及异味，各连接头正常，无泄漏点。

h 检查空气系统的阀门、通道及储气筒的放气阀等处无漏气点，若空气压缩机打压频繁，应对以上回路进行详细检查。定期对空气压缩机及其油位进行检查，开启储气筒放水阀进行放水。

i 自动加热器运行时应在投入位置，手动加热器应根据环境温度及时投退。

j 检查分、合闸绕组无烧损，合闸弹簧完好无裂纹。

k 检查断路器机构箱接地良好。

3）真空断路器。

a 检查绝缘子无破损、放电痕迹和脏污现象。

b 检查绝缘拉杆，应完整无断裂现象，各连杆应无弯曲现象，开关在合闸状态时，弹簧应在储能状态。

c 检查各接头接触处有无过热现象，引线弛度是否适中。

d 检查分、合闸位置指示器是否正确，并与当时实际运行情况相符合。

e 检查真空灭弧室正常。

f 检查开关外壳接地良好。

4）电磁式操动机构。

a 分、合闸绕组及合闸接触器应完好，无冒烟和异味。

b 直流电压回路的接线端子无松脱、锈蚀。

5）弹簧式操动机构。

a 断路器在运行状态时，储能电动机电源开关或熔丝应在闭合位置。

b 检查储能电动机行程开关触点无卡住或变形。

c 分、合闸绕组无冒烟、异味。

d 在分闸状态时，分闸连杆应复归，分闸锁扣到位，合闸弹簧储能。

e 加热器良好。

（3）电压互感器。电压互感器就是将交流高电压按比例降到低电压，以便于仪表直接测量，同时为继电保护和自动装置提供二次电压量。有电磁式电压互感器和电容式电压互感器两种。

1）检查电压互感器是否有异音或异味。

2）检查电压互感器瓷瓶，清洁、完整，无损坏及裂纹，无打火放电现象。

3）检查电压互感器的油位、油色是否正常，有无渗油现象。

4）检查高压侧引线的两端接头连接是否良好，有无过热，二次回路的电缆及导线有无损伤，高压保险和低压熔断器是否完好。

5）检查电压互感器二次侧和外壳接地是否良好，二次出线端子箱的门是否关好。

6）检查电压互感器二次侧接地是否良好。

7）检查端子箱封堵是否良好，是否清洁、受潮。

8）检查二次回路的电缆及导线有无腐蚀和损伤现象。

（4）电流互感器。电流互感器就是将交流大电流按比例降到小电流，便于仪表直接测量，同时为继电保护和自动装置提供二次电流量。

1）检查瓷套管是否清洁，有无破损裂纹和放电痕迹。

2）检查油色是否正常，油位是否适中，有无渗、漏油现象。

3）检查金属膨胀器内的油面高度指示正常，并与温度标示线基本相符，而互感器原有的储油柜应充满油。

4）检查连接处接触是否良好，压接螺丝有无松动、过热及放电现象。

5）检查端子箱是否清洁、受潮，二次端子是否接触良好，有无开路、放电或打火现象。

6）检查有无不正常音响和异常气味。

7）检查末屏过热器接地情况良好。

（5）隔离开关。隔离开关无专门的灭弧装置，不能用来拉、合负荷电流和短路电流，隔离开关在电网中的作用。

1）设备检修时，用隔离开关隔离有电部分，形成明显的断开点以保证工作人员和设备安全。

2）隔离开关与断路器相配合，进行倒闸操作，以改变运行方式。

3）隔离开关可以在规程允许的范围内进行电路切换。

运行中检查项目：

1）绝缘子是否完整无裂纹和放电现象。

2）操动机构，包括操动连杆及部件，有无开焊、变形、锈蚀、松动、脱落现象，连接轴销子、禁锢螺母等是否完好。

3）闭锁装置是否完好，销子是否锁牢，辅联触点位置是否正确且接触良好，机构本体接地是否良好。

4）带有接地开关的隔离开关在接地时，三相接地开关是否接触良好。

5）隔离开关合闸后，两触头是否完全进入刀嘴内，触头之间接触是否良好，在额定电流下，触头温度是否超过70℃。

6）隔离开关通过短路电流后，应检查隔离开关的绝缘子有无破损和放电痕迹，以及动静触头及接头有无发热现象。

（6）电容器。

1）检查三相电流是否平衡（各相相差应不大于15%）。

2）检查电容器内部有无吱吱放电声，外壳有无鼓肚及严重渗油现象。

3）检查电容器的外壳接地是否良好、完整。

4）检查电气回路连接是否良好，各接头有无发热现象。

5）检查安装电容器组的架构及防护网应完好，防止小动物进入造成故障。

6）检查瓷绝缘是否完整，无裂纹和放电现象。

（7）耦合电容器。

1）检查瓷瓶有无破损、渗漏现象。

2）检查引线有无松动、过热，结合滤波器接地是否良好，有无放电现象，接地开关瓷瓶有无破损，正常运行时应在断位。

3）检查内部有无异常声音。

（8）结合滤波器。

1）检查引线连接牢固，接地线接触是否良好。

2）检查瓷瓶有无裂纹和破损。

3）检查外壳能否盖严，有无锈蚀和雨水渗入。

4）检查接地开关安装是否牢固，连接线是否正确，高频电缆的保护管是否牢固，封堵良好。

（9）母线。

1）检查母线绝缘子是否清洁，有无破损、裂纹放电痕迹。

2）检查耐张型、T 型线夹有无松动、脱落。

3）检查导线有无断股，铝排有无弯曲变型和烧伤。

4）检查接头有无发热发红变色，伸缩接头有无断裂放电，母线上螺丝有无松动。

（10）电力电缆。

1）电缆终端绝缘子应完整、清洁，无裂纹和闪络痕迹，支架牢固，无松动锈烂，接地良好。冷缩工艺交联电缆终端无开裂现象。

2）外皮无损伤、过热现象，无漏油、漏胶现象，金属屏蔽皮接地良好。

3）根据负荷、温度、电缆截面判断是否过负荷。

4）电缆有无异味。

5）接头连接应良好，无松动、过热现象。

6）检查充油式电缆油压是否正常。

7）电缆隧道及电缆沟内支架必须牢固，无松动或锈烂，接地应良好。

（11）避雷针、避雷器。

正常巡视：

1）瓷质应清洁无裂纹、破损，无放电现象和闪络痕迹。

2）避雷器内部应无响声。

3）放电计数器应完好，内部不进潮，上下连接线完好无损。检查计数器是否动作。

4）引线应完整，无松股、断股。接头、连接应牢固，且有足够的截面。导线不过紧过松，不锈蚀，无烧伤痕迹。

5）底座牢固，无锈烂，接地完好。

6）安装不偏斜。

7）均压环无损伤，环面应保持水平。

特殊巡视：

1）雷雨时不得接近防雷设备，可在一定距离范围内检查避雷针的摆动情况。

2）雷雨后检查放电计数器动作情况，检查避雷器表面有无闪络，并做好记录。

3）大雾天气应检查避雷器、避雷针上有无搭挂物，以及摆动情况。

4）大雾天气应检查瓷质部分有无放电现象。

5）冰雹后应检查瓷质部分有无损伤，计数器是否损坏。

（12）直流系统。

1）直流母线电压应正常。

2）测量蓄电池电压、温度、密度应正常。

3）室温应正常。

4）蓄电池液面应正常。

5）室内应清洁，无强酸气味。照明、通风应良好。

6）电池缸不倾斜，表面清洁，无裂纹。母线连接处不锈蚀，凡士林涂层完好。

7）防酸隔膜式蓄电池的呼吸帽应清洁，无堵塞现象。

8）监视单瓶电压、浮充电流及电解液液面高度。

（二）变电站的事故处理

1. 变电站异常事故现象及判断

（1）基本概念。

1）电气设备的正常运行状态：电气设备在规定的外部环境下（额定电压、额定气温、额定海拔高度、额定冷却条件、规定介质状况等），保证连续（或在规定的时间内）正常地达到额定工作能力的状态，称为额定工作状态。

2）电气设备的异常状态：电气设备不能工作在规定的外部环境下或工作在规定的外部条件下，部分或全部失去额定工作能力的状态，称为电气设备的异常状态（如设备出力达不到铭牌要求，运行时间达不到规定时间，设备不能承受额定电压等）。

3）电气设备的事故：事故本身是一种异常状态，通常指异常状态中比较严重的或已经造成设备损坏、引起系统运行异常、中止了对用户供电的状态。

电力系统中的事故主要是电气设备事故和系统（停电）事故两大类，设备事故将造成系统局部停电，系统事故又可能导致设备损坏。

（2）异常状态和事故的判断。

电气设备发生事故时，通常都有预兆反映。值班人员要根据当时掌握的声音、弧光、气味、温度、油位、气体压力以及仪表、信号等现象做出准确判断，以提高处理事故的速度，尽可能限制事故发展的范围。

发生异常或事故时，大体有如下现象：

1）系统有冲击，表盘仪表指针强烈摆动。

2）继电保护或自动装置动作掉牌，灯光和音响信号出现，并可能伴有开关跳闸。

3）若事故发生在本所内，可能出现弧光、放电、爆炸声及其他不正常声音。

4）事故场地可能有烟火、焦味、烧损、破裂、变形、移位和喷油等不正常现象。

2. 事故处理原则

（1）迅速查清事故发生的原因，尽可能限制事故的发展，消除事故根源，解除对人身和设备安全的威胁。

（2）用一切可能的方法保持设备继续运行，以保证对用户的正常供电，设法保证站内电源，尽可能保证重要用户的供电。

（3）尽快对已停电用户恢复供电，尤其是对重要用户要优先考虑。

（4）将事故情况立即报告当值调度员，调整系统运行方式，使其恢复正常。

3. 事故处理一般要求

（1）各级当值调度员是事故处理的指挥人。运行值班负责人是事故处理的现场领导人，应对事故处理的正确性、迅速程度负责。因此，变电站运行人员与值班调度员要密切配合，处理要迅速果断。

（2）发生事故时，值班负责人应迅速向有关当值调度汇报。准确简要汇报事故发生的时间、现象、设备名称、编号、跳闸情况、继电保护和自动装置动作情况，以及当时频率、电压、潮流变化等，听候处理。

（3）发生事故和异常时，值班人员应坚守岗位，正确执行当值调度员和值班长的命令。值班人员如果认为调度命令有误，应该先指出，并做必要解释，如果值班调度员认为调令正确，变电站值班人员要立即执行，如果确认该调令直接威胁人身及设备的安全，那么现场值班人员必须拒绝执行该项调度命令，并将拒绝执行调令的理由报告值班调度员和总工程师，并记录在操作记录簿中，然后按总工程师的指示执行。

(4) 接班时发生事故，应该由交班人员处理，接班人员协助。在事故处理未结束或上级领导未发布交接班以前，不得进行交接班。

(5) 值班人员在处理事故时，除有关专业领导外其他人员均不得进入主控室和事故现场。发生事故时，变电站站长和专工应立即参加事故处理。必要时，站长或专工可以代理值班长指挥现场事故处理，但是应该立即报告值班调度员。

(6) 发生事故时，如果与调度通信中断，现场人员应按现场运行规程中有关规定进行处理，待通信恢复正常后立即向调度汇报。

(7) 变电站值班人员不要急于复归各装置的动作信号，以便分析处理时校对。事故处理时，必须严格发令、复诵、汇报、录音和记录制度。

(8) 发生事故时，当需要对威胁人身和设备安全的设备停电，隔离已损坏的设备或进行其他可自行处理的操作项目时，可不经调度许可自行操作，待任务结束后再向调度汇报。

二、变电运行管理

变电站的运行管理工作主要包括建立运行班组和配备必要的运行人员，认真贯彻各级岗位责任制，保证生产运行的正常，认真贯彻变电站运行管理制度，全面完成各项运行管理和技术管理工作，积极提高运行管理水平。

(一) 交接班制度

(1) 值班人员应按照规定的时间和行为规范的要求进行交接班，未办完交接手续前，不得擅离职守。

（2）交接班过程中，不得办理工作票和进行倒闸操作，不接待外来人员。

（3）在处理事故或进行倒闸操作时，不得进行交接班，交接班时发生事故及异常时，应立即停止交接班，由交班人员负责处理，接班人员协助。

（4）交接班时应按巡视路线全面认真地按交接班行为规范中规定的分工检查设备。

（5）交接完毕，双方值班长（主值）在运行记录簿上签字。

（6）交接班的责任。

1）接班人员应负责检查核对交接班记录，如有疑问必须询问清楚，否则接班后发生问题由接班者负责。

2）接班人员在交接班时间内，设备未检查或检查不细，接班后若发生问题，责任由接班者负责。

3）交接班期间发现或发生的问题，由交班负责人鉴定、记录。

（7）交接班内容。

1）周边系统和本站运行方式。

2）继电保护和自动装置运行及投退情况。

3）设备异常、事故处理、缺陷处理情况。

4）倒闸操作及未完的操作任务，维护工作的完成情况。

5）设备检修、试验情况、安全措施的布置、地线使用的组数、编号及位置和工作票执行情况。

6）钥匙、工器具、保险变更情况。

7）上级指示、命令。

8）其他内容。

（8）行为规范。

1）检查、核对模拟图与实际相符。

2）做好交接班运行记录，主要包括如下内容：

a 当时的运行方式。

b 设备检修及改扩建施工进展情况。

c 收到工作票张数及工作票执行情况，操作票的执行情况。

d 布置安全措施，接地开关（线）组数、编号及位置。

e 检查微机管理部分与实际一致，记录齐全。

f 检查安全用具、工器具、测量仪表等应齐全完好，并存放整齐。清理环境卫生，整理物品，定置存放。

g 上述准备工作应在交班前 15min 完成。

3）接班人中应提前 15min 在主控室集合，由值班长（主值）检查服装仪容符合要求后，准备接班。

4）交班值班长（主值）在模拟图前向接班人员全面介绍本值各方面情况（见交接班内容）。

5）接班检查。

6）接班值班长（主值）要根据上一班的介绍，简要布置本班人员要进行重点交接检查项目和注意事项，然后根据人员分工，分头进行检查。

7）接班人员检查完毕，应立即向值班长（主值）汇报检查结果，重点汇报发现的异常和交班人员交代不符的问题，如确有问题，应由交班人员说明情况或处理。

8）接班值长（主值）认为符合接班条件后，开始交接班仪式。

交接班双方全体人员在各自值班长带领下，在司令台两侧，相向一字横队站好。

交班值长（主值）报告："交班准备工作已全部做好。"

接班值长（主值）回答："接班检查未发现问题，现已具备接班条件。"然后在运行记录簿上签字。

交班值长（主值）在运行记录簿上签字后，带领本班人员离开主控室，交接班结束。

（二）运行值班制度

（1）值班人员要按领导批准的值班方式和时间进行值班，如需更改，应经单位领导批准。值班人员要按上级批准的值班方式和时间进行值班，不得私自调班和连值两班，值班表经运行工区领导批准后不得任意更改。500kV 变电站每班保持 3～4 人，220kV 变电站每班保持三人，110kV 变电站每班保持 2 人。

（2）值班人员在值班时间内，不应迟到早退，坚守工作岗位，不准擅自离开。如需离开时，必须经变电站负责人或主管部门领导批准，同时应有带班人员代替值班。在值班时间内要坚守岗位，不应迟到早退，不擅离职守，因故需要离开时，必须经站长或单位领导批准后方可离开。在值班岗位上，除收听天气预报外，不听无线电，不看电视节目，不打盹睡觉，不做与运行无关的任何事情。变电站电话是生产工具，不准在电话里谈天。

（3）值班人员在值班岗位上，应对系统运行情况了解掌握，随时检查和处理异常状态，不做与运行无关的事情。有人值班站内，任何时间值班室不得无人，值班人不能离开变电站。

（4）值班人员除维护设备、巡视设备和倒闸操作外，不得随意离开控制室。

（5）值班时间内值班长不能离开变电站就餐，应由值班人员代买饭菜带回，但控制室需保持两人以上。

（6）在值班岗位上要认真地做好值班工作，严格执行有关规程制度，做到严肃认真，一丝不苟。

（7）值班人员值班时要穿统一的值班制服，并挂好标志。值班人员在值班时间内，应衣着整齐，不准穿拖鞋，在巡视、维护和操作时不准穿背心、短裤和裙子。做好清洁工作，保持现场整洁，不准在运行设备附近挂烘衣服。不得利用工作关系对用户进行“吃、拿、要”等不正当行为。值班人员在接班和值班时间内严禁饮酒。做好防火、防盗、安全保卫工作，控制室严禁吸烟。

（8）在值班时间内，不准会客。如遇特殊情况须经领导同意，可在会客室（休息室）会客。非值班人员不得随便进入控制室、高压室和生产区域。提倡文明生产、室内外要保持环境整洁、场地平整无杂草、排水管道畅通；兄弟单位到站工作必须密切配合。高压配电装置场地禁止种农作物。设备要经常保持整洁，充油设备和电动机外壳无油秽，金属构架保持油漆完整。空仓位严禁堆物。变电站的户内外照明的亮灯率应保持百分之百。

（9）发生异常和差错情况，要如实反映情况，从中吸取教训，不得弄虚作假，隐瞒真相。

（10）值班人员必须严格遵守以下纪律：

1）控制室和高压配电室等场所不准吸烟，吸烟应到指定的地点，禁止流动吸烟。

2）要服从主管部门的调度操作命令（严重威胁设备和人身安全的除外），要听从指挥。

3）严格执行有关规程制度，执行规程制度要严肃认真，一丝不苟。不准自由散漫，有章不循，粗枝大叶，漫不经心。

4）值班人员在岗位上要认真做好值班工作，经常注意仪表的变化和继电保护的运行及动作情况，分析系统和电气设备的状态，准时抄表，定期进行各种检查和试验。对异常情况要加强监视。在值班岗位上要认真做好值班工作，严格执行有关规程制度。

5）要认真做好各种记录，字迹清楚，正确详细，不准马虎，含混不清，乱画涂改，伪造数据；各项记录要按规定记入各种记录簿。

6）要认真执行工作票、操作票及各项保证安全的技术组织措施，认真精心操作，做好交接班、巡视检查和定期试验工作。

7）按规定的时间路线，认真巡查设备，详细填写设备的运行状况。发现缺陷要按缺陷管理制度规定，及时准确地报告领导。

8）搞好安全、文明生产，保持现场清洁整齐。

（三）巡视检查制度

电气设备巡视是掌握设备运行情况，及时发现设备缺陷，消除事故隐患，保证安全可靠运行的重要措施。变电运行人员应按时认真巡视设备，对设备异常、缺陷要做好记录，认真分析，正确处理，按要求向上级汇报。

（1）值班人员必须认真地按时进行日常及特殊巡视，巡视时间包括：①交接班时；②高峰负荷时；③晚间闭灯时；④每4h应至少巡视一次。

（2）遇有下列情况，应增加巡视次数：

1）设备过负荷或负荷有显著增加时；

2）设备经过检修、试验、改造或长期停用后重新投入运行；

3）新安装的设备投入运行；

4）设备缺陷近期有发展时；

5）恶劣气候、事故跳闸和设备运行中有可疑现象时；

6）法定节假日及上级通知有重要供电任务期间。

站长（副站长、技术员）每周至少应对站内设备进行一次全面检查，值班人员应认真执行巡视设备并遵守以下基本规定：

1）值班人员巡视设备时，不得进行其他工作，不得移开或越过遮栏。

2）雷雨天气需要巡视室外高压设备时，应穿绝缘靴，并不得靠近避雷针和避雷器。

3）高压设备发生接地时，室内不得接近故障点4m以内，室外不得接近故障点8m以内，进入上述范围人员必须穿绝缘靴，接触设备的外壳和架构时应戴绝缘手套。

（3）设备巡视检查项目和标准按照各厂《现场运行规程》中的有关规定进行，采用看、听、嗅、摸、测等方法，综合分析设备运行状况。

看：设备的油色、油位、压力值、导电的各连接部分，瓷件及机械部分有无异常及损坏。

听：设备声音是否正常。

嗅：设备有无焦臭等异常气味。

摸：运行设备外壳（接地部分）温度有无异常。

测：导电部分接触面发热情况。

（4）每周站长应组织全站运行人员进行一次设备巡视并认真填写设备《巡视卡》。

三、变电站综合自动化及无人值班站

（一）变电站综合自动化

1. 变电站综合自动化

变电站综合自动化是将变电站的二次设备（包括测量仪表、信号系统、继电保护、自动装置和远动装置等）经过功能的组合和优化设计，利用先进的计算机技术、现代电子技术、通信技术和信号处理技术，实现对全变电站的主要设备和输、配电线路的自动监视、测量、自动控制和微机保护，以及与调度通信等综合性的自动化功能。

变电站综合自动化系统示意见图2-1。

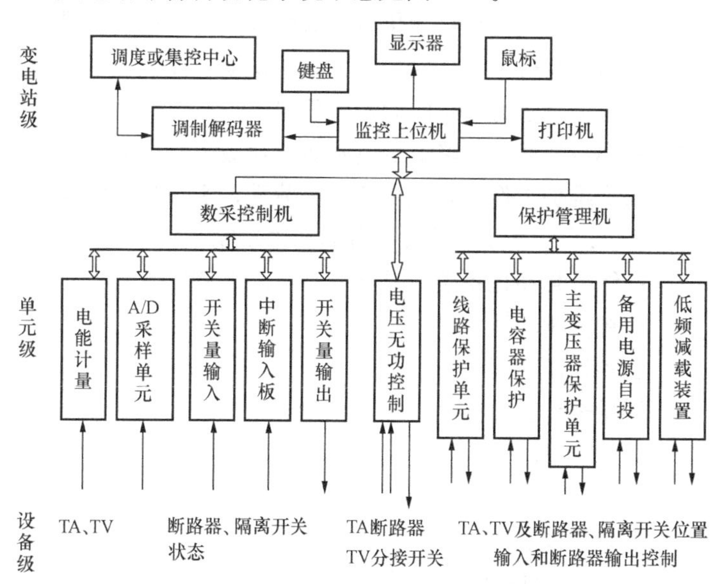

图2-1　分级分布式系统集中组屏的综合自动化系统结构框图

2. 变电站综合自动化系统的技术特征

变电站综合自动化是自动化技术、计算机技术、通信技术等高科技在变电站领域的综合应用。变电站综合自动化系统可以采集到比较齐全的数据和信息，利用计算机的高速计算能力和逻辑判断能力，可方便地监视和控制变电站内各种设备的运行和操作。因此，变电站综合自动化系统具有功能综合化、结构微机化、操作监视屏幕化、运行管理智能化等特征。

3. 变电站实现综合自动化的优越性

变电站实现综合自动化的优越性主要有以下几个方面：

(1) 变电站综合自动化系统具有无功、电压自动控制功能，可提高电压合格率，提高供电质量，并使无功潮流合理，降低网损。

(2) 变电站综合自动化系统中的各子系统大多数由微机组成，具有故障诊断功能，可提高变电站的安全、可靠运行水平。

(3) 变电站实现综合自动化后，运行数据的监视、测量、记录等工作都由计算机进行，既提高了测量精度，又避免了人为的主观干预，可提高电力系统的运行管理水平。

(4) 缩小占地面积，降低变电站造价，减少总投资。

(5) 减少维护工作量，减少值班员劳动，实现减人增效。

4. 变电站综合自动化系统具备的基本功能

变电站综合自动化系统应具备的基本功能有以下几类：

(1) 监视控制功能；

(2) 自动控制功能；

(3) 测量表计功能；

(4) 继电保护功能；

(5) 接口功能；

(6) 系统功能。

5. 变电站综合自动化系统需要采集的数据量

变电站综合自动化系统需要采集的数据量包括模拟量、开关量和电能量三类。

需采集的模拟量有各段母线电压，各主变压器、线路的电流、有功功率、无功功率，电容器的电流、无功功率，主变压器油温，直流电源电压，站用电电压等。

需采集的开关量有断路器的状态、隔离开关的状态、有载调压变压器分接头的位置、同期检测状态、继电保护动作信号和运行报警信号等。

电能量的采集包括有功电能和无功电能。

6. 对模拟量的采集方式

对模拟量的采集有直流采样和交流采样两种方式。

直流采样即将交流电压、电流等信号经变送器转换为适合于A/D转换器输入电平的直流信号。

交流采样则是指输入给A/D转换器的是与变电站的电压、电流成比例关系的交流电压信号。

(1) 交流采样的工作原理。微机经过电流互感器和电压互感器转换后的电流、电压等模拟信号（连续变化），通过A/D转换器转换为数字信号（离散的采样序列），然后再通过监控。所采用的交流采样的基本原理和微机保护类似。它们是把数学运算得到所需要的电流、电压的有效值（或峰值）和相位以及有功功率、无功功率等量；还可以通过数学运算得到它们的序分量、线路和元件的视在阻抗、某次谐波的大小和相位等。

(2) 直流采样的特点。

1) 直流采样对A/D转换器的转换速率要求不高，软件算法简单。只要将采样结果乘上相应的标度系数便可得到电流、电压的有效值，因此采样程序简单，软件的可靠性较好。

2) 直流采样因经过整流和滤波环节，转换成直流信号，因此抗干扰能力强。

3) 直流采样输入回路，因要滤去整流后的波纹，往往采用R-C滤波电路，其时间常数较大，因此采样结果实时性差，而且无法反映被测模拟量的波形，尤其不适合于微机保护和故障录波。

4）直流采样需要变送器屏，故增加了设备投资和占地面积。

（3）交流采样的特点。

1）实时性好。

2）能反映原来电流、电压的实际波形，便于谐波分析和故障录波。

3）有功功率和无功功率是通过采样得到的 u、i 计算出来的，因此可以省去有功功率和无功功率变送器，节约投资并缩小量测设备的体积。

4）对 A/D 转换器的转换速率和采样保持器要求较高（一个周期内，必须有足够的采样点数）。

5）测量准确性不仅取决于模拟量输入通道的硬件，还取决于软件算法，因此采样和计算程序相对复杂。

7. 变电站综合自动化系统的通信任务

综合自动化系统现场级的通信方式有并行通信、串行通信、局域网络和现场总线等多种方式。

变电站综合自动化系统的通信任务包括系统内部的现场级间的通信和自动化系统与上级调度的通信两部分。

综合自动化系统的现场级通信，主要解决自动化系统内部各子系统与上位机（监控主机）和各子系统间的数据通信和信息交换问题，它们的通信范围是变电站内部。

综合自动化系统与上级调度的通信，应该能够将所采集的模拟量和开关状态信息以及事件顺序记录等远传至调度端，同时应该能够接收调度端下达的各种操作、控制、修改定值等命令。

8. 变电站的远传信息

变电站需要把所采集的重要信息送给控制中心，同时变电站也需要接受控制中心下达的各种命令。由变电站向控制中心传送的信息，通常称为“上行信息”；而控制中心向变电站发送的信息，称“下行信息”。变电站与控制中心之间相互传送的这两种信息统称“远传信息”。

变电站的远传信息一般分为遥测、遥信、遥控和遥调四大类。

（1）遥测。遥测又称远距离测量，是在离开测量对象的场所进行的测量。在电力系统中主要是在调度所通过远动装置，测量各发电厂或变电站的电压、电流、功率、电量、频率以及火电厂的汽压、汽温，水电站的水位、流量等。

按遥测的工作方式，分为循环传送遥测、问答传送遥测，个别地方还采用连续传送遥测。

（2）遥信。遥信即远距离传送信号。在电力系统中主要是将各发电厂、变电站的断路器位置信号，以及继电保护装置的动作信号等传送到调度所，使调度人员能及时掌握电力系统的运行状态。

遥信的工作方式有变位传送遥信和循环传送遥信两种。

（3）遥控。遥控即远距离控制。调度人员在调度所内通过远动装置，对发电厂或变电站的断路器等进行远距离操作，使其改变运行状态，这样便于调度人员及时迅速地处理电力系统故障，以保证用电的安全可靠。

（4）遥调。遥调即远距离调节，在发电厂和变电站具有较高的自动化水平时，调度所就可以利用远动装置对变压器分接头、同期调相机的励磁调节装置、静止补偿器等进行调节，以保证电压的稳定；同时也可利用远动装置对发电厂的出力或发电机组的出力进行重新分配，以保证整个电力系统在最佳运行方式下运行，达到安全经济地发、供电。

（二）无人值班变电站

无人值班变电站是相对于有人值班变电站而言，是指借助微机远动技术由远方值班员代替现场值班员的一种先进的运行管理模式。

无人值班变电站与变电站综合自动化即相互有联系，又各有不同的特点。无人值班是一种管理模式，而变电站综合自动化是一种将二次设备功能组合和优化设计后的自动化系统。变电站实现了自动化不等于实现了无人值班，它可以是有人值班、无人值班或少人值班等多种管理模式之一。而无人值班变电站可以采用常规的自动化系统，也可以采用综合自动化。综合自动化系统与无人值班不存在固有的依赖或前提关系，可以互相支持，也可并行不悖。

1. 实现无人值班站应具备的条件

（1）管理条件。

1）有一支具有一定文化和技术素质的员工队伍，能够胜任操作、维护工作。

2）无人值班变电站的建设是管理模式的变革，应有相应的完善的运行管理制度。

（2）技术条件。

1）变电站主接线简单，运行方式简单。

2）一次设备健康状态良好，继电保护、直流系统及站用系统设备能够做到免维护或少维护。

3）具有可靠的信号通道，一般应有两种不同方式的信号通道。

4）配有工作稳定、可靠，运行维护简单的远动/自动化设备。

5）无人值班变电站的设计应考虑发展的需要，既要具有一定的先进性，也要从实际出发，经济实用。

2. 自动化设备

（1）远动设备。远动设备是调度自动化系统的一个重要组成部分，包括远动终端设备、变送器及远动输入、输出设备等。

1）功能。变电站远动终端即RTU，是变电站自动化的核心设备，所有远动功能均需靠它来实现。RTU的基本功能就是四遥，即遥测、遥信、遥控、遥调。

RTU 还具有以下功能：转发信息、当地操作、装置内部调整、事件顺序记录及存储整点数据和异常状态数据功能。

2）信息的内容。

a 模拟量，包括：①主变压器有功功率 P、无功功率 Q、电流 I；②输电线路有功功率 P、无功功率 Q、电流 I；③配电线路有功功率 P 或电流 I；④并联补偿装置的电流 I；⑤10kV 母线电压 U；⑥直流系统母线电压或蓄电池电压 U。

b 数字量，包括：①电网频率；②主变压器和输电线路的有功电能、无功电能；③配电线路的有功电能。

c 状态量，包括：①位置信号——断路器、隔离开关分、合闸位置；②动作信号——继电保护动作信号、事故信号、预告信号等；③其他信号——通道故障信号、消防报警信号、RTU 电源停电信号。

d 非电量，包括：主变压器温度信号等。

（2）其他自动化设备。

1）场地照明自动控制。

2）安全警报。

3）变电站放火。

4）图像监视。

3. 无人值班变电站的运行管理

无人值班变电站无论是否撤人，变电站运行管理工作量并未减少，运行管理必需加强。

（1）运行管理。

1）运行管理责任。在无人值班变电站，常规模式变电站的运行人员的工作被分为两部分：

一部分是运行监视、抄表，进行设备操作，由调度室或集控中心值班员，通过自动化系统在远方进行。

一部分是设备巡视检查、运行维护、倒闸操作、布置安全措施和现场事故处理，由巡检班到变电站现场进行。

无人值班变电站采用的是远方值班员加巡检班的管理模式。

远方值班员主要职责：

a 运用遥测、遥信信息，随时掌握变电站设备的运行情况。

b 按电力调度的安排，运用遥控、遥调功能，对变电站进行日常和事故处理操作。

c 填写运行日志和事故、异常处理记录。

巡检班主要职责：

a 定期或不定期对变电站设备、设施进行巡视检查、填写有关记录、报告。

b 负责进行变电站的停、送电操作，布置安全措施。

c 更换熔断器等一般性维护工作。

d 对危及人身、设备安全的情况进行处理。

e 电气检修班负责变电站设备的定期试验，大、小修及消缺工作。

2）运行管理制度。无人值班变电站应建立完善的运行管理制度，内容包括：

a 岗位责任制：调度员、远方值班员、巡检班及设备专责人的岗位分工和职责。

b 设备专责人负责制。

c 设备巡视检查。

d 设备的运行维护制度。

e 常规变电站的其他运行管理制度。

3）运行技术管理，主要内容如下：

a 变电站一、二次设备、通信、远动/自动化系统的运行、操作和维护。

b 健全无人值班变电站的台账、资料及有关的运行维护记录。

c 制定防止误操作的组织和技术措施。

d 加强运行管理微机化管理。

(2) 设备的运行与维护。

1) 远方操作，无人值班变电站一般远方操作包括以下内容：

a 根据当值调度的命令，进行线路、变压器的停送电操作。设备检修进行开关操作、布置安全措施由巡检班到变电站现场进行。

b 依据电压曲线进行补偿电容器装置的投、退，利用遥调进行变压器分接头的有载调整。

c 线路事故跳闸后，根据实际情况进行遥控试送电。

d 进行安装有遥控手段的继电保护投、退，保护装置动作信号的复归等操作。

2) 设备的巡视检查。无人值班变电站的设备巡视检查由巡检班负责，一般每月至少巡视一次。遇特殊天气、高峰负荷、系统事故后及各类保电时期，应增加巡视检查的次数。

巡视检查的项目除按正常设备巡视检查项目进行外，还应包括如下内容：

a 设备各种接头是否发热，进行定期的红外线测温。

b 检查变电站直流系统运行情况，进行领示电池测试。

c 检查通信及远动/自动化设备的运行情况。

d 检查站内消防设施、电缆沟及站内照明情况。

e 检查变电站安全保卫设施情况。

每次巡视检查后，均应认真做好记录。巡视中发现工作量较小且不需停电的缺陷，应及时进行处理；若有危及设备或人身的事故性隐患，应及时汇报，并采取必要的措施。

(三) 配电网自动化

配电网自动化是将配电开关状态的监视与控制，负荷控制，电气自动检测，电容器自动投切，自动调整电压等工作用自动装置来完成，减少人工的干预。

完善的配电网自动化系统应具备三项基本功能，即监视、控制和保护功能。配电网自动化系统的基本结构见图 2-2。

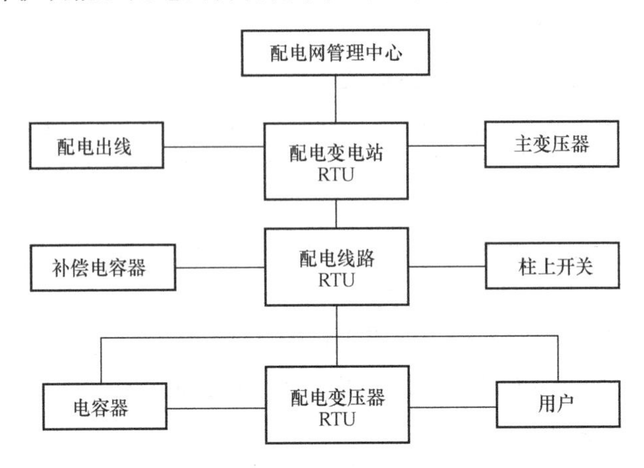

图 2-2　配电网自动化系统结构框图

配电网自动化系统主要由配电线路自动化和用户自动化两大部分组成。

1. 配电线路自动化

配电线路自动化包括线路开关的自动监控和配电线路管理信息的自动搜索，是靠配电线路自动化计算机系统和配电线路开关远方监控系统来完成的。为了实现配电线路自动化，在配电网中广泛应用一些新技术，如自动重合器、自动分段器及配电线路故障自动检测技术等。

2. 用户自动化

用户自动化主要包括负荷集中控制系统和遥测抄表系统。

（1）负荷集中控制系统。负荷集中控制，可以减少昼夜负荷差，改变负荷率。一般由设置在营业所的指令装置发出指令，使变电站的收发信机发出控制信号，用户终端的收信机接收到控制信号后，自动执行投、切负荷命令。

（2）遥测抄表系统。由营业所对大用户进行电量检测，即远方自动抄表，可以有效地节约劳动力、提高工作效率和加强负荷管理。

为实现远方抄表，需配置双向的信号通道，并配备具有存储和收发功能的表计终端。一般的工作方式有三种：

1）表计终端编码直接向中央装置发信方式。

2）中继器集中各表计终端的存储数据，再由中继器编码向中央装置发信方式。

3）中央装置向各表计终端循环走查方式等。

第三节　变电检修及管理

变电设备的检修是变电专业管理的重要内容，有着极为丰富的内涵。检修质量标准高低直接关系到设备安全、经济的运行，关系到供电系统稳定及其可靠性。所以变电检修是变电管理的重要一课。在当今社会现代化大生产中，电力要先行有着举足轻重的地位，学好和掌握好变电检修专业技能是服务好电力工作的基本条件。

一、变电检修管理

变电站内的设备简称为变电设备，是广义的理解。它大致分为两大部分：第一部分为高电压等级输入（出）式升（降）交流电压的设备，我们称为一次设备，第二部分是控制高电压等级的低压保护、传动操作系统，通常以直流低电压的元件构成，我们称为二次系统。通常狭义的变电设备是指一次高压设备。本章论述的变电检修内容泛指一次高压设备。如变压器，断路器，电压、电流互感器，隔离开关（刀闸），电容器（组），母线（引线），避雷器等。由此构成变电设备系统，完成输电网的变（配）电功能。对上述设备的安全运行是靠一定规模和必需的投入来做保障的，这就是变电检修的管理。

变电检修管理是日常生产工作管理的重要一环。检修管理有着严格规范和准则，使其作用在运行设备的完好率和可靠使用率上，以保障供电的可持续性，安全可靠性，它的准则也就是原则，它的规范性指标也就是检修管理的目标。

（一）检修管理制度定义

检修管理制度是检修工作必须履行和遵守的纪律，是规范专业行为准则的要求。所以检修工作的管理必须依据制度要求规范性的进行。

检修管理制度有着极为严格的科学程序和权威技术部门界定。我们通常在管理制度上执行着各电力公司制定的标准，有的制度是随着设备的更新或技术标准变更而改变的，无论制度发生怎样变更，作为执行检修管理制度者都要自觉遵守检修管理原则，即应修必修，修必修好和坚持预防为主，安全质量第一，努力实现计划检修与动态检修相结合的管理。从而完成好检查管理的中心任务，即保障变电设备可用率、可靠性，使投运设备全年完好率在100%，杜绝三类设备，为电力系统的安全、持续、经济运行供电作好基础保障。

（二）检修管理制度内容

检修管理内容大体如下：

1. 设备状态管理

(1) 设备总有量（容量）：已安装交付使用和建档考核（统计）的设备。

(2) 设备投运量：符合运行技术标准要求，在网络系统运行的设备。

(3) 设备完好率：满足供电性能要求并无缺陷隐患，可正常运行的设备与设备投运台数之比。

(4) 设备可靠性（率）：设备按计划要求可持续供电运行与停电检修之比。

2. 设备检修类别

设备检修应严格参考各单位《工艺导则》和《技术规范标准》进行，这是检修管理必须坚持的原则。在日常检修管理中有以下类型：

（1）小修：这是对设备进行定期维护检查、清扫、试验及一般性处理缺陷的检修过程。通过小修使设备在大修周期内保持原值功能，安全地运行。

（2）大修：这是对设备周期性的标准性检修，通过大修过程，使其设备恢复原值功能。在大修中可将设备进行解体全面检查、缺陷处理、技术改造和局部改进，这是检修中最大的工作量实践，是贯彻工艺标准和执行规范内容最多、最为复杂的过程，所以此项工作应高度重视和充分准备。

（3）抢修：这是对设备发生故障被迫紧急停运的一种检修。对设备损坏或故障部分进行快速检修，以达到功能恢复标准，这里要体现一个快，是非常规的检修。

（4）状态检修：这是对设备预知性检修，通过对运行中设备的在线监测得到的诊断结论，将结论信息进行有的放失地快速检修。这种检修较为准确、经济，是检修管理中一项新内容，有着广泛前景。

3. 缺陷管理

日常管理工作应该以缺陷统计和编制消缺计划为重点，缺陷管理是检修管理的重要工作内容。

（1）一类缺陷，危急重大缺陷，已对安全运行构成极大威胁，应在当日进行处理。

（2）二类缺陷，设备已存在故障，但还有少许时间允许准备，可通过辅助性手段使其设备再维持运行一段时间，这一类缺陷应在周内进行处理。

（3）三类缺陷：一般性缺陷，不构成设备安全运行隐患，可随计划检修期到来进行处理。

以上三类缺陷管理要求是，杜绝一类设备考核挂账（月考核不应挂账，应为零积累）；二类缺陷月度控制小于5%，三类缺陷不要求。

4. 停电检修管理

一台运行中的设备在将要计划实施检修时，有很多工作预先进行，这就是常说的工作前准备，这方面大致有以下管理要求：

（1）提出停电申请计划和检修性质，对有关部门还需提出工作内容。

（2）制订工作方案，拟定出工作的安全措施、组织措施、技术措施，并征得有关管理部门的审核通过。

（3）参与检修工作的技术人员进行技术交底或专业培训，对重点部分要有明确的人员分工，即责任到人。

（4）必备的物质器材、备品、材料、工具等要落实，并在工作前安置到位。

（5）技术档案资料、工艺导则、规范要备齐，现场工作工艺流程作业单（记录卡）要落实，以便使用。

（6）工作票签发及任务单等相关手续预先办理，以方便工作之用。

（7）安全监督和安全作业管理上有关事宜要进行认真检查落实，如现场安全员的落实，必需的安全工作防范设施等。

5. 设备台账档案管理

设备一经编制在投入运行，就应建立管理好设备的技术台账档案，每台设备都应有单独完成的技术资料，它包括设备参数、出厂序号、工位编号、投运编号、投运日期、出厂日期、技术图纸、使用说明书、产品合格证、出厂试验报告、投运前的交接试验报告等。在日常的管理中对设备还要有运行大事记录要案，对设备在使用期内发生的异常、故障下的检修要有详细的记录及相关的报告，同时，还应根据管理需求确定该设备的健康水平评定级别。

6. 检修计划管理

检修计划管理是变电检修管理的一项重要内容，在日常工作管理中，是遵循年或月的生产检修计划，并严格执行着。作为检修管理特别要提出计划管理，它有以下内容。

（1）编制次年度自检设备大修计划及技改工程、设备增容改造等计划（此计划由省公司进行批审）。

（2）编制大修及相关工程预算、决标书、开竣工报告、大修工程总结等。

（3）编制月度自检设备计划（此计划由分公司批审）。

（4）编制非停电设备检修工作计划。

这是对单位内在日常检修管理中对备置设备或修前准备的辅助性工作的安排，也涉及运行中的设备不需停电，进行第二种工作票内容工作。

（5）各项考核指标体系的文秘管理。这是在检修管理中涉及有关技术方面考核内容的一种管理。如设备可靠性报表及统计、设备大修完成率统计、设备无渗漏动态考核统计、反措落实完成报表及统计、检修质量考核统计、缺陷消缺考核统计、断路器的正确动作（无拒动、误动）率统计、设备年度预试完成率统计、工作票执行合格率统计等。随着企业达标管理不断升级，管理还有三标一体的周报、月报设备动态考核；行业对标中的设备考核对比统计等。

二、变电设备检修

设备检修是通过具有专业岗位技能资格的工程技术人员对设备所应具有的功能或原值进行恢复的过程式工作手段。这一工作手段具有简单的体力劳动，同时也是有更多体现在知识性、科学性的脑力劳动。所以说今天的检修一词不同于传统意义的，有新时代特征下的综合性、复杂性要求，在现在的变电设施中，既有传统下的旧设备（20～30 年运龄），又有科技含量较高，技术性能综合性、复杂性于一体的新设备（2～3 年运龄），这对目前的生产检修管理带来了许多难题，更多体现在人员对新产品的接受、新专业知识补充不足上。在所涉及变电设备检修上有：主变压器检修；高压断路器检修；隔离开关（刀闸）检修；电流、电压互感器检修；避雷器、电容器、电抗器、熔断器（小四器）检修，母线、金具绝缘子检修，站用变压器、消弧线圈检修等，属于服务变电站一次系统的设备检修都归变电设备检修。下面将变电设备检修逐一介绍：

（一）变电器检修

变压器的检修有着严格的工艺规程和工序流程，要求有预案，即技术措施保障体系作为规范工作指导。否则难以保证其工作的质量。

变压器大修的检修运行周期4～5年，涉及的内容多而广，有的结合技改进行。除此以外，一般性的检修为小修或临修维护。主要内容是缺陷处理和维护检查试验。

1. 大修内容

主变压器大修是将设备进行解体，将各部器件进行标准化检查，培训式检修。有的是检修人员通过检测手段来完成检修目的，有的则是用必需工艺程序手段进行修复性或消缺来实现检修目的。其具体工作内容有：

（1）变压器内的检修：如芯体部分中轭铁、夹件、压环、线包、引线、紧固螺栓、铁芯接地、分接开关、绝缘筒、屏蔽罩等。

（2）变压器外部的检修：如外壳表面焊口、油管阀门、密封装置垫件、油枕瓦斯、有载无载开关、压力释放阀及热耦温度计装配、通风冷却装置等。

（3）绝缘部分：如高中低压侧的绝缘套管、接地小绝缘支柱。

（4）油量化学：如油量化学性质处理（漏油检测）。

（5）电气性能及特性试验。

（6）真空度试验。

（7）设备除锈喷刷漆等。

2. 变压器一般性检修

变压器一般性检修是指在大修周期内对一段时间运行后的变压器的维护性保养检查或消缺，使设备能够保持安全运行并能顺利达到下一大修期的辅助性“保值”工作，通常有以下工作内容。

（1）外观检查；

（2）渗油处理；

（3）油位调整；

（4）通风冷却装置检修、传动、风扇、轴承加油维护；

（5）引线装配检查；

（6）无载分接开关、分头调整后做分离角检查；

（7）有载开关做换油后的触头检查；

（8）设备清扫、清洗及防腐刷漆等；

（9）保护传动（瓦斯）检查；

（10）油务化学采样分析检查。

（二）高压断路器检修

高压断路器又称高压开关，它的作用是完成断开与接通负载电源（电流），在保护装置的配合下，能断开故障电路和自动接通电路的电气设备。

断路器的检修是通过人工的投入和技术性的投入以及必需的物质（备用件）的投入将其性能恢复原值，达到额定的技术参数标准的一项工作。断路器检修有着严谨的工艺操作程序和技术要求，参加该项工作的人员应是具备岗位技能。系统运用的断路器大致上有多油或少油断路器（DW、SW、SN 系列），SF_6 断路器（LW、LN 等系列），真空断路器（ZN 系列）等，所配机构有电磁机构、液压机构、气动机构、弹簧机构等。断路器检修是一项技术要求很强的工作，工艺过程难度大。

1. 大修

大修是检修过程最全面彻底的一项工作，是对设备通过解体分解进行检查，检修或技改完善的过程，是对设备的缺陷予以彻底恢复的检修。这项工作难度大，要求高，故应高度重视。其检修内容有灭弧室检修，导流回路检修，气道（阀）、油气（气室）

检修，密封装置（垫、片）检修，绝缘瓷套检查，传动变直机构（杆件）检修，操作机构检修，设备整体防腐检修（刷漆）；真空开关灭弧室只做外观检查和真空度试验（耐压），不做检修要求（真空度破坏或回路电阻超标进行更换）；最后是断路器做电气性能和机械特性检测、传动、调试。

2. 小修

小修是大修周期内的一项辅助性补充，是对设备在计划或非计划停运时的一项维护性检修。在小修中对一般性缺陷进行处理检修，通过这种方式使该设备在下一大修期内能持续安全稳定运行。其一般检修内容有设备清扫外观检查，油位或气压进行调整式补充并进行化学检测，导流回路测试及简单性电阻过大处理；渗漏处理；机构动作传动检查（做分闸低电压动作检测调整）等。

3. 抢修

抢修是一项特殊性和极易遇见的检修，这是对设备临时发生故障即危急严重缺陷设备必须停检的过程，采用科学态度，以工艺标准为指导下的一种快捷方式，在不影响设备性能前提下，可采用替代工艺处理进行设备恢复的检修。在下一个计划检修时予以恢复。

（三）隔离开关检修

隔离开关又称刀闸，这是在无负荷（电流）下进行操作，断、合电路，使回路中有一明显开闭点（处）的设备。此项检修较频繁，大多是以临修、小修为主或维护。

1. 检修类别

（1）大修：周期大修一般随主设备进行，也可独立进行。

（2）小修（临修）：设备在计划停运或因系统调整而临时停运时进行的检修。可进行消缺和扫除。

（3）抢修：这是在故障严重，或在操作时临时出现的影响工作的故障下进行的检修，以修复性可使用为原则。

2. 检修内容

(1) 大修方面：大修是对开关进行解体检修，对导电回路(触头、导电杆、软连接、旋转部位)，绝缘支柱，变直传动机构(杆、销、垫)，操作机构(手动、电动)，接地装置，闭锁装置，限位装置等进行检修，并在检修后做一系列调正检测，如开距、同期、距离(对地、相间)、触头扣合深度、间隙、接触电阻、闭锁、限位等。

(2) 小修方面：小修是对局部检修或对设备清扫检查，一般有外观检查清扫；导电回路检测；传动杆销拉合检查；闭锁、限位检查，触头接触、同期检查调正；接地装置检查调正；机构清扫、清理、检查等。

(3) 抢修方面：这是针对性的检修，以损坏为对象进行快速检修。

3. 检修标准

开关在检修过程中应参照各单位《工艺导则》或有关技术规程进行。厂家提供的《安装使用说明》更具有指导性，开关设备的厂商较多，各技术标准不一，应参照厂方提供的技术资料，掌握“修必修好”的原则，恢复设备原有功能。在采取替代工艺时，应以满足设备性能和安全运行为基本点，在有条件时应将替代工艺恢复原状。

(四) 电流、电压互感器检修

在日常设备检修管理中，互感器检修是较一般性检修，以小修为主的形式较多。大修工作很少。互感器的特点是磁感传递，故从性能上只是绝缘要求，缺陷率较小，通常有局部密封损坏造成渗漏、导流变比接头接触不好发热、油绝缘降低或色谱老化等，检修人员在进行上述缺陷处理工作中，应参照有关互感器技术规程进行，其工艺要求同其他设备检修要求大体一致，应注意比对参照执行。

1. 小修

小修内容有外部检查清扫、导流接线端检查、二次端子接线板绝缘检测、油位调整、渗漏处理和绝缘电气检测。

2. 大修

大修内容有内部解体检查、更换密封垫、换油、铁芯（柱）线圈引线检查、真空注油、整体防腐刷漆和电气性能试验等。

（五）母线、绝缘子检修

母线是变电设备中重要组成部分，它是工作电流的载体，在故障时通过的短路电流极大，室外母线则要经受户外环境下的各种不利因素，如风、雨、雪、日晒、冰冻等的侵蚀、氧化，造成局部电阻增大，产生过热，熔断导线，形成事故。绝缘子是母线系统中的部件之一，如污秽严重将造成闪络、击穿，对母线构成隐患，为此这方面检修是日常检修管理工作的重要一环，不容忽视。

母线检修重点内容有：

（1）母线外观检查：此项检查是对有无断股、松股、伤痕、裂痕的检查。

（2）母线电阻率检测：以取段为参考，检测接头氧化程度。

（3）母线固定金具检查：金具变形情况、强度固定紧固情况。

（4）绝缘子检查：绝缘子电气性能测试，绝缘子表面烧蚀情况检查。

（5）母线局部外伤检修：按常规工艺如缠绕、并接、压接、换线等。

（6）矩形母线（硬母线）检修。

1）接触压力、电阻值检测；

2）接触面检查；

3）相间距离、对地距离检测调整；

4）铜铝过渡、装配、防氧化工艺处理；

5）相色漆刷涂。

（7）母线金具检修。

1）金具变形检查；

2）紧固强度外观检查（防裂纹）；

3）压板块间隙余量检查；

4）伸缩节变形检查（无断裂、氧化）；

5）不同形状母线有着不同的工艺标准，应参照相关标准进行。

（六）电容器、电抗器、避雷器、熔断器检修

电容器、电抗器、避雷器、熔断器统称为变电设备的“小四器”，在变电系统有着不可替代的作用，在日常设备检修中，“小四器”一般检修量还是较多的，但难度不大，大多表现在小修范围内的工作，如外观检查、清扫，绝缘部分检查，电抗器处理渗油及接头发热绝缘介质补充，电容器变形更换，电气性能的测试，设备损坏后进行的更换等。

上述“小四器”的检修技术标准有着独立的要求，在检修中应参照相关标准进行。

（七）站用变压器、消弧线圈检修

站用变压器、消弧线圈同属一类电气设备，在日常维护检修中参照变压器相类同的部位进行，它是变电检修中一项较易掌握的技能。

第四节　继电保护装置及二次回路的运行

一、继电保护装置的运行

（一）一般规定

（1）继电保护及自动装置（以下简称保护装置）的投入和停用及保护压板的投退，必须按所属调度命令执行，但遇到保护装置异常危及系统安全运行时，允许先停用后汇报。

（2）保护装置投入和停运后，应立即报告所属调度，并将保护装置的种类、投停原因、时间等记入运行工作记录簿内。

（3）所有电气设备在送电前，应按所属调度命令将保护装置

投入运行，严禁电气设备无保护运行。

（4）为防止接有交流电压的保护装置误动，在运行和操作过程中，不允许保护装置失去交流电压。无法避免时，经所属调度批准后，可退出保护装置的跳闸压板。

（5）多电源变电站，当仅由一条电源线路受电时，该线路断路器的所有保护装置必须退出运行（纵联保护有特殊要求的除外）。

（6）变电站值班人员进行倒闸操作注意事项。

1）高压电气设备无瞬动保护不允许充电。母联、分段、旁路断路器的充电保护，仅在给母线充电时投入，充电完毕后退出。

2）线路及备用设备充电运行时，应将重合闸和备用电源自动投入装置临时退出运行。

3）双母线进行倒母操作时，相比式母差保护应先投入非选择性（比率制动式母差先投入互联压板），后取下母联开关控制熔丝。

4）双母线上各有一组电压互感器时，正常情况下母线所接各元件的保护装置交流电压应取其所在母线的电压互感器。

5）双母运行的母联断路器，除母差、失灵、主变压器后备保护外不准投入任何保护（有特殊规定除外）。

6）备用电源自投装置必须在所属主设备投运后投入运行，在所属主设备停运前退出运行。

7）旁代时，代路断路器的保护定值必须符合被旁代线路的定值。

（7）在保护装置及二次回路上工作前，运行人员必须严格审查继电保护工作人员的工作票，更改整定值和变更接线一定要有批准的定值通知单，才允许工作。凡可能引起保护装置误动作的工作，应采取有效防范措施。

在继电保护工作完毕时，运行人员应认真检查验收，如拆动的接线、元件、标志等是否恢复正常，压板位置、设备工作记录所写内容是否清楚等。所有保护装置交流回路工作后，继电保护人员应检查回路正确，并检查相位、相序、幅值正确。

(8) 新投和运行中的保护装置定值，应由定值计算部门下达，定值更改后，运行人员应先与调度核对定值单号正确，再投入运行。保护装置定值通知单的一联应保留在变电站。

(9) 新安装和改变回路的保护装置在投运前，其图纸、资料应正确齐全并由改动人签字。

(10) 带方向性的保护和差动保护新投入运行时，或变动一次设备、改动交流二次回路后，均应用负荷电流和工作电压检查向量。未经向量检查的差动保护，在变压器、线路充电时投入，正式带负荷前退出跳闸压板做向量检查，正确无误后，方可正式投入运行。

(11) 变电站值班人员应熟悉保护装置，发现负荷电流超过保护允许值时，应立即汇报所属调度。

(12) 不允许在未停运的保护装置上进行试验和其他非常规测试工作，也不允许在保护未停运的情况下，用装置的试验按钮做试验（除闭锁式纵联保护的启动发讯按钮）。

(13) 每值接班时，应认真查看继电保护及自动装置工作记录，及时了解保护装置变更情况、有疑问及时向交班人员提出，并对保护装置进行一次全面检查，其项目如下：

1) 保护装置压板投停正确，与一次设备运行方式相符；

2) 运行中的保护装置交流电压开关在合闸位置；

3) 保护装置门应关好，继电器外壳应盖好，外观整洁；

4) 继电器无异常过热，内部无水蒸气；

5) 继电器接点无强烈抖动和烧坏现象，螺丝无脱落；

6) 保护装置所属的熔丝、监视灯、各控制切换小开关位置指示正确可靠，信号正确；

7) 检查打印机工作正常，打印纸充足。

（14）值班员在正常情况下允许操作的保护装置如下：

1）各操作熔丝、信号开关（保险）、保护装置的压板；

2）保护装置屏面上的方式切换把手，试验、复归按钮，高频收发讯机直流电源；

3）微机保护打印旁代定值单，用规定的方法改变定值区；

4）严禁用保护“复位”按钮复归保护信号。

（15）运行中的保护装置不能随意拆动二次线。

（16）值班人员发现保护装置异常时，应按下述方法处理：

1）电流互感器二次开路时，应迅速通知调度调整运行方式，将负荷减小，并停用相应的保护装置。

2）电压回路断线应首先正确判断故障，立即处理；如果故障原因不明不能立即处理者，汇报调度将与故障电压回路相关的保护退出，待电压恢复正常后，方可恢复。

3）发现保护装置异常，汇报所属调度。

4）运行中的保护，在失去直流电源时，应立即退出保护出口压板，并查明原因，待电源恢复后，装置工作正常，方可投入出口压板。

（17）运行中严禁值班人员调出微机保护定值菜单修改保护定值，仅允许值班人员打印定值或核对定值。

（18）当光纤保护的通道或PCM发出告警信号后，应立即汇报调度。若伴随有保护装置异常，应汇报调度退出有关保护压板。

（19）电容器组保护动作后严禁立即试送，应根据动作报告查明原因后再按规定投入运行。

（二）微机保护运行中的注意事项

1. 运行中的注意事项

（1）装置在运行中不得随意进行面板操作。

（2）装置运行中应将“远控、就地”位置开关打至“远控”位置，并不得随意改变。

（3）运行中，运行监视指示灯不亮或告警灯亮，应迅速查明原因，若一时无法处理应立即通知专业人员处理。短时不能消除时，应根据调度命令将装置停用。

（4）倒闸操作时，在远方监控操作正常情况下，严禁开关就地进行停送电操作。

（5）保护装置动作后，运行人员应在后台机检查报文及开关状态，或通过保护装置液晶显示屏检查保护动作情况。

2. 微机保护装置投运前应检查

（1）检查保护直流快速开关、交流电压快速开关在合位；

（2）检查装置电源开关在“ON”位，电源指示灯亮；

（3）核对定值正确；

（4）按调度要求投入保护压板、保护出口压板及重合闸压板，检查保护各切换开关位置正确；

（5）当断路器在合闸位置且重合闸在投入时，应检查重合闸充电指示灯明亮。

3. 微机保护装置的退出

（1）整套保护退出只需将“保护跳闸出口”压板和各“失灵启动”压板退出即可；

（2）部分保护退出运行时，根据调度命令断开相应的保护压板。

4. 微机保护运行中需要检查项目

（1）电源指示灯亮；

（2）运行监视灯指示正确；

（3）开关位置、电压切换、重合闸充电灯指示正确；

（4）定值切换开关位置正确；

（5）同一线路的两套综合重合闸方式切换开关位置必须一致；

（6）其余的信号灯均不亮；

（7）打印纸充足；

（8）保护压板投退正确。

5. 微机保护装置异常处理

当装置出现异常发出告警信号时，运行人员应及时记录时间，检查保护屏面板信号灯指示情况，做好记录并按复归键消除，无法消除时，应将异常信息和复归结果汇报调度员，按要求退出告警的保护装置，并根据调度命令作出相应处理。

6. 微机保护定值调用

微机保护在运行中需要调用已固化好的另一套定值时，由现场运行人员按规定的方法改变定值区，此时不必停用微机保护，但应立即打印出新定值，并与保护定值单核对无误。

（三）主变压器保护

（1）主变压器差动保护的规定。

1）主变压器在做冲击试验时，差动保护应投入。

2）主变压器正常运行时，差动保护投入运行。主变压器断路器被旁代时，应将主变压器差动二次交流电流回路由外附（大差）改为内附（小差），并投入主变压器保护联跳旁路断路器的压板。

外附（大差）改内附（小差）的切换方法：

a 退出主变压器差动保护出口压板。

b 投入主变压器内附（小差）回路与差动保护回路的连接片，打开主变压器内附（小差）回路中的短接片。

c 短接主变压器外附（大差）回路，打开外附（大差）回路与差动保护回路的连接片。

d 投入主变压器差动保护出口压板。

e 投入主变压器保护联跳旁路断路器的保护压板。

3）旁代结束，主变压器断路器恢复运行后，应将主变压器差动保护由内附（小差）改为外附（大差）运行。

内附（小差）改外附（大差）的切换方法：

a 退出主变压器差动保护出口压板；

b 投入主变压器外附（大差）回路与差动保护回路的连接片，打开外附差回路短接片；

c 短接主变压器内附（小差）回路，打开内附（小差）回路与差动保护回路的连接片；

d 投入主变压器差动保护出口压板；

e 退出主变压器保护联跳旁路断路器的保护压板。

（2）主变压器气体保护的规定。

1）正常运行时主变压器本体重瓦斯保护及有载调压重瓦斯保护投入跳闸位置，轻瓦斯保护投入信号位置，只有在进行下列工作时才允许将重瓦斯保护改投信号位置，但应尽量缩短时间。

a 滤油、加油、放油、放油箱内的空气；

b 更换呼吸器和热虹器内的硅胶；

c 当油位计的油位异常升高或呼吸系统有异常现象，需打开放气或放油阀门时；

d 瓦斯保护回路工作及其二次回路发生直流接地。

上述前三项工作结束后，主变压器内部空气排尽，才可将重瓦斯保护投入跳闸位置。

2）正常运行中，且无任何工作的主变压器，轻瓦斯发出信号后，除查明确系瓦斯保护装置本身故障或进入空气引起外，禁止将重瓦斯退出跳闸位置。

3）新投产或检修后的主变压器合闸送电前，重瓦斯保护应投入跳闸位置。

4）气体继电器至端子盒的电缆引线应做防油、防雨处理。

5）因大量漏油而使油位迅速下降时，禁止将重瓦斯保护改投信号位置。

（3）正常两台主变压器并列运行且一台主变压器中性点接地的变电站，当保护动作跳开中性点接地的主变压器时，汇报调度，将不接地主变压器中性点接地。

（4）当主变压器停电，保护及二次回路有工作时，应将主变压器保护联跳各侧母联断路器的压板退出。未装间隙保护或间隙保护因故障停用的，应将联跳另一台主变压器的保护压板退出，待主变压器充电正常后投入。

（5）主变压器间隙电流、电压保护的投入和退出应按所属调度命令执行。

（6）两台主变压器并列运行时，中性点不接地的主变压器应投间隙电流保护、零序过电压保护，主变压器本身零序电流保护装置应退出；中性点接地的主变压器投入本身的零序电流保护，间隙过流保护、零序电压保护压板必须退出运行。

（7）主变压器间隙过电流保护、零序过电压保护与零序电流保护不能长时间同时运行，在改变主变压器中性点方式时，可以短时同时投入。

（8）主变压器零序后备保护中的零序电压回路，在主变压器断路器被旁代后，自动退出会造成主变压器零序后备保护拒动。因此，在旁代前应做好相应的零序电压回路沟通或将中性点倒至另一台主变压器，使被旁代的主变压器投入间隙保护。

（9）在运行中的保护间隙出现位移、变形损坏时，应立即合上该侧的中性点接地开关，倒换间隙保护和零序电流保护运行方式，并汇报所属调度。

（10）若主变压器过电流保护中的复合电压闭锁回路采用各侧并联的接线方式，当一侧 TV 停运时，应退出该侧复合电压闭锁压板。

主变压器各侧的任一侧断路器停电时，在拉开该断路器母线侧隔离开关前，退出该侧复合电压闭锁压板。有旁切功能的应将电压回路切换至旁路。

（11）正常运行时的变压器“压力释放”投信号位置，严禁投跳闸位置，只有新投或大修后的变压器充电时，“压力释放”才投入跳闸位置，充电正常后，改投信号位置。

（12）对强油风冷的主变压器，因冷却系统故障切除全部冷却系统时，允许变压器带额定负载运行20min，如20min后顶层油温尚未达到75℃，则允许上升到75℃，但切除冷却器后运行的时间最长不得超过1h。

二、二次回路的运行维护

（一）一般规定

（1）值班人员每天应对中央信号进行试验，不能随意停用中央信号系统；每天交接班时，都要检查中央信号回路的音响及光字信号，发现异常及时处理，对于节能型灯具，应立即汇报有关人员处理，检查光字牌时ZK把手不能长时间打在检查位置。

（2）二次回路各元件、电缆、标号、连接走向应有符合设计规范要求的明显标志。

（3）保护及自动装置回路的双向投入的压板应与保护自动装置位置相对应。

（二）异常及故障处理

（1）二次回路打火、冒烟，应查明原因进行相应处理。

（2）正常运行中，若二次回路中的电源熔断器熔断，经查找无明显故障，可试送一次，若再次熔断，未查明原因不得再试送。

（3）发生越级跳闸或二次回路引起的误动作跳闸，无故障部分应立即恢复供电；未跳开关或误跳开关及相应二次回路尽量保持原状，待查明原因，再行处理。

（三）中央信号屏上交流电压回路二次并列把手BK的使用规定

（1）交流电压二次并列把手BK在正常运行时在断开位置，只有当一组电压互感器停电而其母线上设备和母联开关运行时，才用BK把手将两组电压互感器二次并列。

（2）两组电压互感器二次并列，停电电压互感器一次未带电前，严禁合上停电电压互感器的二次小开关或给上二次保险。

（3）两组电压互感器二次并列运行后，先取下停电检修的电压互感器二次保险，再拉开TV一次隔离开关。

（4）在两组电压互感器都带电运行时，二次回路不允许用BK把手长期并列运行。

（四）仪表及计量装置

（1）电测仪表、电能表的规格应与互感器相匹配。设备变更时应及时修正表计量程、倍率和极限值。电磁式电流表应以红线标明最小元件极限值。电能计量倍率应有标示。

（2）新建和改建变电站的仪表及计量装置在投运前应检查其型号、规格、计量单位标志、出厂编号应与计量检定证书和技术资料的内容相符。

（3）仪表二次线、端子排、电缆等接头接触良好，无损伤。

（4）检查二次回路中间接点、熔断器、接线端子、试验接线盒的接触状态。

（5）各种测量、计量仪表指示正常，且与一次设备的运行工况相符。

（6）电能计量仪表封印完好，无开封情况。

（7）仪表无指示或指示不正常，应查看同一回路其他仪表，若同一回路其他仪表指示正常，表明该仪表本身有故障。若同一回路其他指示不正常，表明二次回路有故障。若回路熔断器熔断及互感器二次回路、开路或短路，应查明原因，进行相应处理。

（8）仪表发热、冒烟应及时处理。

第五节　输电线路的运行维护

一、输电线路的运行管理

线路投入运行后，虽然经常不断地巡视、检修，但仍然时有发生倒杆、断线、绝缘子闪络和人身触电等事故。造成事故的主要原因是线路本身缺陷和受自然灾害或外力破坏。所以本章根据以往事故情况，着重介绍防止大风故障措施，防止金具断裂措施，覆冰故障的预防，导线的防振措施，防止导线舞动的措施，绝缘子污秽种类和防止污闪措施，线路的防洪和防冻措施，防止外力破坏措施以及防止鸟害措施。

(一) 输电线路的事故预防

大量的运行经验证明：送电线路的事故发生与季节有关，如能妥善地做好预防工作，做到防患于未然，则可消除隐患，避免事故的发生，以保证送电线路安全、可靠地运行。

1. 防污

(1) 线路污染的种类。按污染源来分：有自然污染和工业污染，所谓自然污染即为尘土、烟雾等；所谓工业污染即为工、矿企业排出各种烟尘、废气。按着污秽的来源，线路绝缘子的污秽大致可分为以下述几种：

1) 尘土污秽；

2) 盐碱污秽；

3) 海水污秽；

4) 工业污秽；

5) 鸟粪污秽。

(2) 防止污秽措施。

1) 确定线路的污秽期和污秽等级；

2) 定期清扫绝缘子；

3) 更换不良和零值绝缘子；

4) 增加绝缘子串的单位泄漏比距；

5) 采用憎水性涂料（憎水性涂料是一种具有黏附性和拒水性油料）；

6) 采用合成绝缘子。

2. 防冻与防洪

(1) 送电线路覆冰的预防。根据线路覆冰的特点和线路运行经验，可采取以下防止覆冰故障的措施：

1) 进行局部改线，将线路迁移，避开重冰区，这是比较彻底的防冰害措施。

2) 对于挡距较大的杆塔，由于垂直荷载较大，可把悬垂线夹改用双线夹并加大金具安全系数。悬垂绝缘子串改双串或V形串，以防止绝缘子串由于脱冰导线跳跃使绝缘子串翻转到横担上方。

3）缩短耐张段长度，限制故障扩大，减少停电修复时间。将山口、风口地段的直线杆塔改为耐张杆塔，以加强杆塔强度。

4）加大导线的线间距离及导线与避雷线的水平位移，防止脱冰导线间或导线和避雷线之间发生闪络故障。

5）对交叉跨越处加杆塔，以免导线覆冰垂加大，减少与被交叉跨越的距离，发生闪络放电。

6）将导线改为水平排列，避免覆冰脱落导线舞动时，引起线间短路。

7）选择路径时，避开冷热流交汇地带。

8）采用电流熔解法，即加大负荷电流和人为短路的方法加热导线除冰，或采用木棒敲打、木制套圈、滑车式除冰机等机械办法除冰。

9）加大导地线以及导线间的距离，采用水平排列，防止闪络。

10）采用防覆冰导线，沿导线一定间隔装塑料环。

（2）防止混凝土杆因积水冻裂。杆塔会因上方漏水或根部渗水而被腐蚀和冻裂，可采取下述措施防止：

1）改进电杆结构，法兰盘连接处进水最多，可用钢圈焊接代替法兰连接。

2）在盘中心留泄水孔，使水从杆中及时排出。

3）施工中严格控制起吊点的数量和位置，防止起吊过程中出现裂纹。

4）已运行的无放水孔的电杆，要开放水孔。

5）高地下水地段内的电杆下段，尤其是地下部分，施工时可用水泥砂浆灌死或采用实心电杆。

（3）防止杆塔基础冻胀的措施，可归纳为减少土壤冻胀和直接防止冻胀。

1）排水。排除杆塔基础附近的地表水、疏干土壤，使土壤含水量低于起始冻胀含水量。

2）换土。以冻结力小的粗砂、中砂等非冻结性的土壤替换冻胀性土壤。

3）保温。用石蜡渣、泥炭等材料作保温层，以减小冻结深度和冻胀量。沼泽地区的杆塔最好采用桩基础。

4）选用锚固力大的基础形式，不使用金属基础。因金属基础其底部斜铁有一部分埋入土壤，会因土壤冻鼓而折断，应当选用锥型、深埋或电杆与底盘连接在一起的基础，以增加其锚固力，抵抗其冻胀上拔力。

（4）线路的防洪。线路防洪的技术措施有：

1）加固河岸抵抗洪水冲刷，其措施是沿河堤修筑钢筋混凝土墙或铺石灌浆来保护河岸的稳固。

2）当河岸冲刷严重而且河岸扩展较快时，可将线路改线避开冲刷地带，或迁移跨河杆塔，根据水文地质资料重新修建新型杆塔基础。

3）如杆塔或拉线基础经常浸泡在积水区内，或在汛期受溢出河岸的洪水淹没时，为保证基础的稳固，可沿基础周围培土台，土台外面砌石灌浆，或沿基础周围打围桩，中间填以土和石块夯实。

4）长期淹没在水中的拉线基础，也可改用混凝土的重力式基础，拉线的上拔力全部由混凝土自重抵抗。

5）对有可能被水浸淹的杆塔应增添支撑杆或拉线；有可能被水冲的杆塔应修筑防护堤。

3. 线路的防暑

夏季，气温升高，雨水量多，此时大多是高峰负荷出现的季节，因此，会出现以下与气温、雨水相联系的问题，应做好预防工作。

（1）气温升高将引起导线的弧垂增加，而且在挡距中弧垂的变化与各点上是不同的，挡距中央变化大，靠近悬挂点变化小，因此，在检查交叉跨越时，一定要注意交叉点至杆塔的距离。

（2）夏季，树木、竹子枝叶茂盛，加之大风使树木摇摆，易于与线路相碰，或有断枝落到线路上，引起短路故障。

（3）架空线路通过林区时，必须留有通道。35～500kV 线路，其通道宽度，应不小于线路宽度加上林区主要树种高度的两倍（相关规程有明确规定）。

（4）检查测试导线连接点。

4. 送电线路的防腐

（1）杆塔的防腐。杆塔的金属构件，受大气中的氧、二氧化碳、酸、盐等物质作用，产生化学反应，生成氢氧化铁、碳酸铁等物，俗称铁锈。杆塔的防腐措施有：①镀锌防腐；②涂漆防腐；③混凝土杆的防腐。

另外，钢筋混凝土杆在淡水、碳酸水、海水、地下水作用下皆可受到腐蚀。

（2）导线和避雷线的防腐，目前导线防腐的主要措施有：①提高铝线的纯度；②改进结构；③确保钢芯基体质量；④改进镀层；⑤采用铝合金线；⑥采用涂油导线。

5. 防止鸟害

春季，鸟类开始在杆塔上筑巢产卵孵化，尤其是乌鸦、喜鹊，特别喜欢在横担上做窝。当这些鸟类嘴里叼着树枝、柴草、铁丝等物在线路上空往返飞行，当铁丝等落到导线间或搭在导线与横担之间，就会造成接地或短路事故。杆塔上的鸟巢与导线间的距离过近，在阴雨天气或其他原因，便会引起线路接地事故；在大风暴雨的天气里，鸟巢被风吹散触及导线，因而导致跳闸停电事故。现介绍两种行之有效的防止鸟害的办法。

（1）增加巡线次数，随时拆除鸟巢，特别对搭在耐张绝缘子串上的、搭在过引线上方的、搭在导线上方的以及距带电部分过近的鸟巢应及时拆除。

（2）装惊鸟措施，使鸟类不敢接近架空线路，常用的具体办法有：

1）在杆塔上部挂镜子或玻璃片；

2）装风车或翻板；

3）在杆塔上挂带着颜色或能发声响的物品；

4）在杆塔上部挂死鸟；

5）在鸟类集中处还可以用爆竹来惊鸟。

（3）安装鸟刺，使鸟类无法接近架空导线悬挂（地电位）点，避免因鸟粪流引起导线对杆塔近点部件的放电。

6. 防风与防振

（1）防风。为防止大风引起的线路故障，一般可采取以下措施：

1）对已腐朽的木杆视其强度和腐朽程度，更换为钢筋混凝土电杆。

2）紧好松弛的拉线，并尽量使各条拉线松紧程度一致，以避免受力不均引起杆倾斜。

3）杆塔基础和拉线基础的回填土下沉时，应填土夯实。

4）对耐张转角杆塔的跳线，可加装跳线绝缘子串或加长横担、做跳线支架，防止大风或阵风使跳线摆动过大，引起对杆塔闪络放电。

5）对于山区的线路，处于山顶、风口、大挡距、大高差或相邻挡距差过大的杆塔，可视运行情况加装横线路方向或顺线路方向的拉线。对于较长的耐张段，也可每隔适当距离加装拉线，以防大风吹倒杆塔和减少大风故障的扩大范围。

6）更换转动横担用的被磨损的剪切螺栓，以防大风时横担误动作。如遇有相邻挡距差过大，高差过大的地段，宜将转动横担的电杆更换为固定横担。

7）清除线路附近的杂草垃圾，加固农田使用的覆地塑料薄膜，以免大风时将其吹挂在导线上造成相间短路。

8）砍伐、剪切线路两侧的不符合安全距离的树木、竹子，防止大风时导线、树木、竹子摆动引起闪络放电和砸坏用电设备。

（2）导线的振动与防振。

1）降低导线的平均运行应力。在条件许可时，可以加大导线弧垂降低导线的平均运行应力改善防振措施。

2）安装防振锤或预绞丝。在导线、避雷线上距线夹一定距离安装防振锤，或在导线上再缠绕预绞丝后放入线夹中，采用双重防振措施。

3）安装阻尼线。利用阻尼线作为防振措施的方法，是采用与导线、避雷线同样规格的线段，将其绑扎在导线和避雷线上。

4）联合防振措施。对于大跨越挡距，也可以采用阻尼线和防振锤联合防振措施，防振锤可安装在阻尼线最外端或安装在花边内部。

（3）防止导线舞动的措施。

1）加大线间距离和导线、避雷线间的水平位移；

2）加大金具绝缘子的机械安全系数，加强抗疲劳强度；

3）安装相间间隔棒，阻止相导线之间闪络；

4）尽量取消导线间隔棒，因为间隔棒的存在增加了导线的抗扭刚度，使导线容易形成翼状覆冰，在风的作用下容易引起向上的推动力使导线舞动；

5）在经常舞动的地段，增加杆塔缩小挡距。

7. 防外力破坏和金具断裂

（1）防止外力破坏。一般可采取如下防护措施：

1）在线路附近有其他基建施工时，可派人对现场进行监护，并向施工单位提出安全要求，如取土范围，吊车、载重车辆通过线路下边时的允许高度。

2）杆塔和拉线基础距行车道路较近，可在杆塔或拉线基础附近埋设护桩，以防车辆碰撞电杆或拉线。

3）春季放风筝季节，应加强巡视，制止在线路两侧300m之内放风筝。

4）为防止他人攀登电杆、铁塔，宜将距地面3.0m高度范围内的登杆塔脚钉取消，或在杆塔上悬挂“有电危险，切勿靠近”的警告牌。

5）杆塔螺栓按规定采用防盗螺栓，防止他人盗取杆塔构件。

6）对有通航的河流，在线路跨河档两侧岸边树立明显标志牌，注明前面有高压线注意安全及允许船桅杆高度等。有条件时，可在线路跨河两侧距电力线路20～30m处架设拦河线。

（2）防止金具断裂。为避免金具的破坏，当线路遇有上述情况时，宜考虑采取以下措施：

1）线路走径尽量避开类似这样的特殊地段。

2）缩小挡距减少垂直荷载，减少相邻挡距差，避免出现较大的顺线路方向的不平衡拉力。

3）增大金具绝缘子的机械强度安全系数，或将单串绝缘子改为双串。

4）增加金具与横担连接的灵活性，在斜向风作用下，避免金具承受附加的弯曲力矩。在金具制造方面宜考虑增加金具的疲劳强度和耐磨强度。

（二）送电线路的运行管理

技术管理是安全运行的基础，送电线路运行单位是运行班、巡线站、保线站，技术管理项目有计划管理、缺陷管理、图纸资料记录管理、运行分析及技术培训等。

1. 工作计划

运行班必须按年、季、月具体安排，在计划指导下工作。年计划主要有大修、更改工程、设备预防性检查、试验与维修、安全组织措施和反事故措施计划等。季有落实后的大修、更改、设备预试与维护检修以及培训工作计划。月应有具体的各项工作执行计划、巡线进度计划等。制订计划一定要明确项目内容、措施、进度，谁来完成，谁来检查、检查的标准是什么等。计划一经批准，要严格执行，中间要检查，完成后要总结。

2. 缺陷管理

一般把缺陷分成三类。

（1）一般缺陷。指对安全运行影响不大的缺陷，可以列入年、季检修和维护计划中消除。如塔材生锈、绝缘子瓷裙轻微损伤、导线损伤不超过总截面7%等。

（2）重大缺陷。指缺陷已超过运行标准，但设备在短期内仍可继续安全运行的缺陷。这类缺陷在短期内消除，但未消除前要加强监视，如铁塔倾斜超过1%，应在定期检修中扶正等。

（3）紧急缺陷。指严重程度已经达到设备不能继续安全运行，随时可能发生事故的缺陷。此类缺陷必须尽快消除或采取临时措施，如杆根、杆塔基础已被洪水冲刷、导线损伤截面达25%以上等。

一般缺陷由运行班登记，在月报中应向上级报告件数。重大缺陷一经发现，运行班应立即向工区报告，工区应立即派技术人员到现场鉴定，确属重大缺陷应立即向上级汇报。发现紧急缺陷时运行班除向工区汇报外，还要逐级立即汇报，局生技部门应立即组织安全监察、工区等有关专业人员进行鉴定，确定处理方案并实施对策。

正常巡视中巡线员应将缺陷记在巡线手册上，重大和紧急缺陷要立即向班长汇报。整段（条）巡完后把该线路的缺陷逐一填写在缺陷传递票上，要一式两份，一份自存，一份交班长或技术员。班长要进行审查所报缺陷是否正确，并登记缺陷记录簿。然后将缺陷票上报工区专责工程师，由专责工程师根据缺陷类别，分别列入维护、检修工作计划，并签署意见，转给检修运转。检修班长也要把缺陷进行登记，然后根据要求，按轻重危险程度进行安排处理。处理缺陷后的传递票经专责工程师审阅后交运行班长，顺次递交巡线员，在下次巡线时对照检查处理是否合格。确认无问题后巡线员要签字，并交还运行班长，在记录簿上注销该缺陷。缺陷传递票保存3个月后销毁。

3. 运行分析

运行班要定期召开运行分析会，研究缺陷发生，发展规律预防措施，以控制设备缺陷发生。为做好运行分析，必须积累详细的资料和足够数据，为此，缺陷记录要完整、准确，以控制安全运行。

4. 技术管理

运行单位应备有相关规程及技术资料，并保持其完整和准确。

(1) 有关规程。

(2) 生产技术指示图表。

1) 地区电力系统线路地理平面图；

2) 地区电力系统接线图；

3) 相位图；

4) 设备一览表；

5) 设备评级图表；

6) 事故巡线、抢修组织表。

(3) 线路设计、施工技术资料。

1) 批准的设计文件和图纸；

2) 征用土地文件；

3) 与有关单位对交叉跨越处的协议及检查记录；

4) 有关隐蔽工程的记录；

5) 接地电阻测量记录；

6) 修改后的杆塔明细表及施工图；

7) 非标准规格或无出厂试验的设备材料的试验记录；

8) 接地电阻测试记录；

9）防洪点监视记录；

10）基础检查记录；

11）设备档案；

12）对外联系记录；

13）防护通知书；

14）安全活动记录；

15）反事故演习记录；

16）培训工作记录；

17）群众护线员登记簿。

上述各图表可以挂在墙上，各种记录资料要有专柜存放。

资料、记录等的管理贵在坚持，班里要设专人负责，及时整理、修改、积累填写，保持与现场实际相符，有连续性和历史性，从而给运行分析提供有力依据。

（4）架空线路的定级工作。根据线路完好的情况分三类：

一类线路，技术状况基本良好或虽有一般缺陷，但仍能保证安全满供。

二类线路，技术状况基本良好，或个别部件有较大缺陷，但经过运行考验仍能基本上保证安全。

三类线路，技术状况不好或普遍有较严重缺陷，故障频繁。

二类属完好线路，完好状况用设备完好率来表示，其计算式为

$$\text{设备完好率} = \frac{\text{完好线路数}}{\text{线路总数}} \qquad (2-1)$$

（5）技术培训。开展技术培训是提高工人理论和实际操作水平的有效方法。相关标准中已对运行与检修人员分别提出了具体的要求，工区或运行班应根据本单位实际情况制订培训计划，开展培训活动。目前行之有效的现场技术培训办法有技术问答、现场考问讲解、技术讲座、培训班、反故事演习、实际操作和基本功表演等。对于学徒工，必须签订师徒合同，开展包教包学活动。

5. 事故备品

(1) 运行单位应有事故备品、抢修工具、照明设施及必要的通讯工具，一般不许它用。抢修使用后，应立即清点补充。

(2) 事故备品应根据相关规定备齐。

(3) 事故备品应有标记、卡片，并设专库、专架存放，妥善保管，保证其不受损伤、不变质和散失，并定期检查试验。

本质性备品应注意其保存年限，定期更换补充。金属性备品应定期做好涂油防腐工作。

二、输电线路的运行维护

在DL/T 741—2010《架空输电线路运行规程》中明确指出：输电线路的运行维护工作应贯彻安全第一，预防为主的方针。应加强对线路的巡视和检查，认真地进行定期检修，以保证输电线路安全的运行。

（一）线路定期巡视的主要内容

1. 定期巡视的目的

经常掌握线路各部分的运行情况，做好护线工作。巡视应由专职巡线人员负责，工区的领导和专职技术人员应定期参加。一般每月进行一次。

2. 巡视的内容

(1) 沿线情况。巡视沿线情况包括防护区内下述情况：

第一，区内的建筑物，建筑工程，土方挖掘；敷设架空电力、通信线路；各种管道、索道和电缆；铁路、道路、码头、桥梁；卸货场、射击场；树木栽植区或林区；高大的机械和移动的工程设施。对上述各种设备和地区，凡可能危及线路安全运行的情况应予以特别的注意。

第二，对存有可燃、易爆物品、腐蚀性气体的仓库；施工爆破工地；工业污染源；江河泛滥、山洪地区；鸟类栖息地；森林起火的地区更应重点巡视，发现异常，应立即汇报上级，并及时进行处理。

（2）导线和避雷线的巡视包括下述情况：

1）导线是否有断股、损伤、锈蚀或因闪络而烧伤，连接器是否有过热现象。

2）弛度是否有变化，是否有上扬、振动、舞动、脱冰跳跃；相分裂导线间的距离是否有变化，是否有鞭击和扭纹；导线在线夹内是否有滑动；其上是否挂有异物。

3）跳线是否有断股、歪扭变形；跳线与杆塔的空气间隙是否有变化。

4）导线对交叉跨越设施的距离是否有变化。

（3）杆塔与拉线的巡视。其中包括：

1）杆塔是否倾斜；混凝土杆是否出现裂纹，表层是否脱落、钢筋外露，脚钉是否缺少。

2）杆塔的固定情况。螺栓、螺帽是否短缺，螺栓是否有松动，铆焊处有无裂纹和开焊。

3）横担是否歪扭，部件有否变形。拉线及其部件是否有断股、锈蚀、松弛，抽筋张力是否分配不均，螺栓和螺帽是否缺少。

4）杆塔及拉线基础周围的土壤是否有突起、下陷、裂纹、损伤、下沉或上拔，周围杂草是否过高，有无危及安全的鸟巢及蔓藤类植物生长。

5）防洪设置是否有坍塌和损坏，拉线桩是否腐朽，拉线棒的楔形线夹是否锈蚀和松动。

（4）绝缘子的巡视。

1）绝缘子是否脏污、破碎、裂纹，有无闪络放电的痕迹。

2）绝缘子串是否严重偏斜。

3）金具是锈蚀、磨损、裂纹、开焊。

（5）防雷设施的巡视。

1）放电间隙有无变动、烧损，避雷器的固定和动作情况。

2）接地引下线是否有断股、断线、锈蚀，其与接地装置的连接是否良好，接地装置埋入部分是否外露。

（二）线路故障巡视

故障巡视的目的是为了查明发生故障接地、跳闸的原因，寻找故障点，并查明故障情况。

（1）故障地点的制定。为了能快速地寻找故障点，必须借助于线路保护的动作情况。如果线路采用三段过流保护，则：

1）当速断保护动作，故障多发生在本段线路的末端之前；

2）若带时限速断保护动作，故障多发生在本段线路末端和相邻线段的首端；

3）若过流保护动作，故障多发生在下一段线路中。

寻线时，应事先查明保护动作情况，以便确定重点巡视的范围。

（2）故障巡视中，尽管确定巡视重点，但对全线情况作通盘了解，不得中断遗漏。对发现可能造成故障的所有物件均应收集带回，并对故障情况作详细记录，供分析故障参考。

（3）故障巡线应集中人力，以便能缩短查明故障的时间。

（4）如发现有导线落地，巡视人员应站离故障点 8～10m 以外，并派专人防守，以策安全。

（三）线路特殊巡视和夜间巡视

所谓特殊巡视是在气候剧烈变化时，诸如大雾、覆冰、黏雪、狂风暴雨、冰雹、解冻情况下，以及发生地震、河水泛滥、森林起火等情况下，对全线或某几段线路以及某些部件进行巡视，以发现线路的异常现象，检查部件有无损坏。

夜间巡视通常在无日光之夜进行，每年一次，应不少于 2 人，以发现连接器发热烧红和绝缘子污秽放电的情况。

第六节　电能计量装置及其管理

一、电能计量装置的管理

电能计量装置管理分用电计量管理和计量技术管理两部分。

（一）电能计量装置的用电计量管理

《中华人民共和国电力法》对电能计量装置有以下规定："电力用户应当安装用电计量装置。用户使用的电力电量，以计量检定机构依法认可的用电计量装置的记录为准。"

国家《供电营业规则》对电能计量装置的有关规定如下：

（1）供电企业应该在用户每一个受电点内按不同电价类别，分别安装用电计量装置。每一个受电点作为用户的一个计费单位。用户为满足内部核算需要，可自行在其内部装设考核能耗用的电能表，但该表所示读数不得作为供电企业计费依据。在用户每一个受电点内难以按电价类别装设用电计量装置时，可装设总的用电计量装置，然后按其不同电价类别的用电设备容量的比例或实际可能的用电量，确定不同电价类别用电量的比例或定量进行分算，分别计价。供电企业每年至少对上述比例或定量核定一次，用户不能拒绝。

（2）用电计量装置包括计费电能表（有功、无功电能表及最大需量表）和电压、电流互感器及其二次连接导线。计费电能表及附件的购置、安装、移动、更换、校验、拆除、加封、启封及表计接线等，均由供电企业负责办理，用户应提供工作方便。

高压用户的成套设备中装有自备电能表及附件时，经供电企业检验合格、加封并移交供电企业维护管理的，可以作为计费电能表。用户消户时供电企业应该将该设备交还用户。

供电企业在新装、换装及现场校验后应对用电计量装置加封，并请用户在工作票上签章。

（3）对10kV及以下电压供电的用户，应配置专用的电能计量柜（箱）；对35kV及以上电压供电的用户，应有专门的电流互感器二次线圈和专用的电压互感器二次连接线，并不得与保护、测量回路共用。电压互感器的二次电压降不得超过允许值。超过允许值时，应予以改造或采取必要的技术措施予以更正。

（4）用电计量装置原则上应装在供电设施的产权分界处。如产权分界处不适宜装表的，可在用户受电装置的低压侧计量。当用电计量装置不安装在产权分界处时，线路与变压器损耗的有功和无功电量均须产权所有者负担，在计算用户基本电费（按最大需量计收时）、电度电费及功率因数调整电费时，应将上述损耗电量计算在内。

（5）用于计费计量的互感器、电能表的误差及其连接线电压降超出允许值或其他非人为原因致使计量记录不准时，供电企业应按下列规定退补相应电量的电费：

1）互感器或电能表误差超出允许范围时，以“0”误差为基准，按验证后的误差值退补电量。退补时间从上次校验或换装后投入之日起至误差更正之日止的二分之一时间计算。

2）连接线的电压超出允许值时，以允许电压降为基准，按验证后实际值与允许值之差补收电量。补收时间从连接线投入或负荷增加之日起至电压降更正之日止。

3）其他非人为原因致使计量记录不准时，以用户正常月份的用电为准退补电量，退补时间按抄表记录确定。

退补期间，用户先按抄见电量如期交纳电费，误差确定后，再行退补。

（6）用电计量装置接线错误、熔丝熔断、倍率不符等原因，使电能计量或计算出现差错时，供电企业应按下列规定退补相应电量的电费：

1）计费计量装置接线错误的，以其实际记录的电量为基数，按正确与错误接线的差额率退补电量，退补时间从上次校验或换装投入之日起至接线错误更正之日止。

2）电压互感器熔丝熔断的，按规定计算方法计算值补收相应电量的电费；无法计算的，以用户正常月份用电量为基准，按正常月与故障月的差额补收相应电量的电费。补收时间按抄表记录或按失压自动记录仪记录确定。

3）计算电量的倍率或铭牌倍率与实际不符的，以实际倍率为基准，按正确与错误倍率的差额退补电量，退补时间以抄表记录为准确定。

退补电量未正式确定前，用户应先按正常月用电量交付电费。

（二）电能计量装置的计量技术管理

电能计量装置的技术管理是遵照国家《供电营业规则》、《法定计量检定机构监督管理办法》及《电能计量装置技术管理规程》实施管理的。

电力企业计量部门的任务或工作，就是全面落实或履行国家各种有关计量的法律、法规、规程等来管理电能计量装置的，使计量装置准确、可靠的计量电量。

计量装置技术管理分如下几大内容：技术管理机构及职责、电能计量装置的分类及技术要求、电能计量装置投运前的管理、电能计量装置运行管理、计量检定与修理、电能计量信息管理、电能计量印证管理、技术考核与统计。

1. 计量技术管理机构及职责

（1）供电企业计量技术管理机构。供电企业应有电能技术管理机构，负责本供电营业区内的电能计量装置业务归口管理，并设立电能计量专责人，处理日常计量管理工作。

供电企业应根据工作需要和管理方便设立电能计量技术机构。电能计量技术机构应具有用于进行各项工作的工作场所；应有专责工程师，负责处理疑难计量技术问题、管理维护标准装置和标准器、电能计量计算机信息系统和人员技术培训等。

（2）电能计量技术机构的职责。

1）贯彻执行国家计量工作方针、政策、法规及行业管理的有关规定。

2）按照国家电能计量检定系统表建立电能计量标准并负责其使用、维护和管理。

3）参与电力建设工程、地方公用电厂、用户自备电厂并网、用电业扩工程中有关电能计量方式的确定、电能计量设计方案审查；开展电能计量的竣工验收。

4）负责电能计量器具的选用，编制电能计量器具的订货计划；负责新购入电能计量器具的验收。

5）开展电能计量器具的检定、修理和其他计量测试工作；负责电能计量装置的安装、维护、现场检验、周期检定（轮换）及抽检工作。管理各类电能计量印证。

6）开展电能计量故障差错的查处及本供电营业区内有异议的电能计量装置的检定、处理。

7）电能计量装置资产和电能计量技术资料的管理。

8）电能计量人员的技术培训及管理。

9）实施计量新技术的推广计划和计量技术改造。

10）参与电能量计费系统和集中抄表系统的选用、安装与管理。

11）负责编报有关电能计量装置管理的各类总结、报表。

12）完成上级交办的其他计量任务。

2. 电能计量装置的分类和技术要求

电能计量装置分类。运行中电能计量装置按其所计量电能量的多少和计量对象的重要程度分五类（Ⅰ、Ⅱ、Ⅲ、Ⅳ、Ⅴ）进行管理。

（1）Ⅰ类计量装置。月平均用电量500万kWh及以上或变压器容量为10 000kVA及以上的高压计费用户、200MW及以上发电机、发电企业上网电量、电网经营企业之间的电量交换点、省级电网经营企业与其供电企业的供电关口计量点的电能计量装置。

（2）Ⅱ类计量装置。月平均用电量100万kWh及以上或变压器容量为2000kVA及以上的高压计费用户、100MW及以上发电机、供电企业之间的电量交换点的电能计量装置。

（3）Ⅲ类计量装置。月平均用电量10万kWh及以上或变压器容量为315kVA及以上的高压计费用户、100MW及以下发电机、发电企业厂（站）用电量、供电企业内部用于承包考核的计量点、考核有功电量平衡的110kV及以上的送电线路电能计量装置。

（4）Ⅳ类计量装置。负荷容量为315kVA以下的计费用户、发供电企业内部经济技术指标分析、考核用的电能计量装置。

（5）Ⅴ类计量装置。单相供电的电力用户计费用电能计量装置。

二、电能计量装置中测量用互感器

在电能计量中，有时要采用电压、电流互感器，其作用是：

（1）隔离高电压；

（2）扩大电表量程；

（3）统一测量表计规格。现对计量用电压、电流互感器做如下介绍。

（一）电流互感器

1. 电流互感器的用途和使用注意事项

电流互感器的主要作用是将大电流变为适合电气测量仪表和继电保护用的小电流。在高压系统中，电流互感器将电器仪表和继电器的电流回路与高压导电回路隔离，以保证测量仪表和继电器等设备的安全，并保证在测量仪表和继电保护上工作的人身安全。

电流互感器二次侧不允许开路运行。如果电流互感器二次侧开路，铁芯中磁通随一次电流增大而急剧增大，将引起铁芯严重饱和，在二次侧感应产生高电压，其电压幅值可高达2～3kV，对二次回路绝缘有严重危害，甚至击穿烧坏；这时如果有人触及二次回路，也容易造成触电伤害。

2. 电流互感器的技术数据

电流互感器的技术数据主要有：额定变比、误差和准确等级、容量和饱和电压、10%误差电流倍数以及热稳定电流和动稳定电流等。

3. 电流互感器的接线方式

(1) 单台电流互感器的接线。

(2) 三相完全星形接线和三角形接线。

(3) 两相不完全星形接线。

(4) 两相差接线。

(二) 电压互感器

1. 电压互感器的用途和使用注意事项

电压互感器的主要作用是将高电压变为适合电气测量仪表和继电保护用的低电压。在高压系统中，电压互感器将电器仪表和继电器的电压回路与高压导电回路隔离，以保证测量仪表和继电器等设备的安全，并保证在测量仪表和继电保护上工作的人身安全。

电压互感器二次侧不允许短路，如果出现短路，会产生短路电流，将电压互感器烧毁。这一点，电压互感器和变压器的情形完全相同。因此为了安全起见，电压互感器的一、二次侧允许装设熔断器。

2. 电压互感器的技术数据

电压互感器的技术数据主要有：电压互感器额定电压和电压比、电压互感器额定功率因数、电压互感器误差和准确等级、电压互感器额定输出容量及短路承受能力。

3. 电压互感器的接线方式

Vv；Yy_n；Y_Ny_n；$Y_Ny_nd_o$（开口三角）。

第七节　电力网的调度运行

一、电力网调度管理

为了使电力系统或联合电力系统安全经济运行，既要建立各级调度管理机构，还要建立统一的调度指挥中枢，来统一指挥全电力系统的正常运行和事故处理等项工作。电网的安全要靠统一调度来保障，电能度量要靠统一调度来保证，电网经济效益和社会效益要靠统一调度来保障；在分级管理的基础上实行统一调度，才能有效保证整个电网的安全、优质、经济运行。《电网调度管理条例》中指出，电网调度应当符合社会主义市场经济的要求和电网运行的客观规律，其具体要求包括以下三个方面：

（1）电网调度工作要依据国家法律和法规进行，以保证调度工作的公平和公正。

（2）电能进入市场，应满足社会的用电需要，并遵循价值规律。

（3）按照有关合同或者协议，保证发电、供电、用电等各有关方面的利益，使电力生产、供应、使用各个环节直接或间接地纳入市场经济的体系中。

电网调度管理是指电网调度机构为确保电网安全、优质、经济运行，依据有关规定对电网生产运行、电网调度系统及其人员职务活动所进行的管理。一般包括调度运行管理、调度方式管理、继电保护和安全自动装置管理、电网调度自动化管理、电力通信管理、调度系统人员培训管理。

电网调度管理的基本原则：

（1）统一调度，分级管理的原则。

（2）按照调度计划发电、用电的原则。

（3）维护电网整体利益，保护有关单位和电力用户合法权益相结合的原则。电网整体利益是指确保电网安全、优质和经济运行。

（4）值班调度员履行职责受法律保护的原则。值班调度员履行职责受到国家法律的保护，任何单位和个人不得非法干预调度系统值班人员发布或执行调度指令，调度值班人员依法执行公务，有权拒绝各种非法干预。

（5）调度指令具有强制力的原则。调度指令具有强制力，这样才能保证调度指挥的畅通和有效，才能及时处理电网事故，保证电网安全、优质和经济运行。

（6）电网调度应当符合社会主义市场经济的要求和电网运行客观规律的原则。

其最重要一条就是现代电网必须实行统一调度，分级管理的原则，在分级调度中，我国电网调度设有五级调度。

在调度业务上属上下级关系。下一级调度除了完成上一级调度分配的任务外，还要受上级调度的指导和制约。下级调度机构必须服从上级调度机构的调度。

所谓统一调度，其内容一般包括：

（1）稳定由电网调度机构统一组织全网调度计划（或称电网运行方式）的编制执行，其中包括统一平衡和实施全网发电、供电调度计划，统一平衡和安排全网主要发电、供电设备的检修进度，统一安排全网的主接线方式，统一布置和落实全网安全措施。

（2）统一指挥全网的运行操作和事故处理。

（3）统一布置和指挥全网的调峰、调频和调压。

（4）统一协调和规定全网继电保护、安全自动装置、调度自动化系统和调度通信系统的运行。

（5）统一协调水电厂水库的合理运用。

（6）按照规章制度统一协调有关电网运行的各种关系。

在形式上，统一调度表现为在调度业务上，下级调度必须服从上级调度的指挥。

所谓分级管理，是指根据电网分层的特点，为了明确各级调度机构的责任和权限，有效地实施统一调度，由各级电网调度机构在其调度管辖范围内具体实施电网调度管理的分工。

统一调度，分级管理，是一个不可分割的整体。统一调度是分级管理基础上的统一调度；分级管理是统一调度下的分级管理。

二、电力网调度工作

（一）调度的任务

调度系统包括各级电网调度机构以及调度管辖范围内的发电厂、变电所的运行值班单位。调度机构既是生产运行单位，又是电网管理部门的职能机构，代表本级电网管理部门在电网运行中行使调度权。主要任务概括来讲就是指挥整个电力系统的运行和操作，向用户提供可靠而经济的合格电力，并能在电力系统发生事故时尽快切除故障，重新拟定新的运行方式，对停电用户尽快恢复供电。其具体有五个方面：

（1）充分发挥本系统内发供电设备的能力，保证有计划地满足系统用电负荷的需要。

（2）合理利用能源，使整个电网在最大经济效益的方式下运行。

（3）使电网有较高的安全水平，保证电网安全可靠运行和对用户的连续供电。

（4）保证供电质量符合标准。

（5）按照有关合同或协议，保证发电、供电、用电等各有关方面的合法权益。

（二）调度工作的主要内容

电网是为用户服务的，电网调度的任务就是要充分发挥电网的能力，千方百计地满足负荷的需要而工作，它包括以下主要任务：

（1）组织编制和执行电网的调度计划（行动方式）。

（2）负责负荷预测及负荷分析。

（3）指挥调度管辖范围内的设备操作。

（4）指挥电网的频率调整和电压调整。

（5）指挥电网事故的处理，负责电网事故分析，制定并组织实施提高电网安全运行水平的措施。

（6）编制调度管辖范围内设备的检修进度表，根据情况批准其按计划进行检修。

（7）负责本调度机构管辖的继电保护、安全自动装置、电力通信和电网调度自动化设备的运行管理；负责对下级调度机构管辖的上述设备、装置的配置和运行进行技术指导。

（8）组织电力通信和电网调度自动化规划的编制工作，组织继电保护及安全自动装置规划的编制工作。

（9）参与电网规则和工程设计审查工作。

（10）参加编制发电、供电计划执行情况，严格控制按计划指标发电、用电。

（11）负责指挥全电网的经济运行。

（12）组织调度系统有关人员的业务培训。

（13）统一协调水电厂水库的合理运用。

（14）协调有关所辖电网运行的其他关系。

三、电力网调度组织机构

（一）电网调度组织机构

电力网调度组织机构有五个专业组成：①调度运行；②调度方式；③继电保护（含自动装置）；④通讯；⑤调度自动化（原是四专业，运行与方式合为调度专业，后工作量增大中调分开，随后在2003年地调也将两专业分开）。

（二）电网调度机构的职权

电网调度机构具有一定的行政管理权，电网发供电的生产指挥权、发用电的监督权和控制权、电力电量考核权。

1. 指令权

指电网调度机构要求相对人为特定行为或不特定行为的一种权力。这种指令权是电网调度机构单方面的行为，不需要取得相对人的同意。

2. 调度计划权

这是一种落实国家发、供电计划的实施权。如何实施国家计划，使其具体落实到月、日，要靠具体调度计划的权力授予电网调度机构。

3. 紧急情况处理权

为保证电网安全，保障社会公共利益在发生危及人身及设备安全的电网事故的紧急情况时，调度机构值班人员可以按照有关规定处理，是电网调度机构所具有的一种特殊权力。

4. 电力调度计划的变更权

是指电网调度机构在电网出现特殊情况下，变更日常调度计划的一种权力。这种权力是有限制的，不能借此权力滥变更调度计划而使其失去严肃性。

5. 许可权

有的设备虽非上一级调度管辖，但运行实际中可以明确规定，在操作这一部分设备时，需经值班调度人员许可，这是电网调度的另一种权力（这一类设备，就是实际中的管理设备）。

6. 协议权

这是指电网调度管理过程中，协调各地区、各部门、各企业之间因电力而建立的经济关系的一种权力。这种协调要体现在调度计划的安排过程中。

7. 监督权

是指上级调度机构监督下级调度机构的调度管理工作，监督用电地区和用电单位而建立的经济关系的一种权力。这种协调主要体现在调度计划的安排过程中。

8. 实施处罚权

对于不服从电网调度，超计划分电、用电的行为须予以惩戒。诸如限电、强制扣还电力电量，暂时停止供电等处罚方法。

具有这些权利目的是为了保障电网安全、优质、经济运行；保证调度指令的执行，保障电网内各单位的合法权益。

四、电力网的经济调度

经济调度分为电厂的经济调度和电网的经济调度。

（一）电厂的经济调度

电厂的经济调度又分为火电厂、水电厂的经济调度。

火电厂是用煤、油、天然气等作燃料发电，降低能源消耗多发电。高温高压的大型火电机组煤耗低，小机组煤耗高。水电厂利用水力资源，水电机组发电耗水电量是由水位决定的。随着用电负荷的变化，经济合理的调整这些机组的发电，是节约能源的关键。

（二）电网的经济调度

电网的电能损耗不仅耗费一定的能源，而且占用一部分发、供电设备的容量。降低网损是电力系统节约能源，提高经济效益的一项重要工作。

降低网损的措施：降低网损的措施很多，大体上可分为技术措施和组织措施两类。技术措施又可分为建设性措施和运行性措施两类。

建设性措施，调度部门可根据网损计算分析结果，向计划部门建议需要对电网进行改造。增加投资费用的措施，主要有：

（1）建设、改造线路回路，更换大截面导线。

（2）增装必要的无功补偿设备，进行电网无功优化配置。

（3）规划和改造电网结构，升高电网额定电压，简化电压等级，既是增加传输容量的重大措施，又是降低网损的重大措施。

运行措施主要是指在已运行的电网中，合理调整运行方式以降低网络的功率损耗和能量损耗。如改善潮流分布、调整运行参数、调整负荷、合理安排设备检修等。

1. 改善网络中的功率分布

（1）提高用户的功率因数，减少线路输送的无功功率。

（2）按网损最小原则，实行无功经济调度。无功功率在网络中传送则会产生有功功率损耗。在有功负荷分配已确定的前提下，调整各无功电源间的负荷分配，使有功网损最小是无功功率经济调度的目标。

2. 合理组织电网的运行方式

（1）适当提高电网的运行电压水平。变压器的铁芯损耗与电压的平方成正比，而线路导线和变压器绕组中的功率损耗与电压的平方成反比。后者占总损耗的比重大，宜适当提高电压运行。提高电压水平措施，主要是做好无功平衡工作，再者是合理调整变压器分接头。

（2）变压器的经济运行方式。当一个变电站内装有 n（$n \geqslant 2$）组容量不超过 1/3 和型号都相同的变压器时，根据负荷的变化适当改变运行的变压器组数，可以减少有功功率损耗。变压器的经济运行就是要确定对应于某一负荷，投入变压器的台数，可使总的有功功率损耗最小。投切变压器的负荷功率值为临界功率。该功率值要通过变压器经济运行计算得出经济运行曲线确定。

（3）调整用户的负荷曲线，减小负荷的峰谷差。

（4）合理安排设备检修。在检修运行方式下，网络的功率损耗和能量损耗比正常运行方式时大。加强检修的计划性，配合工业用户的设备检修或节假日安排线路的检修，缩短检修时间，实行带电作业等措施，都可以降低检修运行方式下的网损。

组织措施，就是在管理的方法和手段上要采取的措施。

第八节　特高压输电

一、特高压工程简介

1000kV 晋东南—南阳—荆门特高压交流试验示范工程（以下简称特高压交流试验示范工程）是目前世界上运行电压最高、技术最先进、我国具有完全自主知识产权的交流输变电工程。工程于 2006 年 8 月经国家发展和改革委员会核准，同年底开工建设，2008 年 12 月全面竣工，12 月 30 日完成系统调试投入试运行，2009 年 1 月 6 日 22 时完成 168h 试运行并转入商业运行。工程的建成投运和稳定运行，标志着我国在远距离、大容量、低损耗的特高压输电核心技术和设备国产化上取得了重大突破，对转变电网发展方式，促进我国水电、火电、核电、可再生能源基地的大规模集约化开发和更大范围的能源资源优化配置，保障国家能源安全和电力可靠供应具有重要意义。我国电网发展由此步入了特高压、大电网的新阶段。

（一）工程建设概况

特高压交流试验示范工程起于山西1000kV特高压长治站（建设称晋东南站，以下简称长治站），由北向南经河南1000kV特高压南阳站（以下简称南阳站），止于湖北1000kV特高压荆门站（以下简称荆门站），先后跨越黄河和汉江，线路全长639.387km，铁塔1284基，系统额定电压1000kV，最高运行电压1100kV。工程连接华北、华中两大区域电网，特高压交流同步电网总装机规模达到3亿kW。

1. 1000kV变电站

长治站位于山西省长治市长子县石哲镇，距长治市22km，围墙内占地面积7.78km^2。装设1组3×1000MVA主变压器、1组3×320Mvar高压电抗器；1000kV出线1回、双断路器接线，采用GIS设备；500kV出线5回、6个不完整串、3/2断路器接线，采用H-GIS设备；装设2组240Mvar低压电抗器、4组210Mvar低压电容器。主变压器、高压电抗器各设备用相1台。长治站鸟瞰图如图2-3所示。

图2-3　长治站鸟瞰图

南阳站位于河南省南阳市方城县赵河镇，距南阳市 30km，围墙内占地面积 8.15km^2；本期不装设主变压器；装设 2 组 3×240Mvar 高压电抗器；1000kV 出线 2 回、双断路器接线，采用 H-GIS 设备；500kV 本期无出线；本期不装设 110kV 设备。高压电抗器设备用相 1 台。南阳站鸟瞰图如图 2-4 所示。

图 2-4　南阳站鸟瞰图

荆门站位于湖北省荆门市沙洋县沈集镇，距荆门市 25km，围墙内占地面积 11.45km^2；装设 1 组 3×1000MVA 主变压器、1 组 3×200Mvar 高压电抗器；1000kV 出线 1 回、双断路器接线，采用 H—GIS 设备；500kV 出线 3 回、4 个不完整串、3/2 断路器接线，采用 H-GIS 设备；装设 2 组 240Mvar 低压电抗器、4 组 210Mvar 低压电容器。主变压器、高压电抗器各设备用相 1 台。荆门站鸟瞰图如图 2-5 所示。

1000kV 变电站主设备如图 2-6 所示。

2. 1000kV 输电线路

全线单回路架设，途经山西、河南和湖北三个省 22 个县（市）级行政区，1000kV 长南Ⅰ线（长治～南阳段）358.17km，1000kV 南荆Ⅰ线（南阳～荆门段）281.217km。其中，山西境内 116.376km，河南境内 342.811km，湖北境内 180.2km。线路

图 2-5　荆门站鸟瞰图

在河南孟州市跨越黄河［见图 2-7（a)]，采用耐-直-直-直-耐方式，主跨越档 1.22km、耐张段长 3.651km；在湖北钟祥市跨越

(a)

图 2-6　1000kV 变电站主设备（一）
(a) 1000kV 主变压器

(b)

(c)

(d)

图 2-6　1000kV 变电站主设备（二）

（b）1000kV 高压电抗器；（c）1100kV GIS；（d）1100kV H-GIS

汉江［见图 2－7（b)］，采用耐-直-直-耐方式，主跨越档 1.65km、耐张段长 2.956km。线路途经煤矿采空区、限高区（限高 100m)、重污秽区、微气象区、自然保护区、林区，最高海拔 1327m，运行环境复杂。

(a)

(b)

图 2－7　1000kV 输电线路跨越图
(a) 黄河大跨越；(b) 汉江大跨越

线路基础采用斜柱主材插入式、主柱配筋（柔性、刚性)、岩石嵌固、全掏挖、半掏挖、钻孔灌注桩、大板和岩石锚杆 9 种型式；铁塔采用酒杯型、猫头型、干字型和门型 4 类 49 种型式，主材采用 Q420 高强钢，平均塔高 77.2m、塔重 70.5t；黄河大跨越跨越塔呼称高 112m、全高 122.8m、单基重 460.25t，汉江大跨越跨越塔呼称高 168m、全高 181.8m、单基重 989.5t；一般线路导线采用 8×LGJ-500/35、猕猴保护区采用 8×LGJ-630/45 钢芯铝绞线，大跨越采用 6×AACSR/EST-500/230 特强钢芯高强度铝合金绞线。另外，采用了大吨位、大盘径、大结构高度的盘式绝缘子及超长复合绝缘子、新型金具、铝管式刚性跳线等新材料。黄河大跨越、汉江大跨越如图 2－7 所示，1000kV 典型塔型如图 2－8 所示，新材料如图 2－9 所示。

3. 通信工程

特高压交流试验示范工程配套通信工程包括系统通信工程、变电站本体通信工程、500kV 交流配套通信工程三部分。其中，

(a)

(b) (c)

(d) (e)

图 2-8　1000kV 典型塔型

(a) 1000kV 酒杯型直线塔；(b) 1000kV 猫头型直线塔；(c) 1000kV 门型直线塔；(d) 1000kV 干字型耐张塔；(e) 1000kV 分体式耐张塔

系统通信工程主要包括 OPGW 光缆线路工程、通信设备安装工程。

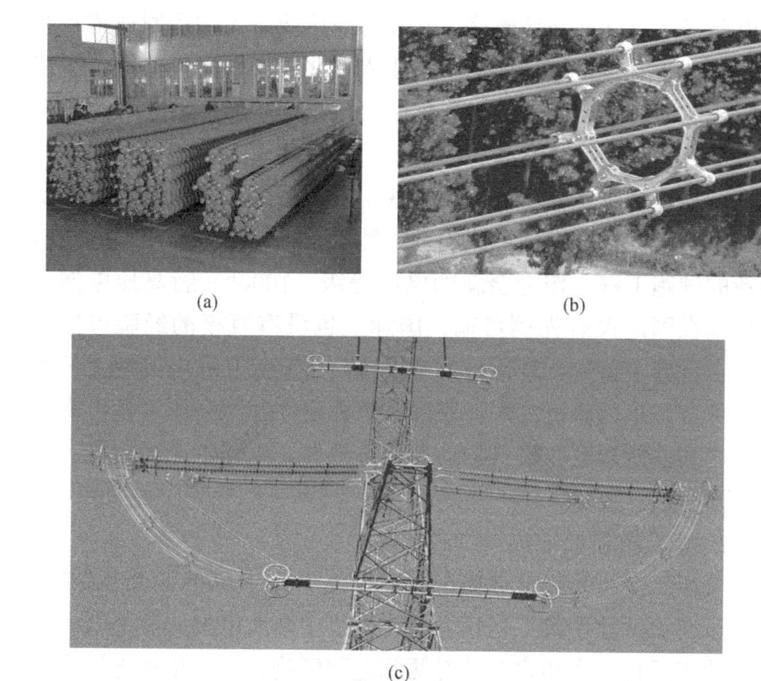

图 2-9 新材料

(a) 超长合成绝缘子；(b) 八分裂间隔棒；(c) 铝管式刚性跳线

OPGW 光缆线路工程包括新建 1000kV 晋东南（长治）—南阳—荆门 OPGW 光缆，约 686km；改造首峡 220kV 线路更换 OPGW 光缆，约 9km；改造白郑 500kV 线路更换 OPGW 光缆，约 18km；改造东韩 220kV 线路更换 OPGW 光缆，约 27km。

通信设备安装工程包括通信设备安装工程涉及 19 个通信站。新装 SDH 设备 15 套、扩容改造 13 套；新装 PCM 设备 6 套；新装辅助设备直流屏 2 套、高频开关电源 2 套、蓄电池 4 组、各类配线架 35 套。新建长治—巩西—南阳—东津—荆门光纤通信电路，作为特高压线路保护直达通道；新建长治—潞城—辛安光通信电路接入京峡光通信电路；新建南阳—白河、荆门—斗笠光通信电路接入京峡光通信电路，作为特高压线路保护迂回通道；新建长治—久安、晋城光通信电路接入华北、山西光传输网；新建南阳—白河、荆门—斗笠光通信电路接入华中光传输网。

二、生产运行特点

特高压交流试验示范工程是我国发展特高压输电技术的起步工程，是转变电网发展方式的标志性工程，是世界高压输电技术创新的领跑工程。作为全新的电压等级，1000kV 特高压电网运行技术在国内没有先例可循，国际上也没有直接的经验可供借鉴，在世界上首次调度运行大规模特高压交流互联电网更无任何经验可言，运行难度之大、联网系统稳定性和特高压设备可靠性要求之高前所未有，极具创新性和挑战性。工程生产运行具有以下突出特点。

1. 稳定控制要求高

特高压交流线路自然输送功率相当于 5 条 500kV 交流线路。特高压交流试验示范工程作为华北、华中两大电网的联络线，长期大功率运行，大功率波动对两侧电网影响较大。华中电网水电比例大，电网运行季节性特点显著，调度运行方式复杂、变化大。这些特点对特高压交流试验示范工程的稳定控制提出了更高要求。

国家电网公司高度重视，通过研究和试验验证，探索出一套完整的、适应特高压工程功率控制的 AGC 优化控制策略，将超过 300MW 以上功率波动的概率控制在 0.3%以下甚至更低。联网系统动态扰动试验进一步表明，联网条件下切除一台 700MW 发电机组，系统经短时调节即可恢复稳定运行，属于强阻尼系统，表现出了良好的动态运行特性和较强的抗扰动能力，实现了互联电网各控制区在紧急情况下对特高压联络线功率恢复的相互支援，充分发挥了互联大电网的优势。同时，特高压交流试验示范工程的投运，改善了联络线两侧近区电网潮流，增加了电网调压手段，降低了小负荷期间500kV电网的调压难度，电压控制裕度更大，系统调压措施更充足。

2. 运行检修难度大

特高压交流试验示范工程运行检修工作面临着无经验、无技术标准、技术更复杂、难度更大等一系列新的挑战。

一方面，工程采用了大量新技术，研制并应用了大量首台首套新型设备，新设备在原理、结构、技术性能等方面较常规工程发生了显著变化，设备更加复杂、精密、贵重，设备的运行规律和特性需要在长期运行实践中进一步探索、总结。运行操作和检修工艺也相应发生了很大变化，常规的检修方法和手段无法满足新的技术变化带来的需求，需要实现运行检修技术的升级和跨越。

另一方面，特高压设备较500kV设备结构尺寸和质量明显增大，主体变压器长宽高为11.2m×4.97m×4.99m、重577.8t；调压补偿变压器长宽高为6.6m×2.9m×4.2m、重153t；高压电抗器长宽高为7.8m×3.64m×4.84m、重350t。线路铁塔平均高77.2m，为500kV工程的2～3倍，平均塔重70.5t，为500kV工程的4～7倍；导线分裂数多，绝缘子吨位大、盘径大、结构高度高，尤其是绝缘子串长，悬垂串长9.75～10.66m、耐张串长10.56～14.43m，为500kV工程的2倍多。上述变化对检修工器具、仪器仪表、设备巡视、检修方法以及人员作业强度等提出了新的挑战。特别是带电作业难度显著增大，带电作业安全距离需要重新确定，带电检修专用工器具需要重新研制。

通过深入、系统地研究和实践，研制了配套的专用检修设备和工器具，初步建立了运行检修相关技术标准，积累了一定的运行检修经验。

3. 技术监督责任重

特高压交流试验示范工程作为特高压输变电技术的试验工

程，首次应用了大量新技术、新设备，客观上决定了运行过程中存在未知的安全风险；特高压工程输送功率大，一旦发生故障对整个电网影响很大；特高压设备技术复杂、贵重，修复周期长，技术难度大。为保障特高压系统的长期安全稳定运行，必须依托深度的技术监督，采用全面和创新的技术监督手段，及早发现并解决问题，从而规避安全风险。对技术监督数据进行综合分析，有助于探索、总结特高压设备运行特性和规律，为后续工程提供借鉴。

与500、750kV工程相比，特高压交流试验示范工程技术监督覆盖面广、手段多、技术先进、效果显著。各变电站均配置了全套绝缘油化验设备、红外和紫外检测设备等先进设备；特高压主设备全面安装了油色谱、套管、SF_6气体和局放4类在线监测装置；线路在采空区、微气象区、重污区、大跨越、山火易发区等特殊区域安装了杆塔倾斜、覆冰、舞动、气象、导线风偏、微风振动、视频和绝缘子盐密8类87套在线监测装置。深入开展了油色谱、颗粒度、主变压器及高压电抗器铁芯和夹件对地电流、避雷器泄漏电流、电磁环境等监测工作，加强了监测密度和频率，实现了对工程的全面技术监督，在规避风险、总结特高压设备运行特性和规律等方面发挥了突出作用。

4. 运行管理水平高

特高压交流试验示范工程投运对传统的运行管理模式提出了新的挑战，以往的属地化管理模式无法适应特高压安全稳定运行的需要；运行维护队伍专业技术水平不能满足特高压工程新技术、新设备的运行维护要求。国家电网公司高度重视特高压交流试验示范工程生产运行工作，超前谋划，提前介入，卓有成效地开展了各项工作，探索出了具有重要示范作用的特高压生产运行管理模式。该模式具有以下显著特点：

（1）集团化运作程度高，资源调配能力强。国家电网公司发挥集团化运作优势，调动系统内外、国内外优势资源，全力支持和保障工程建设、运行。在生产准备阶段，调动系统内中国电力科学研究院、国网电力科学研究院 2 大科研机构和山西、河南、湖北省电力公司及国家电网公司运行分公司（以下简称国网运行分公司）4 个运行单位以及国调、区域网调、省调等 15 个调度机构数千人参与其中，前后历时三年，层次之高、时间之长、涉及面之广、参与单位和人员之多前所未有。在运行阶段，还从系统内选拔抽调精干力量组成了保障有力的运行维护队伍；建立了集国内外知名院士和专家于一体的技术保障团队，为工程安全稳定运行诊断把脉，并调动设备制造企业全力保障特高压设备事故应急。

（2）生产准备介入早、工作深入。2006 年初即启动生产准备工作，明确了运行单位，构筑了覆盖国家电网公司、省公司、运维单位的三级管理体系；收集、整理出 142 篇具有较高参考价值的国内外技术文献，深入开展了 20 多项特高压运行关键技术研究，初步建立了特高压运行和检修技术标准体系；深入开展了赴国外、设备厂家、750kV 输变电工程培训；深度介入了工程建设全过程，积极提出合理化建议，密切跟踪关键问题解决，参与设备监造，见证特高压设备研制历程，提前掌握特高压设备技术特点；参与中间验收，发挥竣工验收主力军作用，确保了工程零缺陷移交；调试和试运行期间，建立了特高压应急特护体系和现场工作机制，对特高压设备进行了深度巡视和全面技术监督。

（3）运行维护体系先进适用、独具特色。运行管理实行变电站专业化管理和输电线路属地化管理相结合，形成优势合力；建立了运行单位、技术监督单位、设备厂家、施工单位、设计单位、科研单位等专家共同参与的协同巡视机制；建立了运行单位、技术监督单位、设备厂家和技术专家联动的数据动态分析机制；建立了运行单位、技术监督单位、设备厂家、施工单位“四位一体”的高效应急抢修体系和特高压主设备特护体系；建立了“日报告、周分析、月评估”的信息汇报制度和每周一次的生产会议制度。此外，运行初期，保留了建设管理体系，建立了建设管理体系和运行管理体系的联动机制。

5. 试验示范作用强

特高压交流试验示范工程运行发挥着重要的试验和示范作用，意义重大，影响深远。试验作用主要体现在深入验证特高压技术和设备的安全可靠性，检验特高压交流输电核心技术的掌握程度，积累运行经验，总结、掌握特高压系统和设备的运行规律，研究开发特高压运行和检修技术，建立健全特高压运行检修技术标准体系等方面。示范作用主要体现在建立世界先进、国内一流的特高压运行管理模式，建立健全特高压运行标准化管理制度体系和工作流程，发挥试验基地和培训基地的作用，培养、储备特高压运行管理人才，提高大电网的运行管理水平等方面。

第九节　智能电网

一、智能电网简介

在现代电网的发展过程中，各国结合其电力工业发展的具体情况，通过不同领域的研究和实践，形成了各自的发展方向和技术路线，也反映出各国对未来电网发展模式的不同理解。近年来，随着各种先进技术在电网中的广泛应用，智能化已经成为电网发展的必然趋势，发展智能电网已在世界范围内形成共识。

从技术发展和应用的角度看，世界各国、各领域的专家、学者普遍认同以下观点：智能电网是将先进的传感测量技术、信息通信技术、分析决策技术、自动控制技术和能源电力技术相结合，并与电网基础设施高度集成而形成的新型现代化电网。

二、智能电网的主要特征

（1）坚强。在电网发生大扰动和故障时，仍能保持对用户的供电能力，而不发生大面积停电事故；在自然灾害、极端气候条件下或外力破坏下仍能保证电网的安全运行；具有确保电力信息安全的能力。

（2）自愈。具有实时、在线和连续的安全评估和分析能力，强大的预警和预防控制能力，以及自动故障诊断、故障隔离和系统自我恢复的能力。

（3）兼容。支持可再生能源的有序、合理接入，适应分布式电源和微电网的接入，能够实现与用户的交互和高效互动，满足用户多样化的电力需求并提供对用户的增值服务。

（4）经济。支持电力市场运营和电力交易的有效开展，实现资源的优化配置，降低电网损耗，提高能源利用效率。

（5）集成。实现电网信息的高度集成和共享，采用统一的平台和模型，实现标准化、规范化和精益化管理。

（6）优化。优化资产的利用，降低投资成本和运行维护成本。

三、智能电网的先进性

现有电网总体上是一个刚性系统，智能化程度不高。电源的接入与退出、电能量的传输等都缺乏较好的灵活性，电网的协调控制能力不理想；系统自愈及自恢复能力完全依赖于物理冗余；对用户的服务形式简单、信息单向，缺乏良好的信息共享机制。

与现有电网相比，智能电网体现出电力流、信息流和业务流高度融合的显著特点，其先进性和优势主要表现在：

（1）具有坚强的电网基础体系和技术支撑体系，能够抵御各类外部干扰和攻击，能够适应大规模清洁能源和可再生能源的接入，电网的坚强性得到巩固和提升。

（2）信息技术、传感器技术、自动控制技术与电网基础设施有机融合，可获取电网的全景信息，及时发现、预见可能发生的故障。故障发生时，电网可以快速隔离故障，实现自我恢复，从而避免大面积停电的发生。

（3）柔性交/直流输电、网厂协调、智能调度、电力储能、配电自动化等技术的广泛应用，使电网运行控制更加灵活、经济，并能适应大量分布式电源、微电网及电动汽车充放电设施的接入。

（4）通信、信息和现代管理技术的综合运用，将大大提高电力设备使用效率，降低电能损耗，使电网运行更加经济和高效。

（5）实现实时和非实时信息的高度集成、共享与利用，为运行管理展示全面、完整和精细的电网运营状态图，同时能够提供相应的辅助决策支持、控制实施方案和应对预案。

（6）建立双向互动的服务模式，用户可以实时了解供电能力、电能质量、电价状况和停电信息，合理安排电器使用；电力企业可以获取用户的详细用电信息，为其提供更多的增值服务。

四、智能电网建设在我国的正式提出

近年来，我国电力行业紧密跟踪欧美发达国家电网智能化的发展趋势，着力技术创新，研究与实践并举，在智能电网发展模式、理念和基础理论、技术体系以及智能设备等方面开展了大量卓有成效的研究和探索。

2009年5月，在北京召开的“2009特高压输电技术国际会议”上，国家电网公司正式发布了“坚强智能电网”发展战略。2009年8月，国家电网公司启动了智能化规划编制、标准体系研究与制定、研究检测中心建设、重大专项研究和试点工程等一系列工作。

在2010年3月召开的全国“两会”上，温家宝总理在《政府工作报告》中强调：“大力发展低碳经济，推广高效节能技术，积极发展新能源和可再生能源，加强智能电网建设”。这标志着智能电网建设已成为国家的基本发展战略。

五、智能电网是电网发展的必然趋势

电网已成为工业化、信息化社会发展的基础和重要组成部分。同时，电网也在不断吸纳工业化、信息化成果，使各种先进技术在电网中得到集成应用，极大提升了电网系统功能。

（1）智能电网是电网技术发展的必然趋势。近年来，通信、计算机、自动化等技术在电网中得到广泛深入的应用，并与传统电力技术有机融合，极大地提升了电网的智能化水平。传感器技术与信息技术在电网中的应用，为系统状态分析和辅助决策提供了技术支持，使电网自愈成为可能。调度技术、自动化技术和柔性输电技术的成熟发展，为可再生能源和分布式电源的开发利用提供了基本保障。通信网络的完善和用户信息采集技术的推广应用，促进了电网与用户的双向互动。随着各种新技术的进一步发展、应用并与物理电网高度集成，智能电网应运而生。

(2) 发展智能电网是社会经济发展的必然选择。为实现清洁能源的开发、输送和消纳，电网必须提高其灵活性和兼容性。为抵御日益频繁的自然灾害和外界干扰，电网必须依靠智能化手段不断提高其安全防御能力和自愈能力。为降低运营成本，促进节能减排，电网运行必须更为经济高效，同时须对用电设备进行智能控制，尽可能减少用电消耗。分布式发电、储能技术和电动汽车的快速发展，改变了传统的供用电模式，促使电力流、信息流、业务流不断融合，以满足日益多样化的用户需求。

电力技术的发展，使电网逐渐呈现出诸多新特征，如自愈、兼容、集成、优化，而电力市场的变革，又对电网的自动化、信息化水平提出了更高要求，从而使智能电网成为电网发展的必然趋势。

六、建设智能电网对我国电网发展的重大意义

智能电网是我国电网发展的必然趋势，它将谱写电网建设的新篇章。其重要意义体现在以下方面：

(1) 具备强大的资源优化配置能力。我国智能电网建成后，将形成结构坚强的受端电网和送端电网，电力承载能力显著加强，形成“强交、强直”的特高压输电网络，实现大水电、大煤电、大核电、大规模可再生能源的跨区域、远距离、大容量、低损耗、高效率输送，区域间电力交换能力明显提升。

(2) 具备更高的安全稳定运行水平。电网的安全稳定性和供电可靠性将大幅提升，电网各级防线之间紧密协调，具备抵御突

发性事件和严重故障的能力，能够有效避免大范围连锁故障的发生，显著提高供电可靠性，减少停电损失。

（3）适应并促进清洁能源发展。电网将具备风电机组功率预测和动态建模、低电压穿越和有功无功控制以及常规机组快速调节等控制机制，结合大容量储能技术的推广应用，对清洁能源并网的运行控制能力将显著提升，使清洁能源成为更加经济、高效、可靠的能源供给方式。

（4）实现高度智能化的电网调度。全面建成横向集成、纵向贯通的智能电网调度技术支持系统，实现电网在线智能分析、预警和决策，以及各类新型发输电技术设备的高效调控和交直流混合电网的精益化控制。

（5）满足电动汽车等新型电力用户的服务要求。将形成完善的电动汽车充放电配套基础设施网，满足电动汽车行业的发展需要，适应用户需求，实现电动汽车与电网的高效互动。

（6）实现电网资产高效利用和全寿命周期管理。可实现电网设施全寿命周期内的统筹管理。通过智能电网调度和需求侧管理，电网资产利用小时数大幅提升，电网资产利用效率显著提高。

（7）实现电力用户与电网之间的便捷互动。将形成智能用电互动平台，完善需求侧管理，为用户提供优质的电力服务。同时，电网可综合利用分布式电源、智能电能表、分时电价政策以及电动汽车充放电机制，有效平衡电网负荷，降低负荷峰谷差，减少电网及电源建设成本。

（8）实现电网管理信息化和精益化。将形成覆盖电网各个环节的通信网络体系，实现电网数据管理、信息运行维护综合监管、电网空间信息服务以及生产和调度应用集成等功能，全面实现电网管理的信息化和精益化。

（9）发挥电网基础设施的增值服务潜力。在提供电力的同时，服务国家“三网融合”战略，为用户提供社区广告、网络电视、语音等集成服务，为供水、热力、燃气等行业的信息化、互动化提供平台支持，拓展及提升电网基础设施增值服务的范围和能力，有力推动智能城市的发展。

（10）促进电网相关产业的快速发展。电力工业属于资金密集型和技术密集型行业，具有投资大、产业链长等特点。建设智能电网，有利于促进装备制造和通信信息等行业的技术升级，为我国占领世界电力装备制造领域的制高点奠定基础。

七、智能电网对世界经济社会发展的促进作用

智能电网建设对于应对全球气候变化，促进世界经济社会可持续发展具有重要作用。主要表现在：

（1）促进清洁能源的开发利用，减少温室气体排放，推动低碳经济发展。

（2）优化能源结构，实现多种能源形式的互补，确保能源供应的安全稳定。

（3）有效提高能源输送和使用效率，增强电网运行的安全性、可靠性和灵活性。

（4）推动相关领域的技术创新，促进装备制造和信息通信等行业的技术升级，扩大就业，促进社会经济可持续发展。

（5）实现电网与用户的双向互动，革新电力服务的传统模式，为用户提供更加优质、便捷的服务，提高人民生活质量。

八、我国建设智能电网的有利条件

多年来，我国电力行业大力加强电网基础建设，同时密切关注国际电力技术发展方向，重视各种新技术的研究创新和集成应用，自主创新能力快速提升，电网运行管理的信息化、自动化水平大幅提高，科技资源得到优化，建立了位居世界技术前沿的研发队伍和技术装备，为建设智能电网创造了良好条件。

（1）在电网网架建设方面，网架结构不断加强和完善，特高压交流试验示范工程和特高压直流示范工程成功投运并稳定运行；全面掌握了特高压输变电的核心技术，为电网发展奠定了坚实基础。

(2) 在大电网运行控制方面，具有“统一调度”的体制优势和丰富的运行技术经验，调度技术装备水平国际领先，自主研发的调度自动化系统和继电保护装置获得广泛应用。

(3) 在通信信息平台建设方面，建成了“三纵四横”的电力通信主干网络，形成了以光纤通信为主，微波、载波等多种通信方式并存的通信网络格局；SG186 工程取得阶段性成果，ERP、营销、生产等业务应用系统已完成试点建设并开始大规模推广应用。

(4) 在试验检测手段方面，已根据智能电网技术发展的需要，组建了大型风电网、太阳能发电和用电技术等研究检测中心。

(5) 在智能电网发展实践方面，各环节试点工作已全面开展，智能电网调度技术支持系统、智能变电站、用电信息采集系统、电动汽车充电设施、配电自动化、电力光纤到户等试点工程进展顺利。

(6) 在大规模可再生能源并网及储能方面，深入开展了集中并网、电化学储能等关键技术的研究，建立了风电接入电网仿真分析平台，制定了风电场接入电力系统的相关技术标准。

(7) 在电动汽车充放电技术领域，我国在充放电设施的接入、监控和计费等方面开展了大量研究，并已在部分城市建成电动汽车充电运营站点。

(8) 在电网发展机制方面，我国电网企业业务范围涵盖从输电、变电、配电到用电的各个环节，在统一规划、统一标准、快速推进等方面均存在明显的优势。

第三章

电力市场营销基本知识

第一节　电力市场营销概述

一、电力市场

1. 电力市场的基本概念

（1）市场的含义。对于市场一词，从不同角度有不同的概念。

1）市场最早是指买主和卖主聚集在一起进行交换的场所。在这里市场是一个地理概念。

2）市场是买主和卖主的集合。这一含义是从商品供求关系的角度提出的，“买方市场”、“卖方市场”分别反映了供求力量的相对强度。

3）市场是指某种产品的现实购买者与潜在购买者需求的总和。这是市场营销学研究范围内的概念。市场营销学主要研究作为销售者的企业的市场营销活动，即研究企业如何通过整体市场营销活动，适应并满足买方的需求，以实现经营目标。站在销售者的立场上，卖主构成行业，买主构成市场，同行供给者都是竞争者。

4）市场是指商品流通领域，是商品交换关系的总和。这是一个社会整体市场的概念。

（2）电力市场的含义。电力也是商品，也存在销往何处的问题，尤其是我国电力体制改革厂、网分开，以及天然气、煤气等其他能源与电力开始进行激烈竞争的今天，培育和发展电力市场已是个战略问题。

1）电力商品的特点。电力作为一种特殊商品，同其他商品一样具有价值和使用价值，同样存在着产、供、销的产业链。在这条产业链中，各类发电厂承担着电力生产的功能，供电公司承担着电力营销功能，各类电力用户构成电力商品的消费者。与其他商品比较，电力作为商品，具有商品的一般属性，可以进行买卖、交换，可以满足电力用户的某种需求。同时，电力作为商品，具有与其他商品不同的特点。首先，电力商品是一种看不见、摸不着的商品，它只能根据人们的需要，通过电能转化，如转换成光能、热能、机械能等，来满足电力用户的各种需求。其次，电力商品的质量包含电压质量和频率质量，只能借助于电气仪器、仪表专用工具来测量。第三，电力商品的价格始终受到政府部门的宏观调控，具有相对的稳定性。第四，电力商品不可储存，产、供、销是同时完成的，并且要求商品的生产量和销售量在任何时刻基本相等。第五，电力商品是一种垄断性和公益性都很强的商品，具有绿色能源的美誉，其消费群体具有广泛性和多样性。第六，电力商品的营销在一定条件下先消费后付款，具有赊销性和产品的易失性。

2）电力市场的概念。上述市场的诸多含义都适用于电力市场。所谓电力市场就是采用法律、经济等手段，本着公平竞争、自愿互利的原则，对电力系统中发电、输电、供电和客户等环节组织协调运行的管理机制、执行系统和交换关系的总和。

通常，我们说“某地具有很大的电力市场”，是指某地的消费者对电力的需求量很大，现实的和潜在的购买者很多。我们说“开拓电力市场”就是指研究如何增加电力商品的消费者与消费量。

因此，目前电力市场营销学所研究的电力市场简单来说就是指电力消费者（电力客户）及其需求，包括电力商品的现实购买者和潜在购买者的需求总和。其主要包含电力客户数目、电力购买能力和电力购买欲望。其公式为

$$\text{电力市场} = \text{电力客户数目} + \text{电力购买能力} + \text{电力购买欲望} \quad (3-1)$$

以上三个内容相互制约，相互影响，缺一不可。只有三者结

合起来才能构成现实的市场，才能决定市场的规模和容量。

(3) 电力市场竞争原则。建立电力市场的目的就是在电力市场中引入竞争机制。在一个充满竞争的电力市场中，参与者之间都是平等的。所以，电力市场竞争最基本的原则就是公平。

具体表现为：

1）发电厂之间要平等竞争。发电市场竞争应该是双方在愿意、等价、互惠的基础上本着“公平、公开、公正”和“同网、同质、同价”原则进行。

平等的环境能够促进竞争，激励各发电厂提高生产效率，降低成本，增加活力。

2）客户间要平等。电力市场中要体现对客户的公平性，就必须对不同供电可靠性的客户，制定不同的电价，收取不同的电费。当客户选择了一定的供电可靠性水平而未达到时，则供电企业应对客户进行赔偿。赔偿金额可以参照《营业规则》中的有关规定制定。

另外，可按用电时间区分客户。由于电力需求变化的随机性，发、输、变、配电设备故障的随机性，电能的供需情况是不断变化的，供电成本也随之变化。即使同一客户，不同时间用电时，其供电成本也是不同的。为了反映这种差别，可以使用峰谷分时电价或丰枯季节电价。

3）电力市场要公开。为保证贯彻公平性这一基本原则，电力市场必须具有公开性（包括成本、定价、计量、计划等），以便监督。发电厂上网电价和客户的用电电价必须公开。发电厂根据上网电价，随时了解电厂的运行经济状况；客户可依据用电电价制定最优用电计划和调整用电结构。电力输送网络必须明确收费标准，并向公众公布，以便在选择不同贸易方式时作为经济比较的依据，必要时还可采取价格听证制度。电力市场必须使参与者了解电力市场的管理、运行方式等。

4）电力市场要具有公开选择的权利。供应方有自由选择客户的权利，客户也有自由选择供应方的权利。随着电力市场逐步开放，市场参与者选择的自由度越来越大。一般是先开放发电市场，然后逐步开放输电市场和配电市场。

5）电力市场运行应有法制法规的保障。电网的安全和稳定运行，以及有关价格、赔偿等应做到有法可依。《电力法》的颁布，标志着我国电力工业的管理已走上法制的轨道，但还需继续完善电力市场的法规制定工作，对将来的电力市场起到规范和管理的作用。

（4）电力市场的基本特征。在现阶段市场经济条件下，由于电力生产的特性，电力市场具有以下 6 个特征：

1）电力市场具有开放性和竞争性。一些发达国家在发电环节引入竞争机制的成功经验用事实证明了这一点。我国集资办电的兴起，一大批独立法人电厂相继出现；电力工业实行厂、网分开，在同网、同质、同价的原则下，发电竞争上网。有力地说明发电环节具有开放性和竞争性。

2）电力市场具有计划性和协调性。电力系统的各个环节是相互紧密联系的，电能的生产、输送和使用要求瞬时性，任一环节的操作均将对电力系统产生影响，所以要求电力市场中电力的生产、使用和交换具有计划性。同时，电力系统要求随时做到供需平衡，所以要求电力市场中的电力供应者之间、电力供应者和电力使用者之间相互协调，保持平衡。可见电力市场具有计划性和协调性。

3）电价是电力市场的经济杠杆，是电力市场的核心内容。电力市场主要采用经济手段对电力系统的各个环节进行管理，电价原则是体现电力市场管理思想的工具。所以，确定电价原则，采用电价作为经济杠杆进行市场调节是电力市场的主要内容。

4）电力市场的客户具有能动性。传统电力供销中，一般称电力使用者为用户，是被动的。而在电力市场中，电力使用者被称为客户，一定情况下能自由选择贸易对象。

5）转供是电力市场开放的主要标志。随着高压和超（特）高压输电网络的发展，电力系统日趋成为多个地区电网互联的大电网，甚至形成国家电网和跨国电网。由于各地区的资源构成不同，劳动力价格及负荷水平的差异，造成各地区电网的发电成本不同，从而在各地区电网之间出现了经济功率交换，由发电成本低的电网向发电成本高的电网售电。当售、购电双方的电网不相邻时，则需要处于两电网之间的电网承担转供任务。电力市场公平竞争的原则使发电者和电力客户能自由选择贸易对象，所以，转供是开放电力市场的标志。

6）电力市场的一些环节具有双重身份。当某电力公司有富裕的电能向其他电力公司输送时，该电力公司就具有供应者的身份，而当需要从其他电力公司购电时，该电力公司又具有需求者的身份。

（5）电力市场的基本要素。作为市场必须具备市场主体、市场客体、市场载体、市场价格、市场规则和市场监管六个基本要素。这样才能保证电力市场正常运行。

1）电力市场主体。市场主体是指进入市场的有独立经济利益和财产，享有民事权利并承担民事责任的法人和自然人，具体表现为商品生产者、商品消费者、商品经营者和市场管理者。在电力市场中，商品生产者就是各类电力企业，包括发电公司、输电公司（电网公司）、供电公司，他们为市场提供不同电压等级的电能和相应服务。商品消费者就是电力客户，有时各类电力企业之间可能互为客户。商品经营者就是电力商品交易的中介，起联系电力生产者与电力消费者的媒介作用。电力市场管理者就是指以国家和各级政府有关管理机构的职能身份出现的，起组织协调、管理监督等方面作用，推动电力市场合理运转，促进国民经济良性循环的一种特殊当事人。

2）电力市场客体。市场客体是指市场上买卖双方交易的对象，也就是市场上交易的各种商品。电力市场的客体就是电力，主要包括电量、备用容量及辅助服务。

3）电力市场载体。市场载体是市场交易活动得以顺利进行的一切物质基础。包括网点设施、仓储设施、运输设施、通信设施和商品交易的场所设施等，它们是形成市场的先决条件。电力市场载体就是电力网，包括输电网和配电网。

4）电力市场价格体系。市场价格体系是指国民经济中各种商品价格及其相互联系和相互制约的有机整体。包括横向价格体系和纵向价格体系。横向价格体系是指不同商品之间的比价关系，如电力和煤炭之间的比价。纵向价格体系是指同种商品在不同流通环节的差价关系，如电力市场中的上网电价、销售电价、峰谷电价等。

电力市场的价格必须在服从国家宏观调控的基础上，反映电力商品的交易成本与利润。

5）电力市场运行规则。电力市场运行规则分为体制性规则和运行性规则，均包含在相关法律法规中。体制性规则主要保证市场运行主体的财产所有权及其合法利益不受侵犯。运行性规则包含市场进入规则、市场交易规则和市场竞争规则。

市场进入规则要求各类电力企业进入市场必须是符合《公司法》规定法人资格条件的电力公司，要按国家规定和市场规则操作。

市场交易规则是指电力企业之间的交易行为都应按《合同法》的规定，在自愿、等价、互惠的基础上，签订经济合同，规范责任、权利和利益。

市场竞争规则是指要创造平等竞争的条件，保证电力市场进行公平有序的竞争。

6）电力市场监管。电力改革需要引入竞争。但更要注意引入竞争的利弊分析和趋利避害，要建立有能力的独立的监管机构和符合经济学原理的监管机制，建立一支懂技术、经济、财务和法律的监管队伍。

2. 国外电力市场概况

在大多数国家，电力工业都是作为公用事业发展起来的，目的是满足电力负荷的要求。建立电力市场，本着公正、平等的原则进行电力自由贸易的方式越来越受到各国的重视并进行实践。

（1）美国电力市场。电力市场最早出现于美国，最早的电力市场是美国佛罗里达电力联合集团（FGG），它是电力市场的自然发展产物，从 20 世纪 40～50 年代出现紧急功率交换到 1978 年建立电力经纪人制度形成电力市场。

1）美国电力工业管理体制。美国电力工业是政府多部门分工管理体制。美国能源部主要分工负责管理核能、水电、火电等。农业部农电管理局主要负责农村电力工业。联邦政府电力主管部门主要职责是制定电力工业法规并实行监督。联邦各州分别设有电力管制机构。为了规范电力行业管理，美国电力企业界自发成立了若干自律性的行业管理协会。美国大的电力企业协会有三个：

a 公共电力企业协会（APPA）。美国公共电力企业协会是 2000 多家公共电力企业的代表，成立于 20 世纪 40 年代初，有 1400 多个会员单位。其主要任务是向议会、政府和联邦能源管制委员会（FERC）反映公共电力企业的问题和呼声，制定运行技术标准，收集、交流信息，提供培训服务等。

b 爱迪生电气协会（EEI）。爱迪生电气协会由 200 多家私营电力公司代表组成，有几百个分会和 26 个海外分支机构。主要起着国会、政府、联邦能源管制委员会与私营电力公司之间的桥梁作用，代表和反映私营电力公司的呼声，提供大量信息统计资料服务，每年举行年会就共同关心的问题进行研讨。

c 农村电力合作社协会（NRECA）。美国农村电力合作社协会是 1000 多个农村电力合作社的代表。主要职责与公共电力企业协会和爱迪生电气协会类似。

美国的电力企业协会随着改革的发展，竞争机制的引入，起着越来越重要的作用。

2）美国电力工业体制改革。

a 联邦电力法律形成。美国联邦一级电力法律主要有：

• 1930 年颁布的《联邦动力法》。该法律主要规定了水电工程许可证制度，电力公司要求承担跨州电力贸易活动，电价必须公平合理，电力公司联合、兼并必须考虑公众利益。

• 1935 年颁布的《公用电力控股公司法》。该法律主要对电力公司合营、控股公司和子公司等作出规定。

• 1978 年颁布的《公用电力管制政策法》。该法律突破了《公用电力控股公司法》一些限制，鼓励建设热电联产机组和开发可再生能源项目，但也存在一定缺陷，例如非电力兴建电厂受到输电等各种限制。

• 1992 年颁布的《国家能源法》。该法律消除了新发电公司上网的法律障碍，鼓励任何人投资办电厂，机组类型亦不受限制；鼓励开放电力市场竞争；要求公共电力公司开放输电系统，必须为非公用电力公司发电厂提供输电服务；允许电力企业到国外参与电力市场竞争。

• 1996 年联邦能源管制委员会（FERC）颁布两项法令。第 888 和 889 法令的颁布旨在推行输电竞争机制。美国开始了以放松电力管制，给用户选择供电者权利为主要特征的电力市场改革。其原则是：在电力生产和供应的各个环节开展竞争，实行输电网络开放，对输电网络服务和辅助服务分别制定统一的收费原则，确保对所有市场成员一视同仁。

b 美国电力体制改革的主要内容。20 世纪 80 年代末电力工业改革之风遍及世界各国，美国电力工业也开始改革。改革的主要内容是：

• 发电端放开，实行投资主体多元化，允许公用电力公司以外的投资者投资建厂，这一政策使非电力公司拥有的独立发电厂（IPP）迅速发展。1987 年，独立发电厂只有 3000 万 kW，仅占全国装机容量的4.18%。至2000年，新投产独立发电厂容量超过全国投产容量的54%。

• 公用电力公司相应改变发、输、配电管理模式，鼓励发电环节竞争。各独立发电厂（IPP）上网电价按市场价与电力公司电厂进行竞争。输电和配电分开结算。

• 在配电公司、大用户和小用户之间发展电力服务经纪人，或组建能源服务公司，成为电力交易中介组织。

3）美国最具特色的农村电力合作社。美国农村电力系统是由农村电力合作社组成的。农村电力合作社为私人电力用户和企业用户自有，凡本社供电区域范围内的用户，都是合作社的社员。社员既是用户又是股东。农电合作社是独立经营的非盈利的免交所得税的企业（其盈利按用户对合作社用电比例以现金方式返还用户）。

合作社总目标是为供电区域范围内的用户提供经济上可以承受的电力供应和电力服务。但用户在得到其能承受的电力供应和电力服务之前必须满足一定的要求。通常，需要交付一定的会员费，合作社董事会接受申请，新用户即拥有了管理合作社的发言权。

a美国农电合作社的组织机构。

• 全国农村电气化合作社协会（NRECA）。NRECA是一个代表农村电力合作社和用户利益的全国性服务组织，提供法律服务，保险、管理和职员培训、咨询、公共关系等服务。NRECA成立于1942年，主要是为了克服由于第二次世界大战造成的电力建设材料短缺，取得建设新的农电合作社所需资金和缓和农电合作社趸售电力的矛盾。NRECA在46个州的1000个合作社向约3000万人员供电，其中900多个是用户拥有的配电系统供电，其他是通过公用电力系统供电。NRECA成员包括那些由地方公用单位形成的组织，如发输电合作社、州或地区性贸易服务组织、设备材料供应合作部门、数据处理合作部门等。

NRECA 每年举行一次年会，年会是用户和农电合作社领导的最大聚会，经常有 12000 人参加。每年秋季还要举行 10 个地区性会议。

NRECA 的国际部还向发展中国家提供技术咨询服务，输出美国农村电气化的成功经验。自 1962 年以来已向 14 个发展中国家提供了服务，建成了 250 个农村电气化合作社，这些合作社向约 3400 万人口提供电力服务。目前，NRECA 正在为 15 个国家提供技术和管理帮助（包括培训、介绍应用新能源、组建农电合作社）。

• 农电局（REA）。农电局（REA）后来改为农村公用事业服务局（RUS），局长由总统直接任命。在各州设下属机构，州以下各地区设派驻人员。农电局的主要职责是向农电合作社提供政策性贷款，制定农村电气化标准，为农村电气化提供技术和管理服务。该局下设农村管理部、通信部、行政服务部、财务部和专门负责困难地区的农村发展部 5 个部门。

• 合作银行（CFC）。合作银行（CFC）是以农电合作社为会员建立起来的自主经营、非营利的金融组织。合作银行的基金来源于多渠道集资：向合作社会员收取会费，发行各种信用债券，向国内外融资。合作银行无分支机构，依靠与纽约金融市场和全国各银行建立的信贷往来开展活动。它以农电合作社总代表的身份向各银行贷款，再转贷给农电合作社。每年可为农村电力供应提供所需 30%的贷款。合作银行的存款利息高于一般银行，贷款利息低于一般银行。

b 美国农电合作社的现状。全美 1000 个农村电力合作社向 40 个州的 3000 万人口提供电力服务（在 Hawaii、Rhode 岛没有合作社供电），农电合作社向全国 10.8%的人口供电，售电量为全国总售电量的 7.4%，发电量占 5%。

农电合作社拥有和维护全国近 50%的配电线路，供电区域占国土面积 3/4。但其配电线路每英里仅有 5.8 个用户，单位线路收入也仅有 7000 美元；私人供电企业配电线路每英里有 35 个用户，单位线路收入 59 000 美元；公用供电企业配电线路每英里有 48 个用户，单位线路收入 72 000 美元。

除电力服务外，许多农电合作社还涉足社区的发展和复兴项目，如发展小型企业，创造就业机会；改善供水和缝纫业，帮助康复和教育服务费。

c 美国农村电气化发展概况。美国的农村电气化事业主要是通过农电合作社实现的。从 1930 年罗斯福总统实施新政开始，农村电气化合作事业取得了巨大的成功。它的意义远超过了向过去从未得到电力供应的美国人民提供电力服务本身。农村电气化产生了一场革命，它提供了一种方法使农业产量得到显著提高，极大地改善了农村人口的生活质量。农村供电系统是由用户拥有并管理的合作性组织。

目前，农村电力系统从四个联邦政府拥有的电力企业购买31%的电力，22%的电力是从私人电力企业购买的，而 46%的电力是由发输电合作社自己提供的。发输电合作社拥有30 000MW的发电容量，约 300 亿美元资产。燃煤机组 25 000MW，核电机组 3000MW，内燃机 1530MW，水电机组 110MW。

（2）英国英格兰和威尔士电力体制改革及其电力市场。英国电力市场化改革始于撒切尔时代。1979 年保守党赢得大选，撒切尔政府迫于当时政治和经济形势，坚信市场是万能的，进行了一系列国有企业私有化改革。英国于 1988 年 2 月发表《电力市场民营化》白皮书，拉开了电力市场化改革的序幕。

1）英国英格兰和威尔士电力工业体制改革。英国电力市场化改革的核心是实行私有化和在电力市场中引入竞争。

a 1990 年 3 月 31 日，按照《电力法》形成的产业结构，将中央发电局分为四个部分：

• 国家电网公司（NGC）：拥有所有高压输电系统，主要是 275kV 和 400kV 的输电网。同时，国家电网公司还控制与法国和苏格兰的互联网。

- 国家电力公司：拥有约占总装机容量50%的火力发电厂。
- 国家发电公司：拥有约占总装机容量30%的火力发电厂。
- 核电公司：拥有约占总装机容量20%的核电站。

国家电力公司和国家发电公司为民营（股份制）公司，由政府批准发行电力股票，将原有国有资产半数以上出售，独立核算、自负盈亏。国家核电公司由于成本较高及安全性的问题，不具备竞争力，仍由国家所有。由国家电网公司NGC负责它的运行。

b同时，建立一个电力市场交易机构，称为电力库(Pool)。电力库的核心工作是确定全网的电价。英国电力市场的运作是各个发电企业需要上网销售的电力都报向电力库竞价销售，电力库根据每个发电企业报出的电价（每半小时一个电价，每天报出48个电价）和未来24h的负荷需求预测情况，由电力库测算出该日的电力固定价格基数，用该固定价格基数从报价低的发电公司开始由低到高确定收购电力的数量，直到满足电力市场的需求，报价高的电力则放弃。电力库的人员由发电、供电、电力客户及社会贤达人士组成，采用委员会管理制度。电力库共有52～53个席位，席位数量由法律形式确定。在委员会内按销售电量和使用电量的数量多少决定谁出任电力库委员会主席。

c确立管理机构。在英格兰和威尔士主管电力的政府机构是英国贸工部，即贸易产业大臣是主管电力的行政长官。为了做到发电、供电单位公平的竞争，专门成立了独立于发电、供电单位之外，对议会负责的英国电力管制办公室（OFFER）。

d改组原电力企业联合会，将它在政府和国营电力企业间的协调、服务职能划归为英国电力协会（EA）。英国电力协会是1990年成立的电力企业横向组织，它的主要任务是代表电力行业与议会、政府、电力客户以及供电公司联络，开展一些超前研究，向会员公司提供信息，给予技术培训和技术服务等。

e 为保护客户利益，成立了全国电力消费者协会，并按区域设立了 14 个消费者委员会。委员会主席由电力管制办公室主任任命，任期 3 年，可以连任。委员会的职责是代表电力客户的利益，向电力管制办公室负责电力供应的专务主任报告工作，同时处理某些投诉。

f 供电环节打破垄断逐步开展竞争。十二个地区电力局完全私有化，称为地区供电公司。地区供电公司拥有 132kV 及以下的输、配电网络，并负责将电卖给终端客户。英国供电企业竞争激烈。精简人员、提高效率是供电企业提高竞争力的手段之一。伦敦供电公司将人员由 17 000 人精简至 4000 人，提高了效率，使得供给客户的电价降低了 26%。

g 对客户的缴费实行分类管理。客户缴费方式通常情况下分为一般客户、企业、特大客户三种类型。一般客户三个月缴费一次，企业按月度缴费，特大客户则通过合同谈判方式确定付费方式。

h 1996 年完成私有化改革。改革后的英格兰和威尔士电力体制，形成了一个新的电力市场。发电、供电以及电力客户等各方面都通过电力市场销售和购买电力。

1996～1997 年度，在英格兰和威尔士 57%的 1MW 以上客户和 38%的 1MW 以下客户实现了自由选择供电单位。

从 1998 年底起，所有客户都可以自由选择电力供应商，从竞争中得到益处。

自电力行业改革以来，由于引入竞争，加强管理，减员增效，使成本低的天然气发电比重由 1%提高到 22%，零售电价有较大幅度下降，居民客户电价下降 28%，中型工业客户电价下降约 31%。此外，政府为减少持续降低电价的压力，在改革之初将电价提高了约 25%，为改革和电价降低提供了较宽松的条件和环境。

2）电力市场公平竞争机制的建立，给发电、供电企业和客户带来好处。

a 建立了专业监督、评判机构（OFFER）。按照《电力法》，制定了一系列规章制度，规范了电力的公平竞争。

b 建立了发电企业的竞争机制。推动和加速了发电领域的竞争进程，使发电厂上网电价进一步降低。

c 建立了供电企业的竞争机制。改变了过去只能由供电企业选择客户的局面，竞争促使供电企业改变了对顾客的服务态度，大大提高了供电企业的服务质量。

d 建立了发电企业和供电企业之间，供电企业与最终客户（消费者）之间的纠纷调解规则和调解制度，维护了各方的利益。

3）英国电力体制改革不断创新。当不少国家纷纷效仿英国率先推行的电力库模式的时候，英国却又率先抛弃了这一模式，取而代之的是一些新的改革措施。

a 取消强制性电力库。从 2001 年 3 月 27 日起取消强制性电力库，实行新的电力交易规则。新电力交易规则（NETA）是一个由双边合同形式为主导的市场。包括以下内容：

• 合约方包括发电、供电及交易商和客户。

• 合约双方就将来任何时候买卖电力订立合同。

• 允许电力合同的时间跨度从当天到几年以后，合同需要实物交割。

• 国家电网公司作为系统运营商，接受下一结算时段系统实时运行状态的买、卖电能报价，同时签订一些有关调频、备用等铺助服务合同，以便在电网实时运行时平衡系统功率，并解决输电网的堵塞问题。

• 系统运营商调度电力直到满足需求，市场价格为系统平衡时最后一个发电单位电价。

• 对合约电量和实际电量不相符的市场参与方，将按系统平衡接受的电力买卖的价格支付费用，并且支付系统运营商平衡系统的成本。

b 纵向整合。供电公司购买发电量，在纵向上实现发电和售电的自我平衡。目前英国五个最大的供电公司，发电和售电基本平衡。

c 横向整合。供电公司之间出现相互兼并，这种横向上的整合使供电公司的客户平均规模由 300 万户提高到 500 万户，实现了规模效益。

4）英国电力市场改革发展前景。2010 年 12 月，在英国能源大臣的带领下，英政府发布一项有关电力市场改革的提案，向能源与气候变化委员会征求意见。该提案表示将制定新的政策框架，在未来 10 年间，投资大约 1100 亿英镑，用于改建老旧电站、升级现有电网，以及推出相应的激励措施鼓励发展低碳电力项目：将签订新的长期合同，在电价过低时给予电力企业补贴或执行“电网回购”政策，以鼓励企业生产低碳电力。

能源与气候变化委员会如今不看好这场堪称“英国 20 年来最为激烈的改革”。该委员会一方面担心，该计划有“偏向”核电之嫌；另一方面则指出，政府可能由于计划“过于复杂”而无法筹措到更新基础设施所需的资金。

该委员会建议除核电之外的其他种类低碳发电模式设计不同类型的长期合同。委员们敦促政府建立一个独立的专家组，来设计“电网回购合同”，从而能够促进所有低碳电力技术的发展应用。

英国能源和气候变化部表示：“不会对核电有专门的补贴，在这一点上政府的立场是绝对明确的。对电力市场的改革，将为所有低碳发电模式提供支持，而不仅仅是核电，这同时会有助于我们向低碳经济转变。”

（3）国外电力改革经验。发达国家电力市场法律立法走在电力改革之前，这与我国的情况显然不同，一般均设立管制机构，以维护电力行业特点所要求的统一性和保证其与国民经济协调发展。尤其需指出的是，美国1998年在加州提出的独立系统管理员（ISO）电力市场模式是最新和较成熟的电力市场方案，它把辅助服务设计为电力辅助服务费用，如蓄能电厂并不创造电能，但其作为发电厂要收取利润，这样一个市场模式在投入试运行后，取得非凡的经济效益：电费下降2%～10%（其中商业7%，普通2%），生产效率提高50%～70%，服务质量显著提高（年平均停电由22h下降到8h）。

他们的成功经验表明：实行电力市场可促使电力企业从市场竞争中寻找契机、吸引投资、改进技术、提高生产效率。从而弱化政府行为，减轻国家的财政负担。促使电力企业优化资源配置，降低能耗，减少成本，节约资源；促使电力企业深化改革，为广大用户提供低价、优质、高效的用电服务。同时，还能有效地挖掘设备潜力，提高资源的有效利用率。在电力行业引入竞争机制后，人、财、物将形成优化结构，转变工作人员工作作风，广泛吸纳国内外资金，为电力工业的大发展和国民经济的腾飞创造条件。

电力市场的出现是经济规律发展的必然，是计算机技术、通信技术和数字方法学迅猛发展的结果。它的出现，必将给电力工业带来蓬勃的生机和活力，推动电力工业的商业化和智能化运营。

3. 中国电力市场

（1）我国电力市场现状。电力体制改革前，我国的电力行业一直是在垄断机制下运营，实行计划经济模式，电力市场基本是卖方市场，即电厂发多少，客户用多少。改革开放以来，随着我国经济的高速发展，电力建设的不断加快，电厂和电网规模有了质的飞跃，供电能力得到了极大加强。据统计，到2009年底，我国发电装机总容量达到了8.74亿kW，是改革开放前的16.18倍；电网最高电压等级也由原来的330kV发展到了现在的1000kV特高压。随着市场经济的逐步规范，我国电力市场也发生了根本性转变，厂网分离、竞价上网、直购电的实施，电力市场原来的垄断格局被打破。供电企业由电力和客户的管理者，转变为电力经营者和客户的服务者，其职能也由分配电力和限制用电转变为搞好电力需求侧管理和鼓励客户用电。

（2）我国电力工业改革。我国从20世纪80年代开始，实行集资办电、多渠道筹资办电等政策，形成了多家办电的格局，促进了电力工业发展。

20世纪90年代以来，我国电力企业曾出现电能销售量负增长和增长相当缓慢的问题，也面临着与其他能源进行竞争的局面。

自2000年初陆续开始的6个试点省（市）电力市场的运行已经取得了一些成绩。目前，我国电力体制改革已经进行到厂、网分开，探索形成了适合各省实际情况的几种有效竞价模式。

“全国联网、西电东送、南北互供”是国家电力公司“十五”规划的工作重点。

2011年5月底，国务院批转《2011年深化经济体制改革重点工作意见》，提出“加快输配电价改革”“稳步开展电力输配分开试点，探索输配分开的有效实现形式”。

“十二五”是智能电网的重要建设期。到2015年，国家电网直供直管经营区域用电信息采集覆盖率将达到100%。

（3）当前我国电力市场的主要特征。

1）逐步打破垄断经营。目前发电领域的垄断已被打破。

2）市场带有明显的行政管理色彩。供电部门（电力局）既是电力供应商，又是政府的管电职能部门，不但负责对客户的电力供应，还要对客户的用电情况进行监督管理，如计划用电、节约用电和安全用电等。客户需要使用电力，不是向供应商签订货单，而是打申请报告，形成了交易的双方中，有一方同时兼任管理者的角色。

3）电价受国家严格控制。无论是上网电价，还是销售电价均由国家严格控制。这在计划经济体制下是完全必要的，是作为国家宏观调控的一种手段，如农业、化肥等实行优惠电价等。但随着多家办电的实施，国家对多家办电实行了多种电价，在政策上向新电厂倾斜，采用了还本付息及投资回报电价，使电价水平明显高于原有电价水平。这个政策刺激了各种资本向电力工业的投入，但同时也使新老电厂处于不平等竞争地位。销售电价没有体现供求关系，市场经济机制没有在电价上明显体现出来。

二、电力市场营销

1. 电力市场营销的基本概念

（1）市场营销的含义。市场营销不同于销售或促销。现代企业市场营销活动包括市场营销研究、市场需求预测、新产品开发、定价、分销、物流、广告、人员推销、销售促进、售后服务等。推销只是市场营销活动的一个组成部分，但不是最重要的部分。世界著名管理学权威彼得·德鲁克曾指出："市场营销的目的就是使销售成为不必要。"海尔集团公司总裁张瑞敏指出："促销只是一种手段，但营销是一种真正的战略"，营销意味着企业应该"先开市场，后开工厂"。

美国市场营销协会定义委员会 1985 年将市场营销定义为："市场营销是关于构思、货物和服务的设计、定价、促销和分销的规划与实施过程，目的是创造能实现个人和组织目标的交换。"因此，市场营销的核心是交换。

（2）电力市场营销的含义。在一定时间、地点条件下电力商品交换关系的总和构成了电力市场。电力市场营销是电力企业在不断变化的电力市场环境中，为了满足用电客户的需求和欲望，依据电力行业的法律法规，本着公平竞争、自愿互利的原则，对电力系统中发电、输电、供电和客户等环节组织协调运行，为电力消费者提供满意的电力产品和相应的服务，从而实现电力企业开拓市场、占领市场的营销目标。

（3）电力市场营销的内容。电力市场营销是一门建立在经济科学、行为科学、现代管理理论基础上的应用科学，通常包含以下内容：

1）电力市场调查与预测。

2）电力市场细分与选择目标电力市场。

3）电力市场营销组合策略，包括电力产品与服务策略、电价策略、电力销售渠道策略和电力促销策略。

4）电力市场组织、计划与控制。

5）电力需求侧管理。

2. 电力营销与一般商品营销的联系与区别

（1）二者的联系。

1）二者均为了满足消费者某种需要和效用，都具有商品的属性。电力营销既能满足人们对动力、照明的需求，同时又把电力企业的服务意识、节能和安全用电的观念传播出去。

2）二者均应遵循市场规律，遵循市场营销的原理。市场竞争规律、市场营销的基本原理同样适用于电能产品。

（2）二者的区别。

1）电能商品的单一性，使电力市场营销的产品策略不像其他商品有更大的设计、发挥空间。但电力商品会因用户用电要求不同，而采用不同的电价。

2）电能商品的交易本身虽然也包括了一些环节，如发、输、售，最后到消费者，但这些环节是瞬时完成的，因此和其他商品相比，不必考虑存货成本对营销的影响。

3）电能商品的分销渠道要受到电网覆盖范围的限制，而电网的建设投资巨大，技术要求高，因此电能商品不能像其他商品那样，随意改变分销渠道。

4）电能商品的销售在很大程度上依赖用电设备和电器的使用，因此，电力市场营销要和用电商品的营销相互作用，相得益彰。

5）电能商品出故障时，对用户的影响往往是大面积的、群体的，而不是单一的，因此，供电部门必须建立全天候的、快捷的抢修服务队伍。

6）由于电能商品的公用性，使得电力市场具有不可放弃性。

3. 开展电力市场营销的作用

（1）有利于开拓电力市场，提高电力市场占有率。这是电力市场营销的一个重要作用。电力企业为了自身发展，必须进行市场营销活动。

（2）有利于电力企业树立良好的公众形象，提高市场竞争力。在市场经济条件下，非同行间的竞争明显存在并日益强烈；同时，随着电力市场的不断完善，厂网分开，竞价上网，输配分开，竞价供电，电力企业间的竞争不断加剧。因此，积极开展电力市场营销活动，提高电力企业在客户中的知名度，树立电力企业在公众中的良好形象，可以不断提高电力企业在市场上的竞争力。

（3）有利于电力企业不断提高经济效益，不断提高电力职工的收入水平。

第二节　电力市场营销基本业务与技能

电力市场营销基本业务主要涉及业扩报装、日常营业工作、电能计量装置管理、用电检查和电费管理等内容。

一、业扩报装

1. 业扩报装的概念

业扩报装也叫业务扩充，简称业扩。是指供电企业受理用户用电申请，根据电网实际情况，办理供电与用电不断扩充的有关业务工作。

2. 业扩装报的工作程序

业扩装报的工作程序主要分以下5个阶段进行：

（1）受理用户用电申请并予以审查。用户需要新装或增装照明用电、动力用电、临时用电或要求提供第二电源，由（市）县供电局用电营业部门统一受理，按《供电营业规则》有关条款规定办理。办理用电手续首先要填写用电申请表，用电申请表是供电企业制定供电方案的重要依据。用电申请表包括用电地点、用电性质、用电设备清单、用电负荷特性、用电规划、工艺流程、用电区域平面图，以及对供电的特殊要求等。供电公司的工作人员在客户填写用电申请的基础上，及时填写《用电申请表台账》，即汇总申请表。供电营业部门接受用电申请时，注意用户提供的资料是否能满足确定供电方案和进行设计（或审查）、施工的要求。对工矿企业、机关及事业单位申请用电者，还要特别注意查清其工程项目是否已得到批准。

（2）确定供电方案。确定供电方案就是根据用户用电申请时提供的资料，进行审查计算（主要对用户用电负荷进行概算：目前用多少电，若干年后负荷发展的前景以及远期规模如何），结合电网供电的可能性、可靠性，确定电网怎样对用户供电。供电方案的主要内容有：确定为客户供电的容量、电压等级和电源点等；确定为客户供电的方式、供电线路的导线选择和架设方式；确定为满足电网安全运行对客户一次接线和有关电器设备选型配置安装的要求；确定电价标准、计量方式、计量点设置以及计量装置选型配置等。

用户申请用电是用户的权力，但只有在供电方经过现场调查和勘察后，确认用户用电申请不仅必要、合理，而且电网可能供电之后方可确定供电方案；否则，应在期限内向用户作出解释并注销申请。供电方案确定的期限：居民客户最长不超过 5 个工作日；低压电力客户最长不超过 10 个工作日；10kV 单电源客户最长不超过 22 个工作日；10kV 及以上双（多）电源客户最长不超过 44 个工作日；供电企业如不能如期确定供电方案，必须要有切实理由向客户提出书面说明。客户对供电企业答复的供电方案有不同意见时，应在 15 日内向供电企业提出意见，双方可再行协商确定。

（3）签订供用电合同。供用电合同是经济合同的一种，是电力企业与用户之间就电能供应、电费、合理用电等事宜，根据国家有关政策、法规和上级有关规定，特别是《经济合同法》规定和商品交换原则及电能销售特点，经过协商建立供用电关系、明确双方供用电权利和义务的一种形式。供用电合同包括以下条款：供电方式、供电质量和供电时间；用电容量、用电地址和用电性质；计量方式和电价、电费及结算方式；供用电设施维护责任划分；合同有效期；违约责任；双方共同认为应当约定的其他条款。

签订供用电合同，明确双方的权利、义务和经济责任十分重要。

（4）业扩报装工程。业扩报装工程包括工程设计、设计审查、设备购置、工程施工与监督管理、工程验收等几个阶段。

1）工程设计。一般根据用电情况按照确定的供电方案进行工程设计。外部工程设计，由供电企业承担；客户内部工程的设计，可以委托供电企业承担，也可以委托具备相应资质的专业部门进行设计。

2）设计审查。为了电网的安全经济运行，客户受电工程的设计须由供电企业依照批复的供电方案和有关的设计规程进行审查，电力客户应区分高压客户和低压客户，按要求分别提供有关资料。供电企业要把对客户的受电工程设计审核意见应以书面形式连同审核过的一份受电设计文件和有关资料一并退还客户，以便客户据以施工。客户如果要更改审核后的设计文件时，应将变更后的设计再送供电企业复核。

3）设备购置。按规定的程序购置工程设计中所需的设备。

4）工程施工与监督管理。按照审核的工程设计进行施工。一般外部工程施工，由供电企业承担；客户内部工程的施工，可以委托供电企业承担，也可以委托具备相应资质的专业部门进行施工。同时，在受电工程施工期间，供电企业应根据审核同意的设计和有关施工标准实施监督与管理。

5）工程验收。工程验收分为土建验收、中间检查和竣工送电前检查三个阶段。土建验收是指对土建工程完工后的验收。中间检查就是在电气设备安装约 2/3，按照原批准的设计文件，对客户变电所的电气设备、变压器容量、继电保护、防雷设施、接地装置等方面进行全面的检查，以确保各种电气的安装工艺符合有关规程的要求。竣工送电前检查是指根据施工单位提供的竣工报告和资料，由组织部门、运行部门、设计部门以及施工部门等按设计图、设计规程、验收规范和各种国家规定对工程进行检查。用户新装、增装或改装电气装置的设计、安装和试验，应符合国家有关标准，国家尚未制定标准的，应该符合国家电力行业主管部门或省、市、自治区电力主管部门的规定和规程。

(5) 建立用电资料档案。工程竣工后，供电公司需将业扩报装的相关资料妥善保管，避免丢失。相关资料包括客户新装、增容用电或变更用电申请书；客户用电设备登记表；供电方案通知书及相关答复客户通知单等资料；业扩工程设计资料审查意见书；客户内外部工程设计、施工委托单；电气设备安装工程竣工报告单；客户电气设施检查缺陷通知单；供用电合同；用电工作票；客户档案目录；客户业扩报装接电的台账报表等资料。

3. 业扩报装类别

按日常营业内容划分为：

(1) 居民用电报装。居民用电实行一户一表。

(2) 低压供电用户的业扩报装。掌握低压三相四线制供电和低压 220V 供电的规定。

(3) 高压供电用户的业扩报装。掌握城网 10kV 供电半径和农网 10kV 供电半径以及城网无功补偿和农网无功补偿原则。

(4) 供电所的业扩报装。用一流的规范化管理处理好所辖区域业扩工作。对高压用电申请，供电所受理后上报县供电公司并配合执行。

二、日常营业工作

1. 日常营业工作的概念

日常营业工作是指电力市场营销部门日常处理已经接电立户的各类用户在用电过程中办理的业务变更事项和服务工作。

2. 日常营业工作的主要内容

（1）变更用电及其管理工作。客户用电变动时，应随时办理变更手续：

1）用电权变更。用电权变更包括过户、并户、分户、销户等。如客户改变、客户名称改变等。

2）用电类别变更。用电类别变更指用电性质或行业用途变化。例如，工业用电改为非工业用电，动力用电改为照明用电等。

3）用电容量变更。用电容量变更包括减容、暂时减容、暂停用电、暂换变压器、复用等。

4）计量变更。计量变更包括移表、验表、故障换表、拆表复装、进户线移动、变（配）电室迁移等。

（2）用户管理工作。用户管理工作是指电力部门自身需要而进行的工作。主要有：

1）电能计量资料，包括电能计量装置的运行、维护、故障处理、资产卡及台账等；

2）电费计收有关账卡；

3）资产移交的办理；

4）用电检查工作；

5）业务工程材料、费用管理；

6）对临时用电、临时供电以及转供电的管理。临时用电必须安装和合格计量表记计，严禁无表用电；

7）销户等工作。

（3）服务工作。主要有解答客户询问，排除用电纠纷，接待和处理用户来电、来信、来访，宣传和解释电价政策，宣传安全用电、节约用电，宣传电业规章制度，受理用户投诉等。例如，有关低压照明客户的电能表的读表方法，用电量的计算方法，电费的分摊方法，节约用电的方法，安全用电的注意事项等都可以精心编制一些必要的卡、单等供客户索取。

三、电能计量装置管理

1. 电能计量装置的概念

电能表和与其配合使用的互感器以及电能表到互感器的二次回路接线统称为电能计量装置。电能表是电能计量装置的核心部分，其作用是计量负载消耗的电能，是计算电力用户向电力企业应付电费数额的依据。电能表就是电力企业的一杆秤，称量准确与否，直接关系到电力企业和广大用户的经济利益。

2. 电能计量装置管理的主要内容

（1）贯彻执行计量工作的法规和制度。《计量法》、《计量法则实施细则》、《电力法》、《供电营业规则》等。

（2）做好电能计量规划工作。供电企业要制定并实施所辖区域电网的电能计量规划，电能计量标准，电能计量装置的配置、更新与发展规划，建立电能计量保证体系。

（3）确定电能计量点和电能计量方式。计量点和计量方式选择不当会造成计量工作的不准确。

（4）电能计量装置的选择、运行、维护和监测。电能计量装置是供电企业销售电能的衡量准则，其质量好坏不仅影响供电企业的销售收入，而且影响供电企业的公众形象，必须给予高度重视。首先要根据要求对电能计量装置进行选型、试验、购置、验收和安装，建立电能计量装置资产账册，实行科学管理，同时要对投入运行的电能计量装置进行监督和日常维修，以及现场检验和抽样鉴定，并处理电能计量故障、差错等。

（5）电能计量的相关工作。包括开展计量技术及业务培训和经验交流，推广应用电能计量新技术和新产品等。

四、用电检查

1. 用电检查的概念

用电检查是指电力企业根据国家相关法律法规，对客户用电情况进行检查的活动。目的是为了保障正常的供用电秩序和公共安全。用电检查与用电监察不同，用电检查是政企分开的产物。

其法律依据是《电力法》、《电力供应与使用条例》、《供电营业规则》、《用电检查管理办法》，用电检查要做到有法可依。

2. 用电检查员的必备知识和技能要求

（1）必备知识。

1）掌握交直流电路的初步知识和电磁感应的基本知识；

2）熟悉本地区的电力系统结构和接线图；

3）了解变压器、互感器、自动开关等设备的种类、构造、工作原理及接线方式；

4）了解电气材料的种类、规格、用途以及效能参数；

5）了解各种绝缘工具的使用和保养方法；

6）理解《供电营业规则》、《电业安全工作规程》中与本岗位有关的条文规定；

7）熟悉高压用户电气设备交接与预防性试验；

8）了解继电保护与自动装置的有关知识；

9）掌握营业、调度和用户之间联系的业务知识；

10）熟悉消防设备工作原理及其用途。

（2）技能要求。

1）能绘制变电所一次系统接线图；

2）看懂有关继电保护与自动装置的原理图和展开图；

3）解释有关供用电方面的方针、政策、规定以及用电管理的知识和要求；

4）熟练使用功率表、功率因数表、双臂电桥等仪器仪表；

5）能进行各种计算，包括功率换算和电费、贴费、单耗节电量、技术措施节电量、无功补偿容量、负荷率、避雷针的保护范围、变压器的损耗、线路损耗以及短路电流的计算；

6）具有判断电气设备运行中的不安全苗头、险情以及处理紧急事故的能力；

7）能独立指导用户开展调荷、节电和挖掘设备潜力的工作；

8）能独立进行高低压用户的工程验收和接电；

9）根据用户报装容量和用电负荷性质等合理选择电气设备；

10）能撰写安全用电、计划用电、节约用电的技术报告。

3. 用电检查的内容

检查用户下列内容：

（1）用电客户贯彻执行国家有关电力供应与使用的法律、法规、方针、政策以及国家和电力行业标准和管理制度情况；

（2）用电客户受（送）电装置电气工程施工质量；

（3）用电客户受（送）电装置电气设备运行安全情况；

（4）用电客户保安电源；

（5）用电客户反事故措施；

（6）用电客户电工资格、进网作业安全状况及作业安全保障措施；

（7）用电计量装置等的安全运行情况；

（8）供用电合同及有关协议履行情况；

（9）受电端电能质量情况；

（10）违章用电和窃电情况；

（11）并网电源、自备电源的并网安全状况；

（12）用电客户安全用电、节约用电情况。

4. 一般违章用电及处理

（1）一般违章用电。包括：

1）越表用电；

2）在低价线路上接高价用电，少交电费；

3）私自增加容量，单一电价制的少交贴费，两步电价制的少交贴费和基本电费；

4）私自复用暂停或减容的设备，少交基本电费；

5）移动计量表计接线使计量表计不准，少交电费；

6）私接备用电源或私接电源；

7）私自转供或转让电能，使供电企业减少应收的收入等。

（2）违章用电处理。坚持违章必究，窃电必罚（必要时追究其刑事责任，参照《刑法》、《治安管理处罚条例》等），调查认真，处理严肃的原则，但态度要和蔼，处理要遵章。

五、电费管理

1. 电费管理的概念

电费是电力企业向用户销售电能后，按商品交换原则从用户取得的相应数量的货币。

电费管理是指按照国家法定电价，依据用电户实际用电量和电能计量装置记录计算电费，准确及时地回收电费的管理活动。电费计收是为了使电力企业生产、销售电能的耗费获得资金上的补偿；是正确反映电业职工劳动成果；是维持电力企业再生产和完成国家核定的财政上缴任务的主要手段。

2. 电费管理的主要工作环节

（1）抄表。

1）抄表指供电企业抄表人员定期抄录用电户电能计量装置记录数据，检查电能计量装置接线、运行及铅封完好性。

抄表时，如发现表计故障、计量不准时，除应了解表计运转及用电情况外，对当月应收电费，可暂时按上月用电量预收。在表计故障消除后，再分别视情况重新计算电费，多退少补。

2）抄表工作包括抄表周期、抄表日期及抄表方式等内容。

3）抄表方式有现场手抄、电话抄表、现场抄表器抄表、远程抄表、居民小区集中低压载波抄表、委托抄表公司抄表等。

4）抄表人员不允许估算客户的用电量，如确因某种原因抄不到电能表读数时，应尽可能设法补抄。

5）抄表人员在抄录电能表读数前，特别是对第一次抄表的新客户，应该对电能表的厂名、表号、安培、表示数、倍率等进行核对，与客户用电分户账页记录相符合后再抄表，以免发生张冠李戴错抄电能表数的现象。

6）要重视大客户的抄表工作，大客户数量虽少，但电费收入所占比重极大。

（2）电费核算。即电费计算与审核工作。为了保证抄表质量，一般在抄表当天由专业复核人员与抄表人员之间相互逐户复核所抄电量和应收电费是否准确，然后再填写电费收据，编写抄表日报。

其计算与审核的项目包括：

1）清点抄表人员交回的抄表卡片，确认其户数与分户账页分类汇总表上所载户数相符，电费收据张数与所领张数一致。

2）逐户按抄表卡片和电费收据审核电量和电费的计算。

3）审核卡片和收据的填写是否正确无误。

4）审核有关业务工作传票的运转、登记和执行情况。

5）账务处理。

6）核算汇总。核算人员于月末应计算出实抄率、差错率、电费回收率等统计考核资料。

（3）电费回收。回收电费的主要方式有以下几种：

1）走收电费。即上门收费。收费人员每天领取电费收据，在收取电费的同时将收据交给客户。如果当天无法收到电费，应留给客户通知单，通知客户到指定地点交费。收费员要妥善保管电费收据，每天将收到的电费和未收到的电费单据交给坐收员，并相互核对签字。

2）坐收电费。即坐在柜台里收费。坐收人员每天工作结束后，除了清点全部收入现金和支票外，还应将当天的全部电费收据存根联分类统计，编制已收电费合计票。所收各项业务费分别编制相应的收入日报表。做到电脑和手工双备案。

3）委托银行代收电费。供电企业则依据协议规定，按月付给银行代收电费手续费。

4）客户储蓄付费。所谓客户储蓄付费是由客户自愿参加电费储蓄，由银行根据电费管理部门所提供的客户电费结算软盘，从客户电费储蓄账户中扣减电费，并划到电费管理部门的账户中。

5）分次交纳电费。分次交纳电费是指电力客户对当月电费按照协议在结算前分多次向供电营业部门交纳电费，并在月末抄表结清当月电费的一种电费回收方式。这种方式一般适用于10万 kWh 以上的电力客户。

6）客户自助交费。客户自助交费是指客户通过电话、计算机网络等通信终端设备按语音提示完成交费的方式。这种方式不受交费时间、地点的限制，有效解决了电力客户交费难的问题。

3. 电力市场营销分析

（1）营销分析。营销分析就是及时、准确、全面、系统地对各种营业数据进行分类统计并加以分析比较，如按电压等级、电价种类、用电性质或按行业、区域对电力、电量销售的统计数据进行分析，为本企业改善经营管理，开拓电力市场，增长售电量，提高企业的社会、经济效益服务。

（2）分析内容如下。

1）电力营销形式分析。包括分析期内供电公司购电、售电完成总量及损失情况；实现的售电收入、售电平均电价和购电价情况；获取的电力销售毛利状况、与基期或计划的比较等。

2）电力营销主要指标的完成情况分析。包括分析期内主要指标，即售电收入、购电费和销售毛利完成情况的分析及今后的走势分析；对构成销售毛利的因素，即售电量、售电平均电价、购电价、损失电量和线损等进行分析。

3）辅助指标完成情况分析。主要对营业外收入，包括电费滞纳金、违约使用电费等进行分析；对堵漏增收情况进行分析。

4）电力市场分析。对本期电力市场进行分析，提出特殊问题。

5）电力营销策略分析。根据电力市场变化，提出近期、远期的电力市场营销策略。

第三节　电力市场调查与预测

电力市场调查与预测是指通过市场调查，说明电力市场的规模，以及近几年电力市场的增长情况，电力市场的增长结构，用户用电趋势，售电量、销售额、经营利润情况，电力商品的市场占有率情况等，从而对电力需求作出预先的估计和推测。

一、电力市场调查的内容

电力市场调查的目的是为电力市场营销决策提供依据，它直接影响电力市场预测的准确性以及电力市场营销活动的有效性。

电力市场调查的内容包括电力市场营销环境调查，电力需求调查，电力购买行为调查，电力产品与服务调查，电价调查，电力销售渠道调查以及电力促销策略调查等。

1. 电力市场营销环境调查

电力市场营销环境包括宏观环境、产业环境和微观环境。

（1）宏观环境。

1）政治、法律环境。影响电力工业发展的政府有关方针、政策和法律法规等。

2）经济环境。包括国民生产总值和国民收入总值、个人收入、人口及增长趋势、消费水平及消费结构、物价水平和物价指数、能源和资源状况等。

3）自然环境。主要指自然物资资源，如煤炭、水资源、核资源及其他原材料等。

4）科学技术环境。新技术创造了科学的管理手段，提高了电力销售部门的工作效率。电力企业的领导人员和管理人员的素质和知识结构应当与科学技术环境相适应。

（2）产业环境。

1）同行业之间的竞争。竞价上网，同网、同质、同价的法律约束会促使这种竞争不断深化。

2）不同行业之间的竞争。电能与其他可替代能源之间的竞争是非常激烈的，电能具有清洁、便于输送等优点，使电能具有其天然的竞争力，同时，电力企业还必须降低成本，在价格和服务上下工夫，才能进一步扩大电力市场。

（3）微观环境。电力企业内部环境。包括各管理机构、管理层次之间的分工、协作以及电力企业的销售能力（为客户服务的能力和电力供应能力）等。

2. 电力购买行为调查

进行电力购买行为调查有利于确定电力市场的大小。电力客户一般分为居民客户和产业客户。

（1）居民客户的特点。居民客户的消费者分城镇和乡村的居民，这一类型的消费者具有以下特点：

1）需电量水平低。电力消费者的用电主要用于家庭消费，相对于产业客户，需电量总体水平相对较低。

2）需电量分布不均。一般城镇居民用电相对集中，农村居民用电相对分散；东部地区居民用电相对集中，西部边远地区居民用电相对分散。

3）电力需要潜力较大。一般居民家庭用电随着人民生活水平的提高不断增加，电力市场潜力较大。

（2）居民客户购买决策过程。其购买决策过程包括确认电力需求、搜集相关信息、进行评估选择、电力购买决定和电力购后行为等五个阶段。

（3）电力产业市场的购买决策过程。电力产业市场的购买决策过程包括认识电力需求、确定电力需求、说明电力需求、物色电力供应商、征求建议、选择电力供应商、签订电力合约和电力绩效评价等八个阶段。

3. 电力需求调查

电力需求调查包括电量、电力以及电力市场占有率等。电量是指供电地区在一定时间内电力生产和消费的总量，单位是 kWh；电力又称负荷，是指发电、供电地区或电网在某一瞬间所承担的工作负载，单位是 kW。

二、电力市场调查的方法

（1）询问法。

（2）观察法。

（3）实验法。

（4）抽样设计方法。

1）随机抽样。包括简单随机抽样、分层随机抽样和分群随机抽样；

2）非随机抽样。包括任意抽样、判断抽样和配额抽样。

三、电力市场调查的步骤

（1）确定电力市场调查的问题。

（2）作好电力市场调查的准备工作，包括确定调查方法、设计调查表等。

（3）进行现场调查，收集相关信息。

（4）调查资料的整理与分析。

1）资料的整理主要包括分类、校对、编号、列表等。

2）根据整理好的资料一般要进行以下工作：

a 经济增长与电力需求增长分析。

b 电力市场现状及需求的分析。该分析包括不同行业用户的电力消费状况；电力、煤炭、石油、天然气、液化石油气等消费水平和消费结构的调查；用电客户对电力部门的意见调查。

c 电力需求预测。

d 未来电力供需平衡状况趋势分析。

（5）编写调查报告。报告一般包括以下内容：

1）电力市场调查过程概述；

2）电力市场调查目的；

3）电力市场调查结果；

4）电力市场结论。

四、电力需求预测

电力需求预测就是采用一定的科学方法和手段，对已有电力客户以及未来新增电力客户的需电量作出一定的科学估计和推测。由于电力生产具有发、供、用同时完成的特性，故电力需求预测尤其重要。

电力需求预测一般有以下几种：

1. 按预测内容分类

（1）电量预测。包括营业电量、非营业电量和外购电量。

1）营业电量：是指供电地区专业电力公司供给用电者的电量，包括电网的售电量和自用电量。

2）非营业电量：是指供电地区非专业电力部门自发自用的电量。

3）外购电量：是指从外电网或者非专业电力部门购入本地区专业电网的电量。

（2）电力预测。又称负荷预测。负荷对客户来讲就是客户连接在电网上的所有用电设备在某一瞬间所消耗的功率和。在生产过程中电力负荷可分为发电负荷、供电负荷和用电负荷。

1）发电负荷是指某一时刻电力系统内各发电企业发出的电力之和。

2）供电负荷是指发电负荷减去各发电企业自用电负荷后的负荷，如与其他电网相连，还需要加、减电网间的互送电力。

3）用电负荷是指供电负荷减去线损负荷后的负荷，也就是系统内各个客户在某一瞬间所消耗的电力负荷总和。

电力预测一般是在电量预测的基础上，根据两者之间的关系，换算出负荷预测值。

2. 按预测时间分类

（1）即时预测：是指预测期为日和周的预测。

（2）短期预测：是指预测期为12～24个月的预测。

（3）中期预测：是指预测期为4年、6年或8年的预测。

（4）长期预测：是指预测期为10～30年的预测。

3. 按预测方法分类

（1）定性预测：指一般凭借经验进行预测。

（2）定量预测：指利用统计资料凭借数学模型对预测对象的未来发展趋势和状态进行预测。

五、电力需求预测技术

1. 传统预测技术

传统预测技术包括经验预测技术和经典预测技术。经验预测技术主要依靠专家的判断进行预测，包括专家预测法、类比法和主观概率法。经典预测技术包括单耗法、电力弹性系数法和负荷密度法。

2. 回归分析预测技术

回归分析预测技术就是从事物的相关联系中，利用数理统计学中的回归分析来找出事物变化的规律，从而进行电力需求预测的方法。这种预测方法一般适合于电力需求的中长期预测。

3. 时间序列预测技术

时间序列预测技术是将预测目标的历史数据按照时间顺序排列，然后分析它随时间变化的趋势，推倒预测目标的未来值。时间序列预测技术分确定性时间序列预测技术和随机时间序列预测技术。确定性时间序列预测技术常用的方法有简单平均预测法、滑动平均预测法、指数平滑预测法、自适应系数预测法、季节趋势预测法和增长趋势预测法。随机时间序列预测技术需要的数学知识较深，计算量大，在短期预测方面精度高。

4. 现代预测技术

现代预测技术包括灰色预测技术和神经网络预测技术等。

灰色系统是介于白色系统和黑色系统之间一种系统，其系统的部分信息已知，部分信息未知。例如，电力需求系统，对于影响系统的发电机组、电网容量、大客户的负荷等是已知的，是白色系统，而影响电力需求的天气情况、地区经济政策等情况是难以确定的，是黑色系统，所以电力需求系统是典型的灰色系统。灰色预测就是对灰色系统的预测。

以上各种预测方法在应用中需要参考相应数学知识。

六、电力需求预测的程序

(1) 确定预测内容和目标。

(2) 收集、分析、整理有关资料。此步骤不是一次可以完成的，往往在预测过程中需要反复的调查和进行补充收集。

(3) 选择预测方法，建立数学模型进行预测计算。在预测过程中要根据具体问题具体分析，选择最合适的预测方法，以保证预测的正确性。对于定量预测技术需要建立相应的数学函数关系进行计算，求出初步预测结果，并考虑到模型没有包括的因素，对预测数值进行必要调整。

(4) 预测结果的评价。一般情况下，预测允许有误差，但误差太大，预测就会失去意义，因而需要对各种预测结果进行分析、比较和评价，以便进行必要的调整。

第四节　电力市场细分与选择目标电力市场

电力市场营销活动必须在市场调查和电力需求预测的基础上对电力市场进行细分，并选择一定的目标电力市场作为电力企业今后进入和占领的目标市场。

一、电力市场细分

1. 电力市场细分的概念

电力市场细分是指电力企业按照电力客户或电力消费者的一定特性，把原有的电力市场分解为两个或两个以上的电力分市场或电力子市场，用于确定目标电力市场的过程。市场细分不同于一般的市场分类，它不是对产品进行分类，而是对同种产品需求各异的消费者进行分类，是识别具有不同要求或需要的购买者的活动。

2. 有效电力市场细分的条件

细分电力市场的方法有很多，但并不是所有的细分方法都有效。有效的细分市场应具备可测量性、可盈利性、可进入性和可区分性等特征。

（1）可测量性。可测量性是指细分的电力市场规模、购买潜力和大致轮廓可以测量。如把电力市场细分为农村电力市场和城镇电力市场，农村用电和城镇用电是可以通过计量装置测量的，是有效的。但如果把电力市场细分为儿童用电市场和成人用电市场则是不科学的，因为无法计量这种细分市场的用电量。

（2）可盈利性。可盈利性是指细分电力市场的规模足够大，有足够的利润来吸引电力公司为之服务。细分市场应是现实可能中最大的同质市场，值得电力公司为其制定专门的营销计划。

（3）可进入性。可进入性是指电力公司能有效地进入细分电力市场并为之服务。

（4）可区分性。可区分性是指所细分的电力市场之间从概念上讲是有区别的，并且不同的细分市场对于不同的营销组合方案有不同的反应。

二、常见的电力市场细分及电力细分市场分析

电力市场细分一般有以下几种。

1. 根据使用电力商品的对象细分

根据使用电力商品的对象不同，电力市场细分为第一产业用电市场，第二产业用电市场、第三产业用电市场以及城乡居民生活用电市场。

（1）第一产业电力细分市场分析。

1）消除用电制约市场因素的市场潜力。随着 1998 年国务院有关“两改一同价”政策的到位，农村用电将有所增加。

2）农田灌溉中电动机替代柴油机的潜力。以前由于电力资源紧张，农村一部分排灌用柴油机。随着电力供需矛盾渐趋平缓及电力营销工作人员的积极努力，电力排灌会相应普及。

3）温室栽培中电加热替代其他能源加热的潜力。目前条件下，燃煤炉火加热的经济性略显优于电加热，电加热将很难替代炉火加热。要改变这种状况，一方面是降低电加热炉的造价，另一方面是降低电价。当成本降低后，电加热替代其他能源加热是有一定的潜力的。

（2）第二产业电力细分市场分析。

1）生产环节中用电能替代其他能源带来的用电增长。

2）工业用电客户生产带来的用电增长。

3）纺织行业压缩生产规模减少的用电。

4）燃煤浴炉和茶炉改用电炉的潜力。

5）夏季企业空调用电增长潜力。

6）企业电能采暖用电增长潜力。

（3）第三产业电力细分市场分析。

1）主要行业室内制冷彩暖用电潜力。

2）主要行业生活热水用电潜力。

3）主要行业机动车用电潜力。

（4）城乡居民生活用电细分市场分析。

1）电能替代其他炊事用能的潜力，如电饭锅用电潜力、电烤箱用电潜力、微波炉用电潜力等。

2）电热水器替代燃气热水器的潜力。

3）空调器增长的潜力。

2. 根据行业细分

根据行业不同，电力市场细分为工业用电市场，农林牧渔水利用电市场，地质勘探业用电市场，建筑业用电市场，交通运输及邮电通信业用电市场，商业、饮食、物供和仓储业用电市场。

（1）工业用电市场一般电力销售量大，用电比较均衡且用电负荷率较高，电力销售成本较低。从近年工业用电量比例看，工业企业用电仍然占有主导地位。

（2）农业用电市场的特点是点多、面广、负荷分散、负荷率低、电能损耗大。随着农网改造，逐步完善农村电价政策，可以大大提高农民用电积极性，农村用电潜力很大。

（3）建筑业和交通运输业、邮电通讯用电市场近年来在国家宏观政策的支持下，稳步增长。从发展来看，随着国家基础产业的迅速发展，这一行业将会逐渐成长为用电市场的一支生力军。

（4）城镇商业及居民用电市场近年来增长迅猛，尤其是旅游业的迅速发展。随着国民经济的迅速发展、城乡居民生活条件改善和电网改造，空调、电取暖、电热水器等大功率电器进入家庭，居民生活用电必将进入一个高速增长期。

3. 根据电价细分

根据电价不同，电力市场细分为居民生活用电、非居民照明用电、商业用电、非工业用电、普通工业用电、大工业用电、农业生产用电、贫困县农业排灌用电、趸售县用电。

4. 根据市场存在的状况细分

根据市场存在状况不同，电力市场细分为现有市场，即目前存在的用电客户；潜在市场，即尚待开发的市场。

5. 根据市场质量细分

根据市场质量不同，电力市场细分为优质市场，即用电量稳步上升，电费能快速结清，售价高的电力市场；一般市场，即用电量平稳，电费能结清，售价较高的电力市场；劣质市场，即用电量下滑，电费结清困难，售价低的电力市场。

6. 根据用电时段细分

根据用电时段不同，电力市场细分为峰段电力销售市场、平段电力销售市场、谷段电力销售市场。

7. 根据用电器细分

根据用电器不同，电力市场细分为空调市场、电锅炉市场、电热水器市场和电取暖市场等。

由于这几个子市场均有相似的替代品（煤、汽、油），因而表现出很强的竞争特性，所以其销售极具弹性。虽然电能比其他能源更方便、清洁、安全，但如果用户的投资和运行费用过高，在目前的社会经济状况下，势必会迫使他们寻求最为经济的替代品。

8. 根据销售渠道细分

根据销售渠道不同，电力市场细分为供电公司直供直销市场、转供电力市场等。

三、选择目标电力市场

电力企业在电力市场细分的基础上，决定应该进入并占领一个或几个子市场，就叫选择目标电力市场。电力企业进行市场细分的目的就是要寻找目标电力市场，在目标电力市场实施相应的营销策略。

选择目标电力市场可采用以下策略。

1. 无差异市场策略

无差异市场策略是指企业虽然认识到不同的细分市场，但权衡利弊，不考虑各子市场的特性差异，只注重各子市场的共性，把所有子市场看作为一个大的目标市场，只设计一种产品，运用一种营销组合。

由于电能是一种特殊的商品，电压、频率和供电的可靠性决定了电能的质量特性。如果电力客户不同或电力用途不同，对电能电压的要求是不同的，例如照明电压为220V，动力电压为380V等。因此电力市场一般不采用无差异市场策略。

2. 差异市场策略

差异市场策略是指企业选择多个细分市场作为目标市场，分别设计不同的产品，采取不同的营销策略，以适应各子市场的需要。

电力产品的特殊性，决定了电力企业可以根据不同的客户、不同的用途，提供不同电压等级的电能；也可以依据不同类型客户对供电可靠性的要求不同，提供不同可靠性要求的电能。因此电力市场一般在市场细分的基础上采用差异电力市场策略。

3. 集中市场策略

集中市场策略是指企业集中全部力量，只选择一个或少数几个性质相似的子市场作为目标市场，开发一种产品，制定一套营销策略，集中力量在目标市场上占有较大的市场占有率。电力企业作为一种公用事业，当然不能只选择一个细分市场进行经营。但在不同的历史阶段，可以集中选择一个细分市场进行市场开发。例如，集中开发农村电力市场。

四、目标电力市场定位

目标电力市场定位是指在选择目标电力市场的基础上，根据目标电力市场上竞争者的地位，结合电力企业自身的条件，从各方面为电力企业和电力产品创造一定的特色，树立一定的市场形象，以求在电力消费者和电力客户心目中形成一种特殊的偏好。企业的信誉和声望是企业立足市场并在市场竞争中取胜的保证。由于电力产品的特殊性，通常有以下定位依据。

1. 根据属性和利益定位

以电力产品本身的属性以及电力客户由此获得的利益进行定位。比如以“为客户提供经济、合理、安全、可靠的电能”作为电力市场的定位依据。

2. 根据价格和质量定位

电力产品的价格是一个非常重要的因素，以电价为依据进行市场定位，能帮助电力企业在客户心目中树立良好的形象。同样，电能的质量也是电力客户非常关心的一个因素，以电能的质量进行定位同样会起到很好的效果。

3. 根据电能的用途定位

电能的应用很广，可以用于生活的各个方面和国民经济的各个领域，因此，以电能的用途进行定位是一个重要的依据。

4. 根据使用者定位

不同的使用者对电能的要求是不同的，可以根据使用者不同的用途进行电力市场的定位。

5. 根据竞争地位定位

根据竞争地位进行定位是指选择与竞争对手完全不同的利益或属性来为本企业进行定位。比如某电力企业将其电力产品定位为电压、频率合格，供电可靠，另一电力企业就可选择不同的利益或属性，例如选择电力售后服务好作为定位的依据，可以充分体现不同的竞争地位。

第五节 电力市场营销组合策略

市场营销组合是现代市场营销理论中的一个重要概念，是市场营销成功的关键。市场营销组合由可控变量和不可控变量两部分组成，可控变量很多，可以概括为产品（Product）、价格（Price）、渠道（Place）、促销（Promation）4 个因素，通常称为 4P 理论；不可控变量概括为权利（Power）和公共关系（Public Relation）两个因素，被称为 2P 理论。“可控因素”就是说企业可以根据目标市场的需要决定自己的产品结构，对这些市场营销手段的运用和搭配，企业有自主权，但这种自主权是相对的，不是随心所欲的，因为企业市场营销过程中除了要受本身资源和目标的制约外，还要受各种微观和宏观环境因素的影响和制约，这些属于企业“不可控制的因素”。

一、电力产品策略

1. 电力产品的整体概念

在电力市场营销中电力产品应包括三个层次：第一层次是指电力产品的核心；第二层次是指电力产品的形式；第三层次是指电力产品的附加利益。

（1）核心产品。对于电力客户来说，他们向供电企业购买的是“能源”。

（2）有形产品。一般产品的形式包括产品的品种、花色、款式、规格、装潢、包装、商标、信誉与声望等。电力产品有到户电能质量水平、可靠性、电价水平以及相应政策等。例如，照明用电是220V，动力用电是380V，同时为了长距离输送电力，又形成了6、11、35、66、110、220、500kV等不同的电压等级。电能从形式上还有交流和直流之分。

(3) 附加产品。附加产品是指用电客户购买产品时所获得的全部附加服务和利益。

2. 电力产品策略

(1) 电力产品生命周期策略。

1) 产品的生命周期。产品的生命周期分为投入期、成长期、成熟期和衰退期四个阶段。不同时期应有不同的策略。电能自产生以来，经投入期，到今天被广泛利用于工农业生产以及人民的生活，就一直处于成熟期，并且还将继续停留在成熟阶段。

2) 电力产品成熟期的维持策略。

a 加强电力售后服务，维持电力市场占有率。电力售后服务是维持电力需求的一个重要因素，良好的电力服务会吸引消费者和客户增加电力需求，不断提高电力市场占有率。

b 把卓越的产品特征传递给目标市场吸引顾客的注意力。

• 强化电能质量标准管理，巩固电力产品在能源生产市场上的高品质、高质量的领先地位。电力部门不仅要满足用电客户对电力数量的需要，而且也要满足对电能质量上的要求。电能质量是电力产品特征的重要体现。

美国的战略规划研究所对较高的相关产品质量的影响进行了研究，发现相关产品质量与投资收益之间存在着较高的正相关关系，相关产品质量较高的公司要比质量较低的公司多盈利60%。

• 不断改进电力产品性能，争取最大市场收益和市场份额。产品性能是产品首要特征。

• 对供电可靠性水平分类收费，体现对客户的公平原则，既增加了客户选择余地，又降低了供电总成本。

然而，当客户选择了一定供电可靠性水平后，如果供电水平未达到，则应考虑赔偿问题。赔偿金额可以按照《电力供应与使用条例》中的规定执行。

（2）供电服务营销策略。在难以突出产品特征差别时，竞争成功的关键常取决于服务的数量和质量。因为对于供电企业的客户而言，期望的是安全、可靠及高效的动力能源保障、较高层次的用能咨询及相关咨询。在其他能源（煤气、天然气等）的输送网络日渐完善之际，能源用户对不同的能源供应商会形成特殊的偏好，从而选择一种自认为最便利的能源。我们不是在卖电，而是在向世界介绍一种全新的环保的生活方式。供电企业应通过不断完善自身机构设置及建立相应监督机制等措施向顾客提供更良好的售前、售中及售后服务来增加电力能源产品的内涵。

1）业扩报装服务。这一过程是新的用户从电力系统取得它所需要的供电电源，也是电力系统不断扩充业务的需要。业扩报装环节是培养新的用电需求热点的重要环节。

2）计量服务。电能计量关系到国家能源的合理开发利用，也关系到电能生产和消费之间的直接利益。保证电能计量装置的可靠性和准确性可增加客户的信任和忠诚。

3）顾客培训和咨询服务。顾客培训是指对用电客户及有关职员（如单位电工以及电气负责人等）进行培训，让他们能正确有效地使用用电设备。咨询服务是指销售商向购买者免费提供资料、建立信息系统、给予指导等。供电公司营业大厅的各项服务措施以及人员都应积极主动地为顾客服务。

4）修理服务。汽车购买者对经销商的修理服务水平一定十分关心。因此生产公司向顾客保证承担因公司修理不当而造成的一切费用。供电公司的报修中心即为完善该项业务而设立的机构，对报修中心承诺的各项服务应定期或不定期地进行检查和监督，从而扩大供电公司的知名度，为维护用电客户和电网的安全用电提供保障。

5）日常营业服务。日常营业工作项目多，内容广，服务性、政策性强，关系着供电企业的形象，直接影响供电企业的经济效益。电力营销工作人员一定要重视日常营业这项工作，按照国家电网的要求，规范、真诚地为客户服务，努力地全面打造服务品牌。

6）其他服务。公司还可发现许多其他途径来区分服务和服务质量，增加产品价值。例如，航空公司可对经常乘坐该公司班机的顾客给予奖励。

事实上，公司用于和竞争对手区分的服务和利益项目的数目是无限的。但考虑附加产品策略时应注意如下相关问题：

a 每增加一些东西都要花钱。市场营销人员需要知道顾客是否愿意支付这些金钱以补偿产品成本。

b 附加的利益可能很快就变成期望的利益。用户的需求是无止境的（如想要更快的报装速度和质量）。

c 当公司提高附加产品的价格时，有些竞争者会相反以更低价格提供“削价产品”。如各供电企业正在面对一些地方小火电机组和柴油机组的低价竞争。

3. 品牌与商标策略

（1）品牌。品牌是商品的牌子，是销售者给自己的产品规定的商业名称。品牌包括品牌名称、品牌标志和商标。

（2）商标。商标是一个法律名词，是指已获得专利权并受法律保护的一个品牌或品牌的一部分。商标是企业的一种无形资产，具有如下特点：

1）法律上的专有性。商标很容易脱离所有人的占有而被许多人所拥有，只要商标公之于众，第三人就有可能通过不合法途径而获得利益。因此，商标的所有人要想正常地行使自己的权利，就必须依靠国家法律，即《商标法》的特别保护。

2）时间上的有限性。随着电力市场的完善，电力企业将逐渐重视品牌和商标对电力营销活动的作用。各国商标法对商标注册有效期限的规定长短不一，比如，美国规定为 20 年；加拿大规定为 15 年；日本规定为 10 年；英国规定为 7 年。我国《商标法》规定商标保护期限为 10 年，有效期满需要继续使用的，应当在期满前 6 个月内申请续注册，在此期间未能提出申请的，可以给予 6 个月的宽限期，宽限期满仍未提出申请的，注销其注册商标。每次续注册的有效期仍为 10 年，申请续注册不受次数的限制。

3）空间上的地域性。商标只在授予国的国境内有效。任何国家只保护自己授予或承认的注册商标，因此，企业为保护自身利益和国家利益，必须加强商标的国际意识，在必要的时候，应通过《商标国际注册马德里协定》向国外申请商标注册。

电力产品由于其生产、输送和使用的特殊性，一般只在跨国输送电能的情况下，才可能涉及国际注册问题。

（3）电力品牌与商标策略。电能是由发电公司生产，供电公司销售，电力品牌使用的策略实际上就是决定究竟是采用发电公司的品牌，还是采用供电公司的品牌。电力公司应该为本企业生产或销售的电力产品创造一个品牌，包括品牌名称、品牌标志，同时向有关部门注册商标。并大力推进其宣传工作，引起社会的争论，从而形成品牌的独特风格，突出电力公司在众多能源公司中的与众不同。

1）电力企业使用品牌策略的优点。电力品牌可以指导消费者和客户选择不同的电力公司，成为购买电能的标志；良好的品牌可以为电力公司创造良好的形象，增加电力企业在市场上的竞争力；品牌一经注册后受法律的保护，可以成为电力企业的一种无形资产。

2）电力品牌策略。电力品牌策略包括电力品牌有无策略，即是否采用电力品牌的策略；电力品牌使用者策略，即采用哪个电力公司品牌的策略等。

二、电力价格策略

1．电价的构成

《中华人民共和国电力法》第三十六条规定：“电价的制定，

应当合理补偿成本，合理确定收益，依法计入税金，坚持公平负担，促进电力建设。”故电价作为电能价值的货币表现，其构成是电力成本、利润和税金。用下述公式表示

$$P = C + V + M \quad (3-2)$$

2. 现行电价种类

（1）在生产流通环节，电价可以分为上网电价、网间互供电价和电网销售电价。

（2）在销售环节，电价按用电性质不同可以分为居民生活用电电价、非居民照明用电电价、商业用电电价、普通工业用电电价、非工业用电电价、大工业用电电价、农业生产用电电价和趸售电价等八类。

3. 电价策略

（1）发电公司的定价策略。发电公司定价策略包括财务水平定价策略、边际成本定价策略、低谷损失定价策略和高峰技巧定价策略。

（2）电网公司的定价策略。

1）两部制电价策略。现行电价的计价方式分为单一制电价和两部制电价两种。

单一制电价又称为电度电价，是指按客户用电量千瓦时数量计价。适用于生活照明、非工业、普通工业、农业生产和商业服务业等用电类别。

两部制电价是指将电价分为电度电价和基本电价两部分，基本电价代表电力企业的固定费用，即容量成本。计算基本电价是以用电户最大需量值千瓦数或装接用电设备容量千伏安数为准，与实际用电量无关。两部制电价适用于大工业（330kVA 及以上）用电类别。

2）峰谷分时电价策略。电力系统负荷总是变动的，从日负荷曲线中可以看出，用电有高峰和低谷之分，一般在早晨和傍晚会出现负荷的峰值，而晚上十点以后到次日凌晨出现负荷的低谷

区。为了平衡电力系统的负荷，有效地利用电力设备，应充分发挥电价的经济杠杆作用，实行峰谷分时电价策略。

峰谷分时电价策略是指依据日负荷的变化，将每天24h分为低谷时段、高峰时段和正常时段，对低谷时段用电的客户给以价格上的优惠，鼓励客户在低谷时用电。而对高峰时段用电的客户，不论基本电价，还是电能电价均高于正常时段的电价，从而起到限制高峰时段用电需求的作用。

3）丰枯季节电价策略。一般在水电比重较大的电网实行丰枯季节电价策略，其目的是为了提高电力系统的负荷率，减少水电站的弃水量。

丰枯季节电价策略是依据季节和来水量将电价分为丰水期电价和枯水期电价，丰水期电价一般比现行电价低，以鼓励客户在丰水期间用电；枯水期电价一般比现行电价高，以限制客户在枯水期间用电，最终起到平衡电力系统负荷的作用。一般丰水期电价可比现行电价低30%～50%；枯水期电价可比现行电价高30%～50%。目前，我国部分水电较多的省份实行了丰枯季节电价，执行丰枯季节电价的销电量约480亿kWh，占全国总销售电量的5%左右。

4）功率因数调整电价策略。

a 功率因素数。电力系统的负荷分为有功负荷和无功负荷。有功负荷主要是指供给能量转换，例如将电能转变为化学能、热能、机械能等。无功负荷主要是指供给电气设备及供电设备的电感负载交变磁场的能量消耗。

功率因数是有功负荷和无功负荷比例的表征值，也成为力率。在一定的电压和电流的条件下，功率因数越高，有功功率就越大。提高功率因数是提高用电设备利用率的有效途径，同时也降低了电力在传输中的能量损耗。

b 功率因数考核标准及实施范围。我国现行的功率因数考核，是参照1983年出台的《功率因数调整电费办法》进行。它是根据各类客户不同的用电性质及功率因数可能达到的程度而规定的。

• 功率因数标准0.90适用于160kVA（kW）以上的高压供电工业客户、320kVA（kW）及以上的高压供电电力排灌站及装有带负荷调整电压装置的电力客户。

• 功率因数标准0.85适用于100kVA（kW）及以上的工业客户、100kVA（kW）及以上的非工业客户和电力排灌站，以及大工业客户末划归电力企业经营部门直接管理的趸售客户。

• 功率因数标准0.80适用于100kVA（kW）及以上的农业客户和大工业客户划归电力企业经营部门直接管理的趸售客户。

凡是实行功率因数调整电费的客户，应装设带有防倒装置的无功电能表，按客户每月实用的有功电量和无功电量，计算月平均功率因数；凡装有无功补偿设备的且有可能向电网倒送无功电量的客户，应随其负荷和电压变动及时投入或切除部分无功补偿设备，供电企业应在计费计量点加装带有防倒装置的反向无功电表，按倒送的无功电量与实用无功电量两者的绝对值之和，计算月平均功率因数。

c 功率因数调整电价策略。功率因数调整电价策略是指计算客户实际功率因数，当实际功率因数高于或低于规定的标准功率因数时，应按照功率因数调整电费表对客户按规定计算的电费进行调整，从而限制客户无功功率的消耗。

5）煤电联动价格策略。2005年4月底，国家发改委发出通知，公布了煤电价格联动实施方案。旨在解决2004年6月以来煤炭价格上涨、部分电厂经营亏损等对电价的影响。煤电联动并不是将煤炭价格上涨造成的发电企业成本增支完全转移出去，而是要求发电企业消化30%。要求煤炭生产经营单位不得借电价调整之机提高煤价，擅自提高电煤价格将受查处。

然而，日前出台的电煤价格市场化政策在煤电两大阵营内引发了不同的反响：全煤系统结成价格联盟，煤炭价格高涨；火电企业夹在煤价放开，电价依然实行管制的缝隙中，其境遇不言自明。故应该放开煤价的同时使电价同步走向市场。

4. 电价改革

（1）改革开放以后的电价改革。90年代后期，随着电力供求矛盾的缓和，电价政策由侧重刺激电力发展为主，逐步向科学化和规范化方向转变，对电价秩序进行了全面的治理整顿；取消了计划经济条件下出台的买用电权、供电贴费等措施；出台了按电力项目经济寿命周期和平均成本定价的办法，统一制定并颁布了各地新投产燃煤机组的标杆上网电价；实行了煤电价格联动；推行了城乡居民生活用电同价；2005年5月，国家发展改革委拟订、颁发了《上网电价管理暂行办法》、《输配电价管理暂行办法》和《销售电价管理暂行办法》。

总体上看，这些改革措施，对维护经营者和消费者的合法权益，合理引导电力投资，促进电力工业的持续快速健康发展起到了积极的作用。

（2）再生能源电价的确定。根据2005年2月底全国人大颁布的《中华人民共和国可再生能源法》和国家发展改革委这次颁布的《上网电价管理暂行办法》，对可再生能源发电企业上网电价，将实行政府定价和招标定价两种方式。实行政府定价的，由国务院价格主管部门根据不同类型可再生能源发电的特点和不同地区的情况，按照有利于促进可再生能源开发利用和经济合理的原则确定，并根据可再生能源开发利用技术的发展适时调整。实行招标的可再生能源发电项目上网电价，按照中标确定的价格执行。但是，中标确定的价格不得高于政府价格主管部门制定的同类企业上网电价。不管是政府制定还是招标确定的可再生能源发电上网电价，高于常规能源发电平均上网电价的部分，通过电费附加形式在销售电价中分摊。

三、电力渠道选择策略

1. 电力销售渠道的概念

电力销售渠道是指电力产品从发电环节进入消费领域过程，

是由提供电力产品及服务的一系列相互联系的环节所组成的通道。由于电力产品及电力生产的特殊性，决定了电力商品在不同电力市场运营模式下，具有不同的电力销售渠道。

2. 电力市场的运营模式

电力市场的运营模式有以下四种：

（1）垄断模式。垄断模式是指发电、输电、配电统一经营，是传统意义上的垂直一体化经营模式，这种模式还谈不上电力市场问题。

（2）发电竞争模式。发电竞争模式是指发电分离，输电、配电仍实行垄断经营，虽然只有一个买者，但已经存在了买卖关系，此时的电力市场仅仅指发电市场。

（3）电力转供模式。电力转供模式是指发电分离，输电开放、配电仍实行垄断经营。允许大用户直接从发电公司购买低价电力，采用交纳过网费的方式，通过统一电网或互联电网予以转供，大用户获得了选择权。

（4）配电网开放模式。配电网开放模式是指发电竞争，输电和配电开放，大小客户均获选择权，此时也称零售市场。通常我们所讲的电力市场是指这种模式。

3. 电力销售渠道的种类

（1）垄断模式下的电力销售渠道。这种电力销售渠道的特点：

1）发电、输电、配电统一经营，是传统意义上的垂直一体化经营管理，还谈不上电力市场问题。

2）渠道的起点是生产电能的发电厂，包括火力发电厂、水电站、核电站等各种类型的发电厂。发电厂只是一个生产环节，还不能称为发电公司，发电厂的主要职责就是根据电网的统一调度安排电力生产。

3）渠道的中间环节是电力网，包括输电网和配电网，输电网和配电网都是垄断经营。

4）渠道的终点是各类电力用户，一般称为负荷。

（2）发电竞争模式下的电力销售渠道。这种电力销售渠道的特点：

1）发电分离，输电、配电仍实行垄断经营，虽然只有一个买者，但已经存在了买卖关系，此时的电力市场仅仅指发电市场。

2）渠道的起点是若干发电公司，包括火力发电厂、水电站、核电站等各种类型的发电厂。发电公司是独立的发电企业。电力市场仅存在于这个环节。

3）渠道的中间环节仍然实行垄断经营，通过输电和配电网将电力输送到电力用户。

4）渠道的终点是各种电力用户，也就是通常所说的负荷。

（3）电力转供模式下的电力销售渠道。这种电力销售渠道的特点：

1）发电分离，输电开放，配电垄断经营，允许大客户直接从发电企业购买低价的电力，此时的电力市场也称批发市场。

2）渠道的起点是独立的发电公司，发电公司按照公平竞争的规则实行竞价上网。

3）渠道的中间环节分两种情况，对普通电力用户，中间环节为电网公司（即输电公司）和供电公司。对电力大用户，中间环节为电网公司。

4）渠道的终点分为各类电力用户，包括普通电力用户和电力大用户，电力大用户获得了选择权。

（4）配电网开放模式下的电力销售渠道。这种电力销售渠道的特点：

1）发电竞争，输电和配电开放，大小客户均获选择权，此时也称零售市场。通常我们所讲的电力市场应该是这种模式。

2）渠道的起点是独立的发电公司，发电公司按照公平竞争的规则实行竞价上网。

3）渠道的中间环节，包括电网公司和供电公司，两者都成为独立环节。

4）渠道的终点是各类电力客户，一般为电力大客户和小客户。两类客户都获得了选择权，既可以向不同的供电公司购电，也可以通过电网公司和供电公司直接向发电公司购电。在这种情况下一般称电力用户为电力客户，以突出电力市场的特点。

四、电力促销策略

电力促销是指电力企业通过一定的方式，传递电力产品和电力服务等有关信息，指导电力消费，激发电力需求，从而促进电力销售。电力促销的核心是沟通。

1. 电力促销的基本原则

（1）遵守电力法律法规，如《中华人民共和国广告法》、《反不正当竞争法》、《中华人民共和国电力法》、《全国供电规则》等。

（2）遵守商业道德。

（3）讲究电力促销艺术。

（4）实事求是，以理服人。

2. 电力促销的策略

（1）电力产品推广策略。多用于一定时期、一定任务的短期特别推销。具体方式有：

1）宣传。宣传是指电力企业利用媒体向广大电力客户介绍电力产品和电力服务的方式。这种方式可以提高电力企业的竞争力，不断开拓市场；可以改善电力企业的形象，提高电力企业的知名度。

2）演示与展销会。通过举办各种形式的演示或展示会来展现使用电器产品的优越性，以达到促进电力销售的目的。

3）奖酬与竞赛。

a 购买奖酬。购买奖酬是指对大量使用电能的客户给予一定的奖金和奖品。

b 购买抽奖。购买抽奖是指对购买一定量电能的客户给予奖券，凭奖券参加抽奖活动。

c 销售竞赛。主要是对电力推销人员开展销售电能的竞赛，对获得优胜的推销人员给予奖励。

4）服务促销。

a 售前服务，主要包括客户对用电业务的咨询服务。

b 售中服务。主要包括营业大厅中营销人员的服务态度与服务质量、电力故障抢修服务质量、电力业务受理服务质量、客户电力施工过程中施工人员的服务态度和服务方式。

c 售后服务。主要包括为客户培训电工、对电力设备进行检修、对电能计量装置进行校验等，还包括便利的电费收取方式等。

5）交易折扣。交易折扣就是根据客户购买电能的情况给予一定价格上优惠。包括数量折扣、现金折扣、季节折扣等。

（2）人员推销策略。人员推销是指电力企业通过派出销售人员与可能成为电力购买者的客户进行交谈，促进和扩大电力销售。对推销人员应要求：

1）道德品质方面：遵纪守法，忠诚于电力事业；吃苦耐劳，任劳任怨；遵守商业道德，有良好的敬业精神。

2）文化知识方面：具有电力市场营销知识并能熟练运用；熟悉电力企业基本情况，电力产品情况，电力市场情况等。

3）心理素质方面：具有感召力，善于从客户角度考虑问题，并使客户接受自己；具有自信力、挑战力、自我驱动力；具有完成电力销售任务的强烈欲望。

（3）公共关系策略。

1）公共关系由三个要素组成：公共关系的主体，即各类社会组织；公共关系的客体，即与各类社会组织密切相联系的各种社会公众；公共关系的主要手段，即沟通。

公共关系的直接目标是建立和完善各种社会关系，塑造本组织的良好形象，以实现组织的最终目标。

2）公共关系促销的方式。公共关系促销的方式包括传播，利益调节，支持、赞助公共事业等。

a 传播的内容：电力企业自身情况；电力产品的情况；某些问题的真相与性质。

b 利益调节：利益调节的目的就是通过调节使企业与公众的关系达到协调与平衡。具有补偿性趋势、惩治性趋势和补偿惩治性趋势。

第六节　营销组合策略新概念

一、4C 理论

进入 20 世纪 90 年代，信息技术革命导致产品的生命周期缩短，技术创新不断，生产工艺更加现代化，单位产品的生产成本大幅下降，人们的消费理念和消费行为日益感性化和个性化等，在这种环境条件下，90 年代的市场营销策略出现新的变化，原来的 4P 组合逐渐由 4C 取代，即“消费者（consumer）、成本（cost）、便利（convenience）和沟通（communication）”这四个要素。消费者是指顾客的需求及其需求的变化，是一个动态的变量；成本是针对顾客的成本，而不是厂商的成本，也就是说充分考虑到顾客消费此项产品或服务所愿意花费的成本；便利是指为消费对象提供尽可能的方便的消费通道，使其消费的非货币成本降低，如连锁超市就为居民提供了方便快捷的服务，体现了便利性；沟通是指企业与消费者之间进行经常性的信息交流，及时反馈信息。

二、4C 理论的病毒性网络营销应用

1. 病毒性网络营销定义和特点

（1）定义。互联网的普及，信息传播比传统渠道要方便、快

捷。病毒性网络营销是指充分利用互联网的信息发布和传播功能，是网络营销中最独特的一种方法，被越来越多的企业应用。

著名的电子商务顾问 Ralph F. Wilson 认为病毒性网络营销是刺激人们将营销信息传递给他人的营销策略，它的传播速度像病毒传播一样，呈几何指数增长。病毒性网络营销就是利用他人的传播渠道或行为，自愿将有价值的信息向更大范围传播。

（2）特点。

1）几何倍数的传播速度；

2）信息的传播具有主动性；

3）传播范围更广。

2. 以“4C”理论构建企业病毒性网络营销

（1）以追求顾客满意为目标的 4C 理论。4C 理论是由美国营销专家劳特朋教授在 1990 年提出的，它以消费者需求为导向，是在 4P 营销组合策略基础上（Product、Price、Place、Promotion)），重新设定的市场营销组合。与产品导向的 4P 理论相比，4C 理论有了很大的进步和发展，它重视顾客导向，以追求顾客满意为目标。

（2）以“4C”理论为基础的企业病毒性网络营销。

1）从“消费者”的角度，为消费者提供价值。病毒性网络营销要将消费者所想、所需放在第一位，否则不可能达到“病毒”传播的效果。对传播者而言，“有利可图”就是最大的驱动。所以在采用病毒营销之前，企业要对消费者关心的问题、消费者的需求进行分析，对其要传播的产品和服务进行提炼和设计。商家采用的比较多的就是免费类、工具资源类、独特的创意带来的娱乐等。

2）从“成本”的角度，控制网络营销成本。病毒性营销是厂商通过网络短片、低调的网络活动或是电子邮件信息等方式在全球网络社群发动营销活动，利用口碑传播与消费者交流。病毒性网络营销是一种高效的信息传播方式，这种传播是用户之间自发进行的，借助于即时通讯工具（MSN、QQ）、短信、邮件等方式。总之病毒性网络营销是企业借助于别人的资源来做自己的宣传，这样耗费的成本很少。

3）从“便利”的角度，操作简单易于传播。病毒只在易于传染的情况下才会得到迅速传播。从营销的观点来看，必须把营销信息简单化，使信息容易传输，越简短越好。消费者对于一些复杂的信息会直接放弃。此外，传播的方式要快捷，携带营销信息的媒介必须易于传递和复制，如 e-mail、网站、图表、软件下载等，只要用户动一动手指头就可以。

4）从“沟通”的角度，信任环境下的沟通更有效。病毒性网络营销利用六度空间理论，很巧妙的通过消费者与消费者之间的沟通实现了消费者与企业的沟通。企业将营销的产品、广告的信息通过用户自发传播给他的社会关系网络中的成员。用户没有了抵触心理，更容易接受这些信息。

（3）基于 4C 理论的病毒性网络营销的应用。

1）把消费者放在第一位，投其所好。这一点是最重要的。无论是为消费者提供免费的资源还是供消费者娱乐，要切实做到让消费者觉得有价值。天下没有免费的午餐。不给人家好处，就想让人家为你做事，那是不可能的。

a 营销信息一定要善于“伪装”。病毒有着先天的伪装能力，它们可以不被人体的免疫系统或电脑的运行系统识破。市场营销可以效仿病毒的这个特点来“伪装”自己要传播的信息和真正意图。1999 年出生的流氓兔 MashiMaro，是韩国第一个打进国际市场的肖像，“流氓兔”的成功就是一个很好的例子。这只兔子充满缺点，挑战已有的价值观念，然而这也是很多人内心“叛逆”的一面，希望摆脱束缚、挑战各种限制。流氓兔披着兔子和娱乐的外衣，表达了当下人的这种心理。

b 消费者求新、求异，故要有创新性。人天生就要好奇心，所以有创意的东西总能吸引消费者的眼球。HOTMAIL 成功后，很多网站都纷纷效仿，结果却差强人意。原因不言而喻，跟风者只能分得一点残羹冷炙，最有效的病毒性营销往往是独创的。我们可以效仿，但必须在前者的基础上有自己的创新，站在巨人的肩膀上可以看得更高，但若没有站稳，也会摔得很惨。

c 抓住消费者的关注点，与大事件营销相结合。最能激发所有人的积极性莫过于公共性的话题，虽然与个人密切相关的话题或给予奖品等也能引起传播者参与的兴趣，但远不如“热点效应”的关注率高。2010 年上半年进行的“宝马—腾讯世博网络志愿者接力”就是巧结公益热点话题入题，结合了大事件营销，实现宝马的品牌建设和维护。

2）SNS 让信息传播更高效。SNS，全称 Social Networking Services，即社会性网络服务，专指旨在帮助人们建立社会性网络的互联网应用服务。国内比较成功的 SNS 网站有校内网和百度空间、天涯社区等。SNS 网站的分享和共享功能，最适合病毒性营销“繁殖”。社会化网络中，人们大都有着共同的兴趣，并保持着相对稳定的社会关系，因此在社会化网络中引发的传播的可信度、针对性和影响力大大优于其他宣传方式。

3）微博的应用使沟通成为互动。一些大知名企业先后纷纷开通了微博，有的甚至是企业的总裁亲自撰写，加强了与消费者的沟通，拉近了与消费者的距离。在微博上，企业对于产品信息的传播具有主动权，加上微博的开放性，企业完全可以进行病毒性营销。在这方面，茅台的病毒性营销是最经典的也是引用最多的成功案例：原茅台董事长季克良，连续亲自撰写和发表的多篇博客，如《茅台酒与健康》、《世界上顶级的蒸馏酒》、《告诉你一个真实的陈年茅台酒》，就是为了达到口碑传播的目的。这些文章被各大网络媒体争相转载，在微博上关于这些文章的讨论增进了饮酒、品酒爱好者之间关于酒的沟通，提高了爱酒者对酒的认识，而这更无疑是在免费地、主动地为茅台做了宣传广告。这种互动方式让消费者加入到了营销信息的讨论、传递中，消费者对企业的营销信息印象更深刻。

第七节 电力市场营销组织、计划与控制

一、电力市场营销组织

电力市场营销组织是指执行电力市场营销计划，面向电力市场，为电力客户服务的职能部门，即现代企业中的营销部门。

建立独立的市场营销公司，有利于市场营销工作开展。这是现代销售组织的最高形式。

1. 电力市场营销组织的特点

随着电力市场的不断完善，以及电力市场营销观念的发展，新形式的电力市场营销组织由传统的用电管理部门转变为电力市场营销组织部门。其特点有：

(1) 将“用电管理”改为“客户服务”，标志着电力企业职能的转变。“用电管理”，强调以供电部门为主体，“客户服务”强调以客户为主体，电力企业的一切工作应围绕客户，以满足客户需要为重点。

(2) 将“用户”改称为用电“客户”，“配电”改为“供电”，标志着电力企业观念的转变。“用户”的感觉是可以让你用，也可以让你不用；但“客户”的感觉却是请你用。“配电”具有计划配送的含义；“供电”具有供应、营销的含义。

(3) 将“管制用电”改为“推广用电”或“提倡用电”，标志着电力企业营销观念的转变。由于经济体制的改革，社会的发展，当前电力营销工作的重点应是电力市场的开拓。

(4) 对电力营销人员的选聘应做到能上能下、能进能出，报酬和增供扩销、电费回收、服务质量等营销业绩挂钩。

2. 电力市场营销组织的主要职责

(1) 负责所辖营业区内所有用电客户的用电业务工作以及由此产生的售前、售中、售后服务工作。

(2) 负责营业区内 220kV 和 10kV 及其供电网络的建设及

改造。

(3) 负责建立本供电网络的自动化综合管理信息系统。

(4) 负责对本企业和客户用于贸易结算的电力计量器具管理、检定、轮换、校验和计量故障的处理。

(5) 负责维护本营业区的用电秩序，开展对用电客户的用电检查工作。

(6) 负责营业区内客户的贸易结算及电费催收。

(7) 负责营业区内的用电服务“示范窗口”建设和开展“社会服务承诺”活动。

(8) 负责解决营业区内客户投诉的各类问题。

二、电力市场营销计划与控制

电力市场营销计划就是电力市场营销活动方案的具体描述。控制是将预期业绩与实际业绩比较，必要时采取校正行动的过程。

1. 电力市场营销计划的内容

包括计划概要、电力市场营销现状、风险和机会、目标和论证、电力市场营销策略、行动方案、预算、控制等八项内容。

(1) 计划概要。电力市场营销计划首先应对计划的主要目标、执行方案和措施进行概述。目的是让高层管理者很快了解并掌握计划的核心内容，检查研究和初步评审所制定的营销计划的优劣。通常在计划概要之后，紧接着列出计划内容目录。

(2) 电力市场营销现状。包括当前电力市场的范围，用电需求状况，影响电力客户用电消费行为的环境因素等；电价水平，销售收入，利润等；其他电力企业的服务策略，价格策略如何，市场占有率多大，变化趋势如何等。

(3) 风险与机会。所谓“风险”就是电力市场营销环境中存在的对电力企业营销不利的因素。所谓“机会，就是电力营销环境中存在的对电力企业营销有利的因素。

(4) 目标和论证。这是电力市场营销计划的核心内容。电力营销目标包括售电量、电力销售收入、利润率、投资收益率、电力市场占有率等。

（5）电力市场营销策略。所谓电力市场营销策略就是电力企业为实现电力营销目标而采取的策略或手段。包括目标电力市场的选择、电力市场营销策略组合、电力市场营销费用等。

（6）行动方案。电力市场营销策略确定后，要真正发挥营销效果，必须将营销策略转化为具体的行动方案。

（7）预算。保证方案实施的预算。这种预算实际上就是一份预计损益表。

（8）控制。电力市场营销计划书的最后一部分为控制，是用来检查整个计划的。为了便于检查，一般电力市场营销的目标和预算草案，都是分月或分季制定的。电力市场营销工作的有效控制，才能保证电力市场营销计划顺利完成。

2. 电力市场营销控制

电力市场营销控制包括年度计划控制、盈利控制、效率控制和战略控制。

（1）年度计划控制。年度营销计划控制是指电力企业在本年度内对电力销售额、电力市场占有率、电力市场营销费用等分析控制，检查实际绩效与电力营销计划之间是否有偏差，并采取改进措施，以确保年度营销计划能如期实现与完成。

例如，某供电分公司年计划售电量为 28.06 亿 kWh，平均单价为 386.26 元/MWh，年度结束时，实际售电量为 28.28 亿 kWh，平均单价为 387.26 元/MWh，销售绩差为 1132 万元，比预期售电收入增加 1.04%。试分析售电收入的增加有多少归于售电量的增加？又有多少归因于平均价格上涨？

解：售电量增加额＝实际售电量－计划售电量＝28.28－28.06＝0.22（亿 kWh）

因平均单价上涨的差异＝(387.26－386.26)×28.28＝28.28（万元）

因售电量增加的差异 = 386.26元/MWh × 0.22亿 kWh = 849.8(万元)

可见，约有3/4的销售差异归因于售电量的增加，1/4的销售差异归因于平均单价上涨。

(2) 盈利控制。盈利控制是指通过对财务报表中有关数据的处理和分析，衡量各种因素对电力企业获利能力的影响，找出妨碍获利的因素，以便采取相应措施，排除或削弱这些不利因素的影响。

盈利控制中一般分析电力营销成本和盈利能力两大类指标。

获得利润是任何企业重视的目标之一，电力企业也不例外。因此盈利能力控制在电力市场营销管理中占有十分重要的地位。

1) 销售利润率。销售利润率是指利润总额与销售收入之间的比率，表示电力企业每销售100元获得的利润。一般将销售利润率作为评估电力企业获利能力的主要指标。计算公式为

$$销售利润率 = 利润总额 / 销售收入 \times 100\% \tag{3-3}$$

2) 资产收益率。资产收益率是指电力企业所创造的利润总额与电力企业资产的比率。计算公式为

$$资产收益率 = 利润总额 / 平均资产总额 \times 100\% \tag{3-4}$$

3) 净资产收益率。净资产收益率是指税后利润与净资产所得的比率。计算公式为

$$净资产收益率 = 税后利润 / 净资产平均余额 \times 100\% \tag{3-5}$$

(3) 效率控制。

1) 销售人员效率。记录销售人员的工作实际，衡量销售人员的工作效率。

2) 广告效率。记录客户对广告内容的意见、广告前后对电力产品态度的变化、由于受广告刺激而引起的询问次数等。

3) 促销效率。由于优惠而销售的百分比，因示范引起的询

问次数等。

(4) 战略控制。电力营销战略控制是指采用一系列行动，使实际营销工作与原营销战略尽可能一致。

电力企业在进行营销战略控制时，可以运用审计这一工具。

第八节　电力需求侧管理

电力需求侧管理是一种合理利用能源的管理方法，对综合利用资源具有重大意义。

一、电力需求侧管理概述

1. 综合资源规划

综合资源规划是将供应方和需求方各种形式的资源，作为一个整体进行规划。综合资源规划的目的是通过需求方管理，更合理有效地利用能源资源、控制环境质量。

2. 电力需求侧管理

电力需求侧管理是指电力公司将综合资源规划应用于电力企业，采取有效的激励和诱导措施以及适宜的运作方式，与客户共同协力提高终端用电效率，改变用电方式，为减少电量消耗和电力需求进行的管理活动。

电力需求侧管理与传统意义上的用电管理有着本质的不同，是管理方法的一种变革，可减少电力建设投资、降低电网运营支出，为电力客户提供最低成本的能源服务；改变电力规划中传统的资源概念，把节电也作为一种资源纳入了电力规划，克服了传统电力规划中只注重电源开发，忽视终端用电的倾向；改变传统的电力规划模式，克服了电力规划只注重局部利益，忽视社会整体效益的倾向，突出了综合经济效益的观念。

二、电力需求侧管理的程序

1. 对资源进行调查

资源分为供应方资源和需求方资源。

(1) 供应方资源是指电力企业可提供给客户的资源，主要包括燃煤、燃油、燃气的火电厂；水电站；核电站；太阳能、风力发电厂；老电厂的扩建增容；外购电以及电力系统发、输、供电效率提高所节约的电力和电量。

（2）需求方资源是指电力客户的节电资源，主要包括提高照明、空调、电动机、电热、冷藏等设备用电效率所节约的电力和电量；蓄冷、蓄热、蓄能等改变用电方式所节约的电力；能源代替、余能回收所减少和节约的电力和电量；合同约定可中断负荷所节约的电力和电量；建筑物保温等完善用电所节约的电力和电量；客户改变消费行为减少用电所节约的电力和电量；自备电厂参与调度后电网所减少供应的电力和电量。

2. 选择管理对象

电力需求侧管理的对象是指与减少供应方资源有关的终端用电设备及与用电环境条件有关的设施。概括起来有以下几个方面：

（1）客户终端的主要用能设备，如照明、空调、电动机、电热、冷藏、热水器、暖气和通风设备；

（2）与电能设备相互替代的用能设备，如燃气、燃油、燃煤、太阳能、沼气等热力设备；

（3）与用电有关的环境设施，如建筑物的保温、自然采光等；

（4）与用电有关的蓄能设备，如热水蓄热器、电动汽车蓄电瓶等；

（5）自备发电厂，如柴油机电厂、余热发电等。

3. 设置管理目标

管理目标的设置一般以电力企业预期要达到的目标为准，在电力供应不足时，一般以节约电量为目标；在电力供需平衡时，一般以节约电力，提高负荷率为目标。

4. 制定政策、法规和标准

为了规范和推动电力需求侧管理，政府必须制定相应的法律政策和标准，以规范电力消费和市场行为。

5. 选择有效的管理手段

电力需求管理手段包括技术手段、经济手段、法律手段和宣传手段等。

6. 制定电力需求侧管理计划

制定中、长期电力需求侧管理计划。

7. 实施电力需求侧管理

根据电力需求侧管理计划，经过评估和选择，确定可实施的项目方案。有三种方式：

(1) 直接安装方式。直接安装方式是指电力公司直接组织施工力量，进行电力需求侧管理项目的具体施工。这种方式优点是，施工项目易于管理，工程进度和质量容易得到保证，项目成效准确。

(2) 折扣方式。折扣方式多集中在终端用电效率提高的项目。对于这类项目，待参与客户选定后，电力公司向他们提供高效节能设备或高效节能器具的购置费超支部分，客户承担与传统设备相同的那一部分购置费和施工，电力公司派人员监督工程的全过程。

(3) 委托方式。委托方式就是由专门承担电力公司委托电力需求侧管理项目施工的能源服务公司负责实施。

8. 实施效果评价

实施效果评价分为阶段性过程评价、效果评价和整体工程效果评价。

(1) 阶段性过程评价。主要分析研究施工过程中存在的问题。

(2) 效果评价。主要评价阶段性目标的完成情况，包括分析需量节约、电量节约、费用开支与阶段性目标任务的差距，是否超出了目标任务规定的要求，并提出改进意见。

(3) 整体工程效果评价。主要是指在工程项目竣工投入正常使用后，对整体工程效果进行的评价。包括测算电力需求侧管理项目计划实施的需量及电量节约效果、评估费用使用情况等。

三、电力需求侧管理手段

1. 电力需求侧管理的技术手段

（1）改变客户的用电方式。电力系统的年负荷一般有两种：一种是负荷高峰出现在冬季，一种是负荷高峰出现在夏季。日负荷曲线也有两种：一种是负荷高峰出现在晚上，一种是负荷高峰出现在白天。

根据电力系统的负荷特性，以削峰、填谷或移峰填谷的方式将客户的电力需求从电网负荷的高峰期削减，转移或增加在电网负荷的低谷期，以达到改变电力需求在时序上的分布，减少日或季节性的电网峰荷，起到节约电力的目的。

1）削峰。削峰是指在电网高峰负荷期减少客户的电力需求，平稳系统负荷，提高电力系统运行的经济性和可靠性，降低发电成本。但削峰会减少一定的峰期售电量，相应会降低电力公司的部分售电收入。常用的削峰手段主要有：

a 直接负荷控制。直接负荷控制是在电网高峰时段，系统调度人员通过远动或自控装置随时控制客户终端用电的一种方法。由于它是随机控制，常常冲击生产秩序和生活节奏，大大降低了客户峰期用电的可靠性，多数客户不易接受，尤其是对可靠性要求高的客户和设备，停止供电有时会酿成重大事故，并带来很大的经济损失。采用直接负荷控制的供电电价也不太受客户欢迎。因而这种控制方式的使用受到了一定的限制。直接负荷控制一般多使用于城乡居民的用电控制。

b 可中断负荷控制。可中断负荷控制是根据供需双方事先的合同约定，在电网高峰时段，系统调度人员向客户发出请求中断供电的信号，经客户响应后，中断部分供电的一种方法。它特别适合于对可靠性要求不高的客户。不难看出可中断负荷是一种有一定准备的停电控制，由于电价偏低，有些客户愿意用降低用电的可靠性来减少电费开支。它的削峰能力和系统效益，取决于客户负荷的可中断程度。可中断负荷控制一般适用于工业、商业、服务业等对可靠性要求较低的客户。

2）填谷。填谷是指在电网负荷的低谷区增加客户的电力需求，有利于启动系统空闲的发电容量，并使电网负荷趋于平稳，提高了系统运行的经济性。由于填谷增加了电量销售，减少了单位电量的固定成本，从而进一步降低了平均发电成本，使电力公司增加了销售利润。常用的填谷技术有：

a 增加季节性客户负荷。在电网年负荷低谷时期，增加季节性客户负荷，在丰水期鼓励客户以电力替代其他能源，多用水电。

b 增加低谷用电设备。在夏季出现尖峰的电网可适当增加冬季用电设备，在冬季出现尖峰的电网可适当增加夏季的用电设备。在日负荷低谷时段，投入电气锅炉或采用蓄热装置，在冬季后半夜可投入电暖气或电气采暖空调等进行填谷。

c 增加蓄能用电。在电网日负荷低谷时段投入蓄能装置进行填谷，如电动汽车蓄电瓶和各种可随机安排的充电装置。

填谷不但对电力公司有益，对客户也会减少电费开支。但是由于填谷要部分地改变客户的工作程序和作业习惯，也增加了填谷技术的实施难度。填谷的重要对象是工业、服务业和农业等部门。

3）移峰填谷。移峰填谷是将电网高峰负荷的用电需求推移到低谷负荷时段，同时起到削峰和填谷的双重作用。它既可以减少新增装机容量，充分利用闲置的容量，又可平稳系统负荷，降低发电煤耗。

移峰填谷一方面增加了谷期用电量，从而增加了电力公司的销售电量；另一方面减少了峰期用电量，相应减少了电力公司的销售电量和售电收入。因此，电力系统的实际效益取决于增加的谷期用电收入和降低的运行费用对减少峰期用电收入的抵偿程度。常用的移峰填谷技术有：

a 采用蓄冷蓄热技术。集中式空调采用蓄冷技术是移峰填谷的有效手段，它是在后半夜负荷低谷时段制冷并把冰或水等蓄冷介质储存起来，在白天或前半夜电网负荷高峰时段把冷量释放出来转为冷气空调，达到移峰填谷的目的。蓄冷空调比传统的空调蒸发温度低，制冷效率相对低些，再加上蓄冷损失，在提供相同冷量的条件下要多消耗电量，但却有利于移峰填谷。同样采用蓄热技术是在后半夜负荷低谷时段，把锅炉或电加热器生产的热能存储在蒸汽或热水蓄热器中，在白天或前半夜电网负荷高峰时段将热能用于生产或生活，以此实现移峰填谷。当然，电力客户是否愿意采用蓄冷或蓄热技术，主要考虑高峰电费减少的支出是否能补偿低谷多消耗电能的电费支出。

b 能源替代运行。对在夏季出现尖峰的电网，为了将夏季的尖峰推移到冬季，可以采用在冬季以用电加热替代用燃料加热，在夏季以用燃料加热替代用电加热；对在冬季出现尖峰的电网，为了将冬季的尖峰推移到夏季，可以采用在夏季以用电加热替代用燃料加热，在冬季以用燃料加热替代用电加热。在日负荷的高峰和低谷时段也可采用上述能源替代运行方式。

c 调整作业顺序。调整作业顺序是一些国家长期采用的一种移峰填谷的方法，主要是指在工业企业中将一班制改为两班制或三班制。调整作业顺序虽然起到了移峰填谷的作用，但是在很大程度上干扰了客户的正常生产秩序和职工的正常生活秩序，还增加了企业的额外负担。随着市场经济的发展，不顾及客户的接受能力，强行推行多班制的做法将逐渐消失。

d 调整轮休制度。调整轮休制度也是一些国家长期采用的一种移峰填谷的做法，主要通过实行轮休制度来实现移峰填谷。但是由于它改变了人们规范的休息时间，影响了人们的正常交际往来，对企业也没有增加额外效益，一般不被客户接受。

（2）提高终端用电效率。提高终端用电效率是通过改变客户的消费行为，采用先进的节能技术和高效的设备来实现的，根本目的是节约用电，减少客户的电量消耗。

提高终端用电效率的措施多种多样，概括起来有选用高效用电设备，实行节电运行，采用能源替代，实行余热和余能的回收，采用高效节电材料，进行作业合理调度，改变消费行为等几个方面。

2. 电力需求侧管理的经济手段

电力需求侧管理的经济手段主要是指通过一定的经济措施激励和鼓励客户主动改变消费行为和用电方式，减少电量消耗和电力需求。常用的经济手段主要有电价制度、免费安装服务、折让鼓励、借贷优惠、设备租赁鼓励等。

（1）电价制度。电价制度是影响面广又便于操作的一种有效的经济手段。电价制度确定的原则是既能激发电力公司实施电力需求侧管理的积极性，又能激励客户主动参与电力需求侧管理活动。电价制度主要考虑电价水平和电价结构两个方面。

1）电价水平。电价水平要合理，既不能过低，也不能过高。电价水平过低会抑制客户节电和电力公司兴办电业的积极性，而电价水平过高又会抑制客户必要的电力需求。

2）电价结构。在电价结构方面，主要是制定一个面向客户可供选择的多种鼓励性电价。电价结构要考虑客户需求容量的大小和电网负荷从高峰到低谷各个时点供电成本的差异对电力公司和客户双方成本的影响，提供客户在用电可靠性、用电时序性和用电经济性之间做出选择，如容量电价、峰谷电价、分时电价、季节性电价、可中断负荷电价等。

a 容量电价。容量电价又称基本电价，它不是电量价格，而是电力价格，以客户变压器装置容量或最大负荷需量收取电费，促使客户削峰填谷和节约用电。

b 峰谷电价。峰谷电价是电力公司根据电网的负荷特性，确定年内或日内高峰和低谷时段，在高峰时段和低谷时段实行峰谷两种不同电价，提供客户选择合适的用电时间和用电电价。

c 分时电价。分时电价是日内峰谷电价的进一步细化，电力公司按用电时段电价收费，激励客户更仔细安排用电时间。

d 季节性电价。季节性电价是改善电力系统季节性负荷不均衡性所采取的一种鼓励性电价，有利于充分利用水力资源和选择价格相对便宜的发电原料，降低电网的供电成本，特别在水力资源丰富的地区实行季节性电价会吸引更多的耗电大客户。

e 可中断负荷电价。可中断负荷电价是在电网高峰时段可中断或削减较大工商业客户的负荷，电力公司按合同规定对客户在该时段内的用电按较低的电价收费。

（2）免费安装服务。免费安装服务是指电力公司为客户全部或部分免费安装节电设备以鼓励客户节电。由于客户不必支付费用或只需支付很少的费用，减轻了客户节电的投资风险和资金筹措的困难，很受客户的欢迎。

免费安装服务适应于收入较低的家庭住宅和对电力需求侧管理反映不强的客户，同时节电设备的初始投资低，并且节电效果好。

（3）折让鼓励。折让鼓励是指给予购置特定高效节电产品的客户或推销商适当比例的折让。一方面，吸引更多的客户参与电力需求侧管理活动；另一方面，注重发挥推销商参与节电活动的特殊作用，同时促使制造商推出更好的新型节电产品。

（4）借贷优惠。借贷优惠是指向购置高效节电设备的客户，尤其是初始投资较高的客户提供低息或零息贷款，以减少客户参与电力需求侧管理在资金方面存在的障碍。电力公司在选择贷款对象时，应尽量选择那些节电所带来的收益高于提供贷款而减少的利息收入的客户。

（5）设备租赁鼓励。设备租赁鼓励是指把节电设备租赁给客户，以节电效益逐步偿还租金的办法来鼓励客户节电。这种鼓励手段的特点在于有利于客户消除举债的心理压力，克服缺乏支付初始投资的障碍。

3. 电力需求侧管理的法律手段

电力需求侧管理的法律手段是指通过政府颁布的有关法规、条例等来规范电力消费和电力市场行为。

4. 电力需求侧管理的宣传手段

电力需求侧管理的宣传手段是指采用宣传的方式，引导客户合理消费电能，达到有助于节能的目的。

宣传手段主要采用普及节能知识讲座、传播节能信息、开展节能咨询服务、开办节能技术讲座、举办节能产品展示、宣传节能政策等。

四、国外电力需求侧管理简介

电力需求侧管理自20世纪70年代出现以来，受到各国政府和社会普遍关注，目前有30多个国家正在采取措施系统开展此项工作。

1. 国外开展电力需求侧管理的内容

(1) 通过广播、电视、报纸或直接随电费账单给客户赠送节能广告信息，提高客户节能意识；

(2) 提供技术咨询和技术服务；

(3) 为电力需求侧管理项目提供贷款或给予补贴；

(4) 推广蓄冷、蓄热设备，或免费为客户安装高效节能用电设备，控制和转移用电负荷；

(5) 实行灵活的电价政策，引导客户优化用电方式。

2. 意大利国家电力公司的电力需求侧管理政策

意大利国家电力公司是政府实施电力需求侧管理的机构。从20世纪70年代末，国家电力公司逐步加强了电力需求侧管理，将电力需求侧管理融入发展战略的各个方面。国家电力公司的电力需求侧管理主要涉及工业、服务业与家庭居民和农业等电力客户。

(1) 工业部门的电力需求侧管理。国家电力公司对全国工业部门用能的各个环节进行了深入细致的分析。根据中期、近期电力生产情况，确定了一些电热应用项目，如将热泵用于升温、恒温、干燥和冷却等方面。通过采用新技术，不仅提高了能源效率，而且节省了电力客户的费用。

为了向客户宣传先进高能效技术，国家电力公司选择最有效的工艺、装置设备以及设备使用方法开展宣传和咨询活动，并与其他机构合作，实施一些示范项目。

（2）服务业与居民客户的电力需求侧管理。国家电力公司出版了面向居民、旅馆和商业建筑物的采暖、通风和空调系统以及照明设备的应用指南，每个指南都向系统设计者和客户提供技术和经济信息。此外，国家电力公司还积极推广太阳能热水器、热泵热水器和紧凑型荧光灯等。

（3）农业部门的电力需求侧管理。在农业部门，由于热泵、空调和烘干方面电力技术的应用，大大提高了电能利用效率。国家电力公司向当地政府和农村广泛宣传有关应用指南的技术和经济知识。

（4）在负荷曲线合理化方面的电力需求侧管理。从 1980 年起，为了使重点电力客户的需求合理化，国家电力公司制定了适当的电价体制：

1）将分时电价的执行范围扩大。分时电价的执行范围扩大为所有容量为 400kW 以上客户。根据分时电能表对每个客户耗电过程的计算，可实现“面向对象”收费。

2）实行“可中断供电合同”。国家电力公司与容量为 3000kW 以上的弹性电力客户签订“可中断供电合同”，要求在确定的时段至少减少 1MW 负荷，国家电力公司根据全年可中断负荷量给客户一定的电费折扣。

3）实行“定时可中断供电合同”。客户在合同期（冬季约 4 个月，夏季约 1 个月）的电力系统高峰时间减少负荷，客户所获得的利益是根据中断的重要性和持续时间在电费中得到回报。

五、我国电力需求侧管理状况

现阶段，电力需求侧管理是缓解供需矛盾的主要手段，需求侧管理的最终目的不是限制用电，而是要提高电能使用效率，让电能产生最大价值。

第九节　电力市场营销信息技术支持系统

一、电力市场营销信息技术支持系统的概念

电力市场营销信息技术支持系统是一个以计算机、自动控制和现代通信技术为基础，为电力营销、管理、决策提供高效准确的数据采集、传输、加工处理和决策支持的计算机网络和自动化系统，为电力营销业务流程提供了合理快捷的工作平台。

电力营销信息技术支持系统可分为电力营销管理信息技术支持系统、客户服务信息技术支持系统、自动抄表信息技术支持系统、客户缴费信息技术支持系统和电力负荷管理信息技术支持系统。它们之间相互制约又相互帮助，相对独立又相互关联。建立电力营销信息技术支持系统是电力营销事业迈向现代化的客观要求，是实现坚强智能电网的根本。

二、电力营销管理信息技术支持系统

电力营销管理信息技术支持系统是建立在计算机网络基础上覆盖电力营销业务全过程的计算机信息处理系统，是整个电力营销信息技术支持系统对外的“窗口”。它集营销业务、客户服务、营销工作质量管理和营销管理决策于一体，结合计算机数据处理的特点，通过客户参与和客户进行互动，为客户提供电力法规、用电政策、用电信息、用电常识以及用电技术等信息查询和咨询，把客户业务需求信息以及所采集的大量客户信息加工和处理，实时受理客户通过各种方式提交的新装、增容与用电变更等日常业务以及投诉举报等服务。并对整个工作流程以及工作质量实时监督管理，及时发现问题和不足，迅速予以反映，督促有关部门加以纠正。对营销业务处理信息及收集的客户资料进行总体

综合分析，为制定电力营销策略、电力市场策划和开发、电力客户分析、政策趋势、效益评估、公共关系以及电力企业形象设计等管理行为与营销决策提供科学的依据。

三、电力客户服务信息技术支持系统

电力客户服务信息技术支持系统是基于电话、传真机、因特网等通信和办公自动化设备的综合信息服务系统。客户可以通过电话接入、传真接入、访问互联网站等多种方式进入系统，在系统语音导航或人工座席帮助下访问系统的数据库，获取各种咨询服务或完成事故的处理等。其具体功能有：

（1）用电业务咨询和查询。受理人员根据客户要求，从服务质量标准数据库、电费数据库和其他相连的数据库查询资料，然后通过语音方式播报资料或送到客户指定的传真机或其他终端设备上。用电业务咨询的内容主要有申办用电业务，办理业务申请手续，用电新装及增容，过户、电表故障、移表、拆表和改电价等杂项，电力法、电网调度管理条例、供电营业规则等有关法规条例的查询等。用电业务查询的主要内容有电价查询、电费查询、电费单查询、欠费查询、所申办的业务办理进程查询、故障申告处理结果查询、客户投诉处理结果查询等。

（2）电力故障抢修。通过呼叫中心人工座席应答，受理各类电力故障报修并迅速作出反应。系统能根据故障地点、性质以计算机网络流程、电话、短消息等方式通知相关抢修部门进行抢修。故障处理完毕后，将恢复供电信息反馈给客户并接受客户监督。

（3）电力业务受理。电力业务受理是通过电话人工应答或因特网上录入信息，受理客户的各类新装、增容等用电业务，形成工作任务单，传递到电力营销管理信息系统流程进行处理。处理完毕后，将受理情况通过网络反馈到客户服务系统。

（4）其他功能。包括客户投诉与建议，欠费催缴与信息通知，停限电预告，业务监督以及客户服务数据分析等。

四、电力自动抄表信息技术支持系统

电力自动抄表信息技术支持系统是指通过无线、有线、电力载波等信道或IC卡等介质，将多个电能表电能量的记录信息自动抄读的系统。目前有远红外手持抄表系统、电力载波抄表系统和无线电抄表系统。

电力自动抄表系统不仅解决了抄表难的问题，而且提高了电力系统防窃电的能力和电力企业现代化管理的水平。

五、电力客户交费信息技术支持系统

电力客户交费支持系统就是利用各专业金融机构，通过电话银行或网上银行实现电力客户交纳电费的系统。主要有以下两种形式：

（1）银行代收电费。这是一种利用计算机和网络技术实现与银行联网的缴费系统。

（2）客户自助交费。客户自助交费就是客户基于银行或收费单位的网络系统，无须面对交费人员，通过电话、计算机等网络通信终端设备完成交费。

六、电力负荷管理信息技术支持系统

电力负荷管理信息技术支持系统是由一个电力负荷管理中心、若干远方终端和通信信道组成的系统。

电力负荷管理中心是整个系统运行和管理的指挥中心。远方终端主要负责数据采集、通信、对重要数据予以显示、对重要情况进行报警、进行终端控制以及保电等。通信技术目前有无线通信方式和有线通信方式两种。

根据电力负荷管理工作的特点和系统的总体目标要求，电力负荷管理信息技术支持系统具有以下功能：

（1）数据采集及控制功能。数据采集是指通过终端设备采集用户的用电数据，然后将这些数据送到中心站，并以此为基础进行数据分析和完成终端控制。

（2）远方抄表功能。远方抄表功能是通过一定的接口将与终端相连的电表数据召测到主站。远方抄表功能用系统代替了原先繁重的人工抄表，使抄表的数据种类、数据量以及抄表次数等都较人工抄表得到了改善。

（3）远程购电功能。远程购电是电力负荷管理系统的一个重要功能。供电公司在实现远程购电时，必须与客户签订订购电合同，并且在供电公司内部建立合理的、便于操作的购电流程，建立流程档案等。实现购电的方式主要有电量制购电和电费制购电两种。

（4）计量异常监测功能。利用负荷管理系统丰富的数据资源，对客户的用电情况进行监测，对用电异常情况及时地给予报警，起到监测用电异常的作用。

（5）集抄功能。集抄分为变电站集抄和居民集抄两种。居民集抄是通过系统的终端设备将集中器内的各种表的数据传送到中心站，再送到相关部门。变电站集抄是通过系统的终端设备将变电站内的各种表的数据传送到中心站，再送到相关部门。

（6）线路计量异常监测功能。线损是分析线路异常的重要指标。通过用电监测，可以帮助分析和查找线损的主要原因，为降低线损、提高供电质量提供大量的数据依据。

（7）电压质量监测功能。电压质量监测功能是通过对电压监测点的电压数据采集以及对这些数据分析，提供一系列电压监测数据。

第四章
电 工 工 艺 知 识

第一节　电工工艺基本知识

一、电工安全常识

（一）安全技术操作规程

为了保障人身安全，维护设备正常运行，国家颁布了一系列的安全规定和规程。主要包括安装规程、检修规程和安全工作规程。

（1）安全规程。主要包括各种电气设备安装要求。其内容主要有各种情况下的安全距离；电气设备接地的要求；电缆接头盒、终端盒的接地要求等。

（2）检修规程。主要包括各类电气设备的检修项目、具体检修内容、检修的质量标准。

（3）安全工作规程。按工种分为内外线、维修电工等工作规程。其内容随工种的不同而有差异。必须注意，在停电或部分停电进行设备安装、检修等操作时，必须进行停电、验电、挂接装设地线及悬挂标志牌和装设遮拦等过程。

（二）触电急救知识

人体并非绝缘体，人体电阻一般在千欧量级，人体在出汗时电阻将降低。当人体接触到带电设备或线路时，会有电流流过人体，当流过人体的电流超过一定值时就会对人体有伤害，当流过人体的电流达到几十毫安时会有生命危险。电流流过人体叫触电，发生事故时必须立即采取措施，避免人身伤亡。发生触电一般采用的措施有：

（1）迅速切断电源。如果一时找不到电源开关或距离较远，可用绝缘良好的棍棒拨开触电者身上的带电体。

（2）触电者一脱离电源，应立即进行检查，如果出现心脏停跳或停止呼吸时，必须紧急进行人工呼吸，及时通知医务人员。

（3）人工呼吸方法是：触电者面向上平躺地上；松开衣领、腰带；清理口鼻内异物；然后进行口对口人工呼吸；人工呼吸节奏是：吹气 2s，排气 3s。

（4）在心脏停搏时，还必须采用“胸外心脏按压”起博法进行抢救。

（三）电工消防知识

（1）电气设备发生火灾，要尽快切断电源，以防火灾蔓延和灭火时造成触电。

（2）灭火时，灭火人员不可使身体或手持的灭火工具触及导线和电气设备，以防触电。

（3）电气设备发生火灾，要使用黄沙、二氧化碳和 1211 灭火器等不导电灭火器材，不可用水或泡沫灭火器灭火。若用导电的灭火器材灭火，既有触电危险，又会损坏电气设备。

二、电工识图常识

（一）电路图中的电气符号

电工识图应首先熟悉电气图中的电气符号所代表的意义，电工常用电气设备文字符号见表 4-1；电气电路常用图形符号见表 4-2。

表 4-1　　电气设备文字符号

名称	符号	名称	符号	名称	符号
调节器	A	电阻器	R	电磁制动器	YB
电桥	AB	电位器	RP	电磁离合器	YC
晶体管放大器	AD	分流器	RS	电动阀	YM
集成电路、放大器	AJ	测速发电机	BR	电磁阀	YV
磁放大器	AM	电容器	C	滤波器	Z
电子管放大器	AV	控制绕组	CW	熔断器	FU
印刷电路板	AP	单稳元件	D	限压保护器体	FV
光电池	B	双稳元件	D	励磁绕组	FW

续表

名称	符号	名称	符号	名称	符号
送话器	B	照明灯	EL	旋转发电机	G
扬声器	B	空调	EV	振荡器	G
自整角机	B	避雷器	F	电机放大机	GA
中间继电器	KA	瞬时动作限流保护器件	FA	蓄电池	GB
压力继电器	KP	延时限流保护器件	FR	励磁机	GF
速度继电器	KS	热继电器	FR	电源装置	GS
时间继电器	KT	限位开关	SQ	同步发电机	GS
电压继电器	KV	速度调节器	ST	声响指示器	HA
接触器	KM	变压器	T	光指示器	HL
电感线圈	L	电流互感器	TA	指示灯	HL
平波电搞器	L	控制电路电源变压器	TC	信号灯	HL
电流调节器	LT	照明变压器	TI	继电器	K
电动机	M	电力变压器	TM	接触器	K
同步电动机	MS	脉冲变压器	TP	瞬时通断继电器	KA
力矩电动机	MT	整流变压器	TR	热敏电阻器	RT
运算放大器	N	同步变压器	TS	压敏电阻器	RV
模拟元件	N	电压互感器	TV	控制电路中的开关	S
欠电流继电器	NKA	变流器	U	选择开关	SA
欠电压继电器	NKV	变频器	U	控制开关	SA
电流表	PA	二极管	V	按钮开关	SB
脉冲计数器	PC	控制电路电源、整流桥	VC	过电流断电路	SKA
电能表	PJ	电子管	VE	主令控制器	SL
电压表	PV	晶闸管	VS	伺服电动机	SM

续表

名称	符号	名称	符号	名称	符号
电力电路中的开关	Q	晶体管	VT	微动开关	SQ
转换开关	QB	单结晶体管	VU	接近开关	SQ
离心开关	QC	稳压管	VZ	万能转换开关	SA
自动开关	QF	绕组	W	调速器	SR
电源开关	QG	插头	XP	硒整流器	SR
电动机保护开关	QM	插座	XS	硅整流器	SR
隔离开关	QS	接线端子	XT	选择开关	SS
电阻	R	电磁铁	YA	行程开关	SQ

表 4-2　　电气电路常用图形符号

名　　称	图形符号	名　　称	图形符号
直流		交流	
交直流		中性（中性线）	N
接地一般符号		故障	
导线对地绝缘击穿		连接、连接点	•
端子	○	导线的连接	形式1 形式2

续表

名　称	图形符号	名　称	图形符号
导线的不连接	单线表示	电缆终端头	
三角形连接的三相绕组		星形连接的三相绕组	
中性点引出的星形连接的三相绕组		直流电动机	M
交流电动机	M	开关一般符号	
三极开关（单线表示）		三极开关（多线表示）	
接触器动合触点		接触器动断触点	
具有自动释放的接触器		断路器	
自动开关低压断路器		隔离开关	
负荷开关		具有自动释放的负荷开关	

续表

名　　称	图形符号	名　　称	图形符号
手动开关一般符号	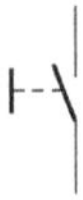	按钮开关（动合按钮）	
按钮开关（动断按钮）		拉拔开关	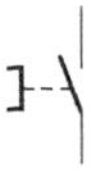
旋钮开关、旋转开关（闭锁）	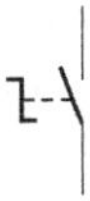	位置开关和限制开关的动合触点	
熔断器一般符号		跌开式熔断器	
动合触点		动断触点	
先断后合的转换触点		延时闭合的动合触点	
延时断开的动合触点		延时闭合的动断触点	
延时断开的动断触点		延时闭合和延时断开的动合触点	

续表

名　　称	图形符号	名　　称	图形符号
有弹性返回的动合触点		无弹性返回的动合触点	
有弹性返回的动断触点		热断电器动断触点	
交流继电器线圈		操作器件一般符号（多绕组操作器件可由适当数值的斜线或重复本符号来表示）	形式2
热继电器的驱动器件		电压表	V
灯的一般符号		屏、台、箱、柜的一般符号	
动力或动力—照明配电箱		照明配电箱（屏）	
风扇一般符号	∞	单相插座：一般符号 暗装 密闭（防水） 防爆	

续表

名　　称	图形符号	名　　称	图形符号
带接地插孔单相插座：一般符号 暗装 密闭（防水） 防爆		开关一般符号	
带接地插孔三相插座：一般符号 暗装 密闭（防水） 防爆		三极开关：一般符号 暗装 密闭（防水） 防爆	
单极拉线开关 单极双控开关		荧光灯	
防爆荧光灯		安全灯	
分线盒一般符号 室内分线盒		自动开关箱 带熔断器的刀开关箱 熔断器箱	
在墙上的照明引出线（示出配线方向为向左）		电能表（千瓦特小时计）	wh′

（二）电气识图的基本知识

1. 阅读设备说明书

阅读设备说明书，目的是了解设备的机械结构、电气传动方式、对电气控制的要求、设备和元器件的布置情况，以及设备的使用操作方法、各种按钮、开关等的作用。

2. 看图纸说明

看图纸说明，搞清楚设计的内容和施工要求，就能了解图纸的大体情况，抓住看图的要点。图纸说明包括图纸目录、技术说明、设备材料明细表、元件明细表、设计和施工说明书等，由此对工程项目的设计内容及总体要求做大致了解，有助于抓住识图的重点内容。

然后看有关电气图。步骤是：从标题栏、技术说明到图形、元件明细表，从总部到局部，从电源到负载，从主电路到辅助电路，从电路到元件，从上到下，从左到右。

3. 看电气原理图

原理图是采用国家统一规定的电气图形符号和文字符号来表明电气系统的组成、各元件间的连接方式、电气系统的工作顺序、作用，不涉及电气设备和电气元件的结构和安装情况。电气系统原理图包括一次回路和二次回路两部分。

为了进一步理解系统或分系统的工作原理，还应先看相关的逻辑图和功能图。看原理图时，先要分清一次回路和二次回路，交流电路和直流电路，再按先看一次回路，后看二次回路的顺序读图。

看一次回路时，一般是由上而下，即由电源经开关设备及导线向负载方向看，也就是看电源是怎样给负载供电的。看二次回路时，从上而下、从左到右，即先看电源，再依次看各个回路，分清楚各二次回路对一次回路的控制、保护、测量、指示、监视功能，以及组成和工作原理。

4. 看安装接线图

安装接线图是安装配线的依据，在端子上有更具体的编号，说明接线从哪里来到哪里去。安装接线图只考虑设备、元件的安装配线而不明示系统的动作原理。

接线图是以电路为依据的，因此要对照原理图和展开图来看接线图。看安装接线图时，同样是先看一次电路，再看二次电路。看一次电路图时，从电源引入端开始，顺序经开关设备、线路到负载（用电设备）。看二次电路时，要从电源的一端到电源的另一端，按元件连接顺序对每一个回路进行分析。

接线图中的线号是电气元件间导线连接的标记，线号相同的导线原则上都可以接在一起。由于接线图多采用单线表示，因此对导线的走向应加以辨别，还要搞清楚端子板内外电路的连接。

5. 看展开接线图

识读展开接线图时，应结合原理图一起进行。所谓展开图，就是将设备展开表示，把线圈和接点按回路分开表示，对属同一线圈作用的接点或同一元件的端子用相同字母代号表示，此外回路还按动作顺序由左到右、由上到下的排列。看展开图时，一般是先看各展开回路名称，然后从上而下、从左到右识图。这里要注意的是，在展开图中，同一电气元件的各部件是按其功能分别画在不同回路中的（同一电气元件的各部件均标注同一项目代号，其项目代号通常用文字符号和数字编号组成），因此，读图时要注意该元件各部件动作之间的相互联系。同样需要指出的是，一些展开图的回路在分析其功能时，往往不一定是从左到右、从上到下顺序动作的，而可能是交叉的，识图时应加以注意。

6. 看平面、剖面布置图

看电气布置图时，先要了解土建、管道等相关图样，然后看电气设备的位置（包括平面、立体位置），由投影关系详细分析各设备具体位置及尺寸，并弄清各电气设备之间的相互关系，线路的引入、引出及走向等。

三、常用电工工具

（一）常用电工工具

1. 验电器

验电器是检验导线和电气设备是否带电的一种常用电工工具。验电器分低压、高压两种。

（1）低压验电器。低压验电器又称验电笔，有钢笔式、螺丝刀式和数字显示式。一般钢笔式、螺丝刀式是由氖管、电阻、弹簧、笔身和笔尖等组成。低压验电器是用来测量对地电压250V及以下的电气设备，只要带电体与大地之间的电位差超过60V时，氖管就发出辉光，它主要用于检查低压电气设备和低压电气线路是否带电。低压验电器使用时，必须按照图4-1所示把笔握妥。以手指触及尾端的金属体，使氖管小窗背光朝向自己。

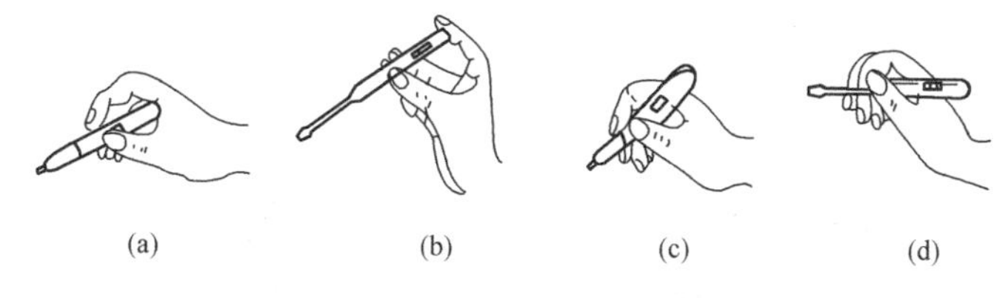

(a)　(b)　(c)　(d)

图4-1　低压验电器的握法

(a) 正确握法；(b) 正确握法；(c) 错误握法；(d) 错误握法

（2）高压验电器。高压验电器又称高压测电器，10kV高压验电器由金属勾、氖管、氖管窗、紧固螺钉、护环和握柄等组成。使用高压验电器时应特别注意手握部位不得超过护环。

（3）使用验电器的安全事项。

1）验电器在使用前应在确有电源处试测，证明验电器确实良好，方可使用。

2）使用时，应使验电器逐渐靠近被测物体，直至氖管发亮，只有在氖管不亮时，才可与被测物接触。

3）室外使用高压验电器时，必须在气候条件良好的情况下才能使用，以防发生危险。

4）使用高压验电器时，必须戴上符合耐压要求的绝缘手套，不可一人单独测试，须有人监护；要防止发生相间或对地短路，人体与被测带电体应有足够安全距离，10kV 高压的安全距离为 0.7m；高压验电器应半年作一次预防性实验。

2. 钢丝钳

钢丝钳由钳头、钳柄组成，钳头有钳口、齿口、刀口、侧口；电工用钢丝钳钳柄必须带有耐压 500V 的绝缘套。如图 4-2 所示。

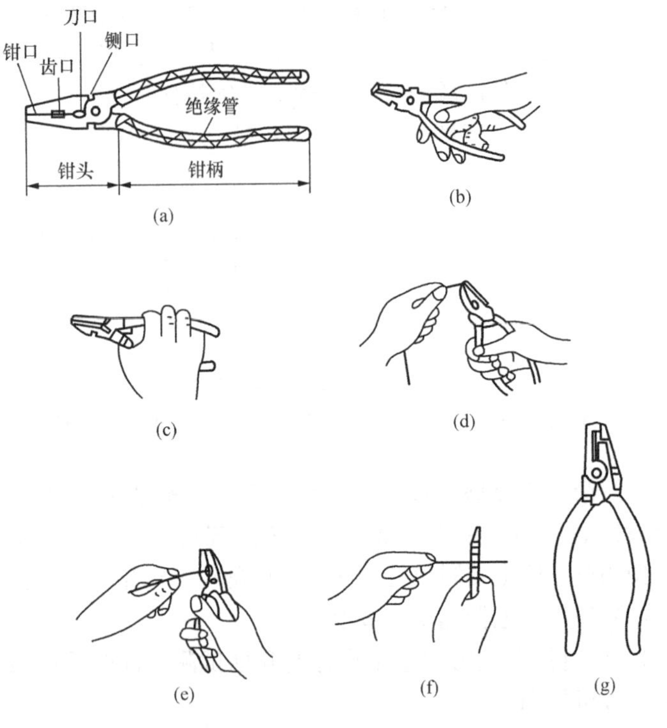

图 4-2 钢丝钳

(a) 钢丝钳（电工用）；(b) 握法；(c) 紧固螺母；(d) 钳夹导线头；(e) 剪切导线；(f) 铡切钢丝；(g) 裸柄钢丝钳（电工禁用）

（1）钢丝钳用来剪切导线，弯绞导线，剥导线绝缘层和紧固及拧松螺钉。通常剪切导线用刀口；剪切钢丝用侧口；拧螺母用齿口；弯绞导线用钳口。当剥导线绝缘层时，用刀口夹住适当长度的绝缘层，用力适度不伤及线芯，将绝缘层从导线上剥离。

（2）使用钢丝钳的安全事项。

1）使用钢丝钳时，必须检查绝缘柄的绝缘是否良好。

2）使用钢丝钳剪切带电导线时，不得同时剪切两根及以上导线，以免发生短路。

3）使用钢丝钳时，钳头不可代替锤子使用。

4）钢丝钳活动部位应适当加润滑油作防锈维护。

3. 螺钉旋具

螺钉旋具又称旋凿或起子，它是一种紧固或拆卸螺钉的工具，螺钉旋具按头部形状分为一字形和十字形；常用有多种规格，电工必备的是 50mm 和 150mm 两种；按握柄材料又分为塑料和木柄两种。

4. 剥线钳

剥线钳是用于剥削小直径导线绝缘层的专用工具。它的手柄是绝缘的，耐压为 500V。

剥线钳使用时，将要剥削的绝缘长度放入相应的刃口中，用手将钳柄一握，即可将导线绝缘层剥除。

5. 尖嘴钳

尖嘴钳的头部尖细，适用于在狭小的工作空间操作。电工用尖嘴钳有绝缘柄，其耐压为 500V，外形如图 4-3 所示。

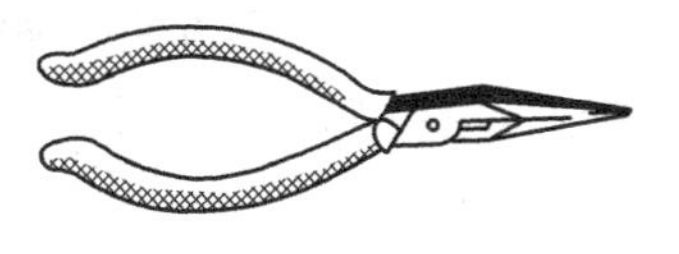

图 4-3　尖嘴钳

尖嘴钳带有刃口的部位可剪断细小金属丝。尖嘴钳能夹持较小螺钉、垫圈等。尖嘴钳能在装接控制线路时，把导线弯成线鼻子。

6. 断线钳

断线钳又称斜口钳，带有耐压500V的绝缘手柄，主要用来剪断较粗的导线和金属丝。

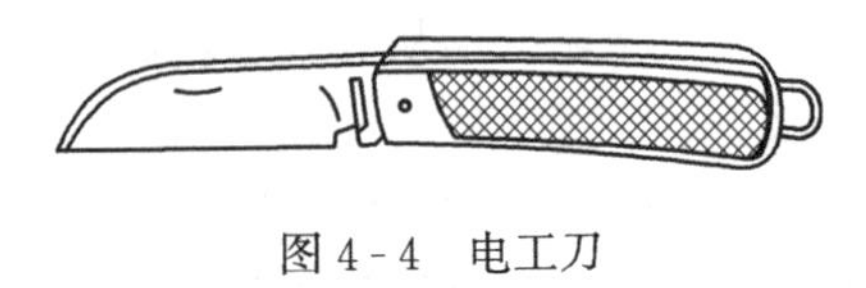

图4-4 电工刀

7. 电工刀

电工刀是用来剖削电线头、切割木台缺口、削制木榫的专用工具，其外形如图4-4所示。

(1) 电工刀的使用。使用时，将刀口朝外剖削，剖削导线绝缘层时，应使刀面与导线成较小锐角，以免割伤导线。

(2) 使用电工刀的安全事项。

1) 电工刀使用时注意避免伤手。

2) 电工刀用毕，将刀身折进刀柄。

3) 电工刀刀柄无绝缘，不能带电作业。

4) 不允许用锤子敲打刀片进行剥削。

8. 活络扳手

扳手是用来紧固和松开螺母的一种常用工具。常用扳手有活络扳手、呆扳手、梅花扳手、两用扳手、套筒扳手、内六角扳手、扭力扳手、专用扳手等，各种扳手都有其不同的规格。活络扳手外形如图4-5所示。活络扳手的钳口可以在一定范围内任意调整大小，使用方便。活络扳手的规格用长度×最大开口宽度表示，单位为mm，例如150mm×19mm表示长度150mm，宽度19mm。

(1) 活络扳手使用时，调整钳口稍大于螺母，套住螺母后收紧钳口，施力时，手要握在柄尾处，以便有较大力矩。

(2) 使用活络扳手的安全事项。

1) 活络扳手不可反用，也不可加长手柄施力，以免损坏扳手。

2) 活络扳手不可替代撬棒和锤子使用。

3) 活络扳手不可带电作业。

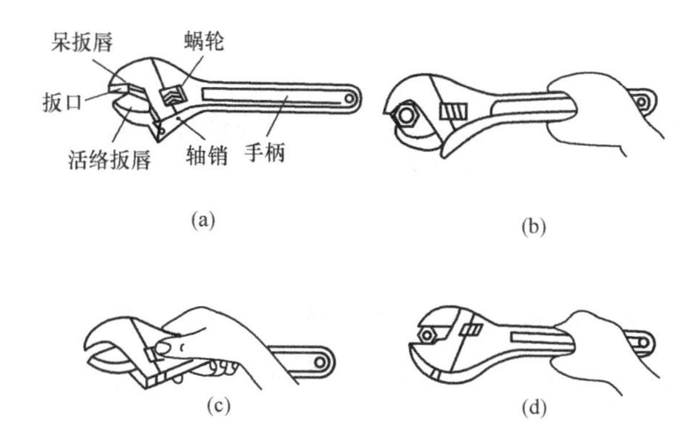

图 4-5 活络扳手

(a) 活络扳手构造；(b) 扳较大螺母时握法；

(c) 扳较小螺母时握法；(d) 错误握法

(二) 其他电工工具

1. 电钻

电钻是一种专用电动钻孔工具，主要分手提式、冲击式和手枪式电钻，其外形如图 4-6 所示。

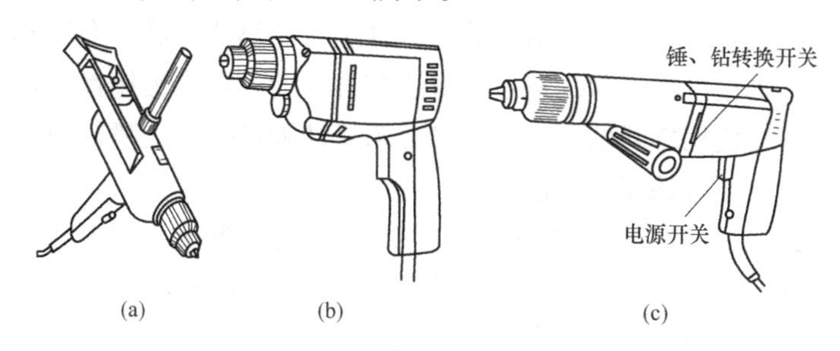

图 4-6 电钻

(a) 手提式电钻；(b) 手枪式电钻；(c) 冲击电钻

(1) 冲击式电钻具有两种功能，普通钻孔和冲击钻孔，当使用冲击功能时，把调节开关调到标记为“锤”的位置，即可用来冲打砌块和砖墙等建筑材料的木榫孔和导线穿墙孔，一般可冲打直径为 6～16mm 的圆孔。

（2）使用电钻的注意事项。

1）钻头完好，钻孔时不宜用力过猛，以防电机过载，如发现转速降低，应立即切断电源检查，以免烧坏电机；

2）使用电钻时严禁戴手套；

3）装卸钻头时，必须用钻头钥匙，不能用其他工具来敲打夹头；

4）检查电钻的接地线是否完整，检查电源电压是否与铭牌电压相符，电源线路上是否有熔断器保护。

2．电烙铁

电烙铁是在焊接过程中对焊锡加热并使其熔化的电热工具。电烙铁的规格以其消耗的电功率来表示。

3．射钉枪

射钉枪是一种紧固安装工具，它以火药为动力，将专用钉射入钢板、混凝土、坚实砖墙等基体内，用于代替预埋固定、打洞浇注等繁重作业。

4．喷灯

喷灯是一种利用喷射火焰对工件进行加热的工具。在制作电缆头、焊接电缆铅包的地线、电连接方面的防氧化镀锡都要使用喷灯。按使用燃料的不同，喷灯分为煤油喷灯和汽油喷灯两种。

（1）喷灯的使用方法。

1）加注符合要求的燃料，首先旋开加油螺栓，加入相应的燃料油，加注量不得大于喷灯油桶容量的3/4，旋紧加油螺塞。

2）向油桶内加压的同时预热喷嘴，再慢慢打开喷火阀门，火焰达到喷射要求即可使用。

3）手持手柄，使喷灯保持直立，将火焰对准工件即可。

（2）使用喷灯注意事项。

1）随时检查喷灯是否漏油、漏气，喷嘴是否畅通。

2）打气压时，首先确认进油阀能可靠关闭。喷灯点火时喷嘴前严禁站人，附近不能有易燃易爆物品，喷灯工作时应注意火焰与带电体之间的安全距离：10kV 以上大于 3m，10kV 以下大于 1.5m。

3）油桶内的油压应根据火焰喷射力掌握。

4）喷灯的加油、放油和维修要在喷灯熄火后进行。喷灯使用完毕应倒出剩余燃料并妥善处理。

5. 电工用梯

电工在登高作业时要特别注意人身安全。登高工具必须牢固可靠，方能保障登高作业的安全。电工用梯有直梯和人字梯两种，如图 4 - 7（a）、（b）所示。直梯一般用于室外作业，人字梯通常用于室内登高作业，直梯的两脚应包缚防滑材料，人字梯应在中间绑扎防自动滑开的安全绳。电工作业人员必须按图 4 - 7（c）所示方法站立。

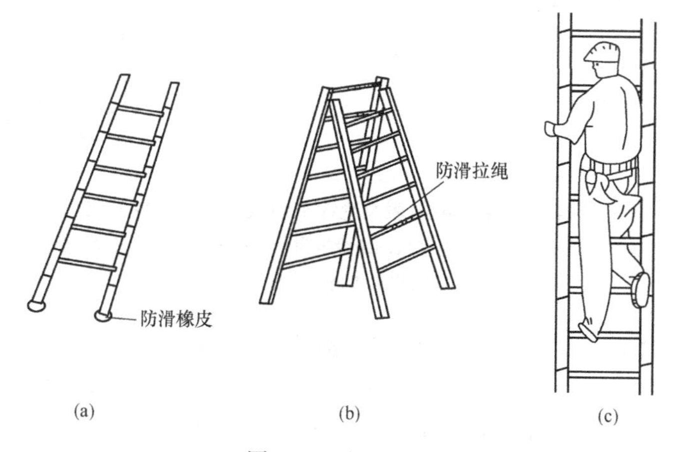

图 4 - 7　电工用梯

（a）直梯；（b）人字梯；（c）电工在梯子上作业站立姿势

四、常用电工仪表的使用、维护

1. 绝缘电阻表

绝缘电阻表又叫摇表、高阻表、绝缘电阻测定仪等，是用来测量大电阻和绝缘电阻的，它的计量单位是兆欧，用“MΩ”符号表示。虽然绝缘电阻表种类很多，但其作用大致相同。常用绝缘电阻表的外形如图 4-8（a）所示。

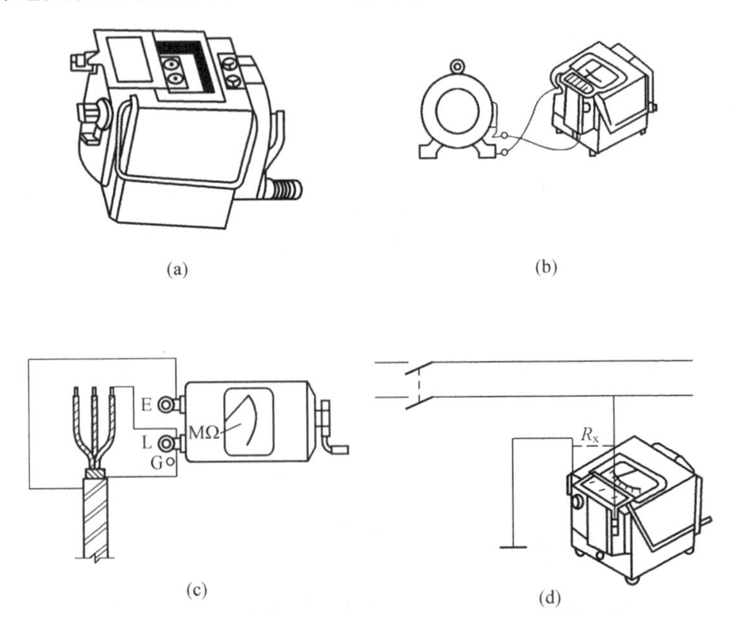

图 4-8　绝缘电阻表及绝缘电阻表的测量接线方法

（a）外形；（b）测量电动机的绝缘电阻；（c）测量电缆的绝缘电阻；（d）测量线路的绝缘电阻

（1）绝缘电阻表的选用。绝缘电阻表按其额定电压分为500、1000、2500、5000V 几种。通常应根据被试设备的额定电压来选择相应的绝缘电阻表，绝缘电阻表的额定电压过高，在测试中可能损坏被试设备的绝缘。一般来说，测量额定电压在500V 以下的设备或线路绝缘电阻时，可选用 500V 或 1000V 绝缘电阻表；额定电压在 1000V 及以上的设备或线路，则选用2500V 的绝缘电阻表。

（2）绝缘电阻表的接线和测量方法。绝缘电阻表有三个接线柱，分别标有“接地”（E）“线路”（L）“保护环”（G）。

1）测量电动机的绝缘电阻。绝缘电阻表的（E）接线柱接机壳，（L）接线柱接电动机绕组上，如图 4-8（b）所示。线路接好后，按顺时针每分钟 120 转的均匀转速摇动绝缘电阻表的发电机手柄，转速由慢到快，这时表针指示的数值就是所测得的绝缘电阻值。

2）测量电缆的绝缘电阻值。测量电缆的导电线芯与电缆外壳的绝缘电阻时，除将被测两端分别接（E）和（L）的两接线柱外，还将（G）接线柱接到电缆的内绝缘层上，如图 4-8（c）所示。

3）测量线路绝缘电阻。如图 4-8（d）所示。

（3）使用绝缘电阻表的注意事项。

1）必须先切断被测物电源并放电，以保证人身安全和测量准确。

2）绝缘电阻表使用时放在水平位置，测试前先做开路和短路实验，开路实验时绝缘电阻表指针应指在“∞”处，短路实验时绝缘电阻表指针应指在“0”处，如能满足以上两点，则证明绝缘电阻表是完好的。

3）绝缘电阻表的测试线应用多股软线，有良好绝缘，两根线切忌互绞在一起，避免造成测量数据的不准确。

4）绝缘电阻表测量完毕应立即使被测物放电，在绝缘电阻表的摇把还没有完全停止转动或被测物没有放电前，不可用手进行拆除引线或触及被测物的测量部分，以防触电。

2. 接地电阻测试仪

接地电阻测试仪也称接地绝缘电阻表，主要用于直接测量各种接地装置的接地电阻。接地电阻测试仪型式很多，常用的有 ZC—8 型、ZC—29 型等。

接地电阻测试仪的接线和测量方法如下：

（1）测量前，首先将两根探测针分别插入地中，如图 4-9 所示，使被测接地极 E′、电位探测针 P′和电流探测针 C′三点在一条直线上，E′至 P′的距离为 20m，E′至 C′的距离为 40m，然

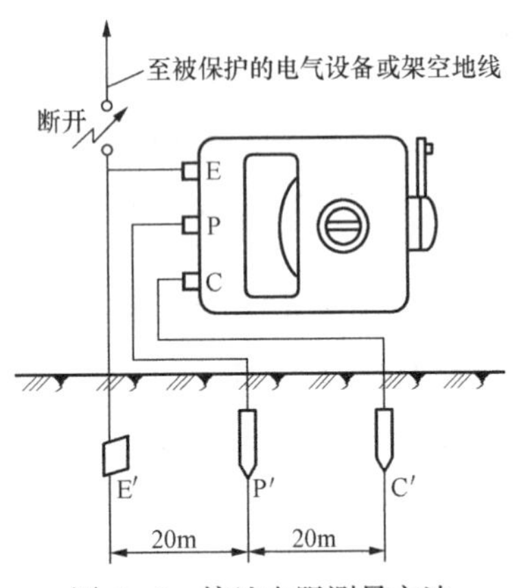

图 4-9 接地电阻测量方法

后分别将 E′、P′、C ′接到仪表相应的端钮上。

（2）测量时，先将仪表放在水平位置，检查检流计的指针是否指在红线上，若不在红线上，可用调零螺丝进行调零，然后将仪表的倍率标度置于最大倍数，转动发电机手柄，同时调整测量标度盘，使指针位于红线上。如果测量标度盘的度数小于1，则应将倍率标度置于较小的倍数，再重新调整测量标度盘，以得到正确的读数。当指针完全平衡在红线上以后，用测量标度盘的读数乘以倍率标度，即为所测得的接地电阻值。

3. 万用表

万用表也称万能表，是电工最常用仪表。一般可用来测量直流电流、直流电压、交流电压和电阻等。有的万用表还可以测量功率、电感、电容等。万用表的型式很多，常见的有指针式、数字式万用表，其外形如图 4 -10 所示。

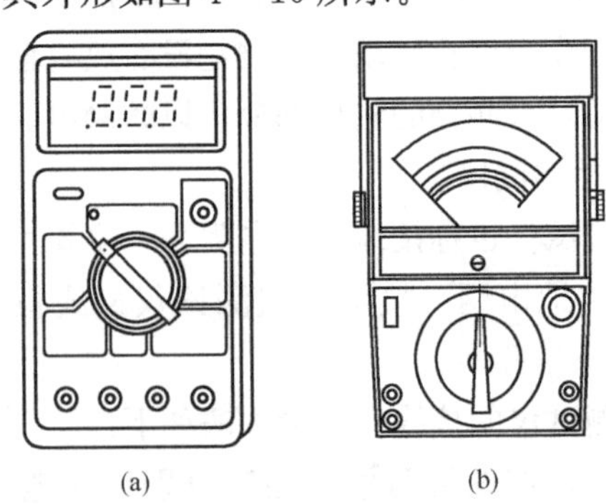

(a)　　(b)

图 4-10 万用表

(a) DT890D 型数字式万用表；(b) MF30 指针式万用表

（1）万用表的使用方法。

1）测量交流电压。将转换开关转到“$\underset{\sim}{V}$”符号的交流电压量程档，再根据被测量电压的高低选择量程，将两根表棒并接在被测电路的两端，不分正负极，读取电压值。

2）测量直流电压。将转换开关转到“$\underline{V}$”符号的直流电压量程档，再根据被测量电压的高低选择量程，注意两根表棒要区分正负极。

3）测量直流电流。将转换开关转到“mA”“μA”符号的适当量程位置上，然后按电流从正到负的方向，将万用表串联到被测电路中。

4）测量电阻的方法。将转换开关转到“Ω”符号的适当量程位置上，先将两根表棒短接，旋动调零按钮，使表针指在电阻刻度的“0”欧上；然后用表针跨接在被测电阻电路的两端测量电阻。

（2）使用万用表的注意事项。

1）使用前，观察表头指针是否处于零位，若不在零位，则应调整表头下方的机械调零旋钮。

2）测量前，要根据被测电量的项目和大小，把转换开关拨到合适的位置。

3）测量时，要根据选好的测量项目和量程档，明确应在哪一条标度尺上读数。

4）严禁在测量中拨动转换开关选择量程，这样可避免电弧烧坏转换开关触点。

5）测电压时要养成单手操作的好习惯，即预先把一支表笔固定在被测电路的一端，单手用另一支表笔进行测量。

6）严禁在被测电路带电的情况下测量电阻，否则会导致表针损坏。

7）测量时，每转换一次档位，都必须使表针离开被测物，测量电阻时，每次更换倍率档，都应重新调整欧姆零点。

8）测量完毕，应将转换开关拨到最高交流电压档，防止下次测量时不慎损坏表头。

4. 钳形表

钳形表又称钳形电流表，在不断开电路而需要测量电流的场合，使用钳形表。钳形表是根据电流互感器的原理制成的，有指针式和数字式两种，其外形结构如图 4-11 所示。

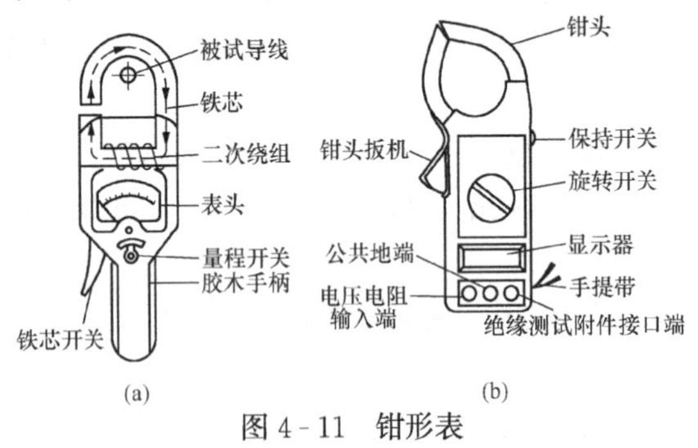

图 4-11　钳形表

(a) 指针式钳形表；(b) 数字式钳形表

(1) 钳形表的使用方法。将量程开关转到合适位置，打开铁芯，将被测导线放入，然后闭合铁芯，表上就感应出电流，可直接读数。

(2) 使用钳形表的注意事项。

1) 钳形表不得测高压线路的电流，被测线路的电压不能超过钳形表所规定的使用电压，以防绝缘击穿，人身触电。

2) 测量前应估计被测电流的大小，选择适当的量程，不可用小量程去测量大电流。

3) 每次测量只能钳入一根导线，应将被测导线置于钳口中央位置，以提高测量精度，测量结束应将量程调节开关调到最大量程位置，以便下次安全使用。

第二节　低压配线及室内照明安装

一、低压绝缘导线

(一) 常用导线的种类和用途

1. 常用导线的分类

常用导线一般分为硬导线和软导线两大类。硬导线中又有单股、多股以及多股混合等不同型式。导线还可以分为裸线和包有绝缘层的绝缘线两大类。裸线中又有截面为圆形的导线和截面为矩形、管形等母线和汇流排的区别。软线多为绝缘线，其芯线是多股细铜丝。

2. 常用导线的用途

表 4-3 列出了常用导线的种类和用途。

表 4-3　　常用导线的种类和用途

名称		型号	用途
普通绞线	铝绞线	LJ	用于挡距较小的一般配电架空线路
	铝合金绞线	HL1J HL2J	用于一般输配电架空线路
	铝包钢绞线	GLJ	用于重水区或大跨越输配电架空线路及通信霹雷线
	钢芯铝绞线	LGJ 普通型 LGJQ 轻型 LGJJ 加强型	用于输配电架空线路 同 LGJ 型 同 LGJ 型
通用绝缘电线	橡胶绝缘电线	BX、BLX	固定敷设于室内或室外，明敷、暗敷或穿管，作为设备安装用线
	氯丁橡胶绝缘电线	BXF、BLXF	同 BX 型，耐气候性好，适用于室外
	橡胶绝缘软电线	BXR	同 BX 型，仅用于安装时要求柔软的场所
	橡胶绝缘和护套电线	BXHF、BXLHF	同 BX 型，适用于较潮湿的场所和作为室外进户线
	聚氯乙烯绝缘电线	BV、BLV	同 BX 型，但耐湿性和耐气候性较好
	聚氯乙烯绝缘软电线	BVR	同 BV 型，仅用于安装时要求柔软的场所
	耐热 105℃聚氯乙烯绝缘软电线	BVR—105	同 BVR 型，用于 45℃及以上高温环境中

续表

名　称		型　号	用　途
通用绝缘软线	聚氯乙烯绝缘软线	RV（单芯） RVB（两芯绞型） RVS（两芯平型）	供各种移动电器、仪表、电信设备、自动化装置接线用，也作为内部安装用线，安装时环境温度不低于－15℃
	耐热105℃聚氯乙烯绝缘软线	RV－105	同RV型，用于45℃及以上高温环境中
	聚氯乙烯绝缘和护套软线	RVV	同RV型，用于潮湿和机械防护要求较高及经常移动、弯曲的场所
	丁腈聚氯乙烯复合物绝缘软线	RFS（两芯绞型） RFB（两芯平型）	同RVB、RVS型，但低温柔软性较好
	棉纱编织橡胶绝缘双绞（平）型软线	RXS（RXB）	室内日用电器、照明用电源线
	棉纱总编织橡胶绝缘软线	RX	同RXS（RXB）型

（二）导线截面的选择

屋内配线的导线截面，应根据导线的允许载流量、线路的允许电压损失、导线的机械强度等条件选择。一般先按允许载流量选定导线截面，再以其他条件进行校验。

1. 按允许载流量选择

导线的允许载流量也叫导线的安全载流量或导线的安全电流值。一般导线的最高允许工作温度为65℃，若超过这个温度时，导线的绝缘层就会加速老化，甚至变质损坏而引起火灾。导线的允许载流量就是导线的工作温度不超过65℃时可长期通过的最大电流值。

由于导线的工作温度除与导线通过电流有关外，还与导线的散热条件和环境温度有关，所以导线的允许载流量并非某一固定值。同一导线采用不同的敷设方式或处于不同的环境温度时，其允许载流量不相同，暗敷设比明敷设载流量要低。环境温度越高，允许的载流量越小。

2. 按机械强度选择

导线在安装和运行过程中，要受到各种外力的作用，加上导线本身有自重，这样，导线就受到多种张力的作用。若选用的敷设方式和支持点的距离不同，导线受到的张力也不同。如果导线不能承受这些外力的作用，它就要断线。因此选择导线时，必须考虑导线的机械强度。有些小负荷的设备，虽然选择很小的截面就能满足允许电流和电压损失的要求，但还必须查看其是否满足导线机械强度所允许的最小截面，如果这项要求不能满足，就要按导线机械度所允许的最小截面重新选择。

3. 按线路允许电压损失选择

由于线路存在着阻抗，当负荷电流流过时，要产生电压损失。在通过最大负荷时产生的电压损失 U 与线路额定电压 U_N 的比值，称为电压损失率，即 $\Delta U\%=\Delta U\div U_N\times100$。

电压损失率可以通过计算求得，也可以用查表方法简便求得。用查表法是根据线路电压、导线线型、截面和负荷功率因数查表，得出每兆瓦公里的电压损失率，然后简单计算出所求兆瓦公里数的电压损失率。

线路允许电压损失率，按用户性质有不同规定：

（1）对高压动力系统为5%；

（2）城镇低压电网为4%～5%；

（3）农村低压电网为7%；

（4）对视觉要求较高的照明线路，则为2%～3%。

（三）绝缘导线的连接

安装线路时，经常遇到导线不够长或要分接支路，需要把一根导线与另一根导线连接起来，或把导线端头固定于电气设备上。这些连接点处通常称为接头。

导线的连接应符合下列要求：连接要紧密，使接触电阻最小，连接处的机械强度和绝缘强度应该与非连接处相同。

绝缘导线的连接分为剖削绝缘、导线连接、接头焊接、恢复绝缘四个步骤。

二、室内配线

（一）室内配线的种类

室内配线分明配线和暗配线两种。导线沿墙壁、天花板、桁架及梁柱等明敷的称明配线；导线穿管埋设在墙内、地板下或安装在顶棚里称为暗配线。

（二）室内配线的技术要求

1. 明线敷设的技术要求

（1）室内水平敷设导线距地面不得低于2.5m，垂直敷设导线距地面不低于1.8m。室外水平和垂直敷设距地面均不得低于2.7m，否则应将导线穿在钢管内或硬塑料管加以保护。

（2）导线过楼板时应穿钢管或硬塑料管保护，管长度从高于楼板2m处引至楼板下出口处为止。

（3）导线穿墙或过墙要用瓷管（或塑料管）保护。瓷管（塑料管）两端出线口伸出墙面不小于10mm，以防导线和墙壁接触。导线穿出墙外时，穿线管应向墙外地面倾斜或用有瓷弯头套管，弯头管口向下，以防雨水流入管内。

（4）导线沿墙壁或天花板敷设时，导线与建筑物之间的距离一般不小于100mm，导线敷设在通过伸缩缝的地方应稍松弛。

（5）导线相互交叉时，为避免碰线，每根导线上应套上塑料管或其他绝缘管，并将套管固定，不得移动。

（6）绝缘导线之间的最小距离，固定点间最大允许距离以及与建筑物最小距离应符合有关规定。

2. 穿管敷设的技术要求

（1）穿管敷设绝缘导线的电压等级不应小于交流500V，绝缘导线穿管应符合有关规定。导线芯线的最小截面积规定铜芯 1mm²（控制及信号回路的导线截面不在此限）；铝芯线截面不小于 2.5mm²。

（2）同一单元、同一回路的导线应穿入同一管路，对不同电压、不同回路、不同电流种类的供电线或非同一控制对象的电线，不得穿入同一管子内。互为备用的线路亦不得共管。

（3）电压为 65V 及以下的回路，同一设备或同一流水作业设备的电力线路和无防干扰要求的控制回路、照明花灯的所有回路以及同类照明的几个回路等，可以共用一根管，但照明线不得多于 8 根。

（4）所有穿管线路，管内不得有接头。采用一管多线时，管内导线的总面积（包括绝缘层）不应超过管内截面积的 40%。在钢管内不准穿单根导线，以免形成交变磁通，带来损耗。

（5）穿管明敷线路应采用镀锌或经涂漆的焊接管（水管、煤气管）、电线管或硬塑料管。钢管壁厚度不小于 1mm，明敷设用的硬塑料管壁度不应小于 2mm。

（6）穿管线路长度太长时，应加装一个接线盒，为便于导线的安装与维修，对接线盒的位置有以下规定：①无弯曲转角时，不超过 45m 处安装一个接线盒；②有一个弯曲转角时，不超过 30m；③有两个弯曲转角时，不超过 20m；④有三个弯曲转角时，不超过 12m。

（三）室内配线的施工工序

不论何种布线方式，其施工程序基本上是相同的。它包括以下几道工作：

（1）根据照明电气施工图确定配电板（箱）、灯座、插座、开关、接线盒和木砖等预埋件的位置。

（2）确定导线敷设的路径、穿墙和穿楼板的位置。

（3）配合土建施工，预埋好线管或布线固定材料、接线盒（包括插座盒、开关盒、灯座盒）及木砖等预埋件。对于线管弯头多或穿线难度大的场所，预先在线管中穿好引导铁丝。

（4）安装固定导线的元件。

（5）敷设导线。

（6）连接导线及分支、包缠绝缘。

（7）检查线路安装质量。

（8）完成灯座、插座、开关及用电设备的接线。

（9）绝缘测量及通电试验，全面验收。

（四）室内配线方法

1. 户套线配线

护套线是一种具有塑料护层的双芯或多芯绝缘导线，它具有防潮、耐酸和耐腐蚀等性能。护套线可直接敷设在空心楼板内和建筑物的表面，用塑料线卡、铝片线卡（现已较少采用）作为导线的支持物。护套线敷设的方法简单、线路整齐美观、造价低廉，目前已逐渐取代瓷夹板、木槽板和绝缘子而广泛用于电气照明及其他小容量配电线路。但护套线不宜直接埋入抹灰层内暗敷，且不适用于室外露天场所明敷和大容量电路。

（1）护套线施工。

1）敷设准备工作。根据图纸确定线路的走向，各用电器的安装位置，然后用弹线袋划线，同时按护套线敷设的要求：直线敷设段每隔 150～200mm 划出固定塑料卡钉的位置；转角处距转角 50～100mm 处划出固定塑料卡钉的位置；距开关、插座和灯具木台 50～100mm 处都需增设塑料卡钉的固定点。

2）护套线敷设。

a 放线。放线时需两人合作，一人把整盘线套入双手中退线转动，另一人将线头向前拉直，放出的导线不得在地上拖拉，以免损伤护套层。为了使护套线敷设得平直，放线时不要让护套线扭曲。如线路较短，为便于施工，可按实际长度并留有一定的余量将导线剪断。

b 钉塑料卡钉。常用的塑料卡钉的规格有 4、6、8、10、12

号等，号码的大小表示塑料线卡卡口的宽度。10 号及以上为双钢钉塑料卡钉。根据所敷设护套线应选用相应的塑料卡钉。钉塑料卡钉时根据所敷设的护套线的外形是圆形的还是扁形的，选用圆形卡槽或是方形卡槽的卡钉。同一根护套线上固定单钉塑料卡钉时钢钉的位置应在同一方向（或在同一区域内）。通常用的卡钉是钢钉，可以直接钉在墙上，钉的时候要适可而止。否则，把墙面钉崩了就得换位置重钉。

c 接线盒内接线和连接用电设备（开关、插座、灯头、电器等）。

d 绝缘测量及通电试验。

（2）护套线配线时的注意事项。

1）室内使用护套线时，截面规定铜芯不得小于 0.5mm²，铝芯不得小于 1.5mm²；室外使用时，铜芯不得小于 1.0mm²，铝芯不得小于 2.5mm²。

2）护套线不可在线路上直接连接，需连接可采用“走回头线”的方法或增加接线盒，将连接或分支接头在接线盒内进行。

3）护套线在同一墙面上转弯时，必须保持相互垂直，弯曲导线要均匀，弯曲半径不应小于护套线宽度的 3 倍，太小会损伤线芯（尤其是 铝芯线），太大影响线路美观。护套线在转弯前应用塑料卡钉固定住。

4）两根护套线相互交叉时，交叉处要用四个塑料卡钉固定护套线。

5）护套线线路的离地最小距离不得小于 0.15m，凡穿楼板及离地低于 0.15m 的一段护套线，应加钢管（或硬质塑料管）保护，以防导线遭受机械损伤。

2. 塑料 PVC 管配线

塑料 PVC 明敷线管用于环境条件不好的室内线路敷设，如潮湿场所、有粉尘的场所、有防爆要求的场所、工厂车间内不能做暗敷线路的场所。施工步骤是，先定位、画线、安放固定线管用的预埋件，如角铁架、胀管等；后下料、连接、固定、穿线等。前者与塑料线槽配线、护套线布线基本相同。

（1）PVC 塑料管明敷线管的固定。线管的固定可以用管卡、胀管、木螺钉直接固定在墙上。

1）支持点布设位置，明设的线管是用管卡（俗称骑马）来支持的。单根管线可选用成品管卡，规格的标称方法与线管相同，故选用时必须与管子规格相匹配。

2）支持点的布设按规程规定。

a 明设管线在穿越墙壁或楼板前后应各装一个支持点，位置(装管卡点）距建筑面（穿越孔口）1.5～2.5 倍于所敷设管外径。

b 转角前后也应各装一个支持点，进出木台或配电箱也各应装一个支持点，位置与规程的第一条相同。

c 线段两支持点的间距：线管直径为 20mm 及以下时，线路走向为垂直时，支持点间距要求不大于 1000mm，线路走向为水平时不大于 800mm；线管直径为 25～40mm 及以下时，线路走向为垂直时，支 持点间距要求不大于 1500mm，线路走向为水平时不大于 1200；线管直径为 50mm 及以下时，线路走向为垂直时，支持点间距要求不大于 2000mm，线路走向为水平时不大于 1500mm。

（2）塑料管敷设。

1）施工方法：水平走向的线路宜自左至右逐段敷设，垂直走向的宜由下至上敷设。

2）PVC 管的弯曲不需加热，可以直接冷弯，为了防止弯瘪，弯管时在管内插入弯管弹簧，弯管后将弹簧拉出，弯管半径不宜过小，如需小半径转弯时可用定型的 PVC 弯管或三通管。在管中部弯时，将弹簧两端栓上铁丝，便于拉动。不同内径的管子配不同规格的弹簧。PVC 管切割可以用手钢锯，也可以用专用剪管钳。

3）PVC 管连接、转弯、分支可使用专用配套 PVC 管连接附件。连接时应采用插入连接，管口应平整、光滑，连接处结合面应涂专用胶合剂，套管长度宜为管外径的1.5～3倍。

4）多管并列敷设的明设管线，管与管之间不得出现间隙；在线路转角处也要求达到管管相贴，顺弧共曲，故要求弯管加工时特别小心。

5）在水平方向敷设的多管（管径不一的）并设线路，一般要求大规格线管置于下连，小规格线管安排在上连，依次排叠。多管并设的管卡，由施工人员按需自行制作，应制得大小得体，骑压着力，以能使管管平服为标准。

6）装上接线盒。管口与接线盒连接，应由两只薄型螺母由内外拼紧盒壁。

7）管口进入电源箱或控制箱（盒）等；管口应伸入10mm；如果是钢制箱体，应用薄型螺母内外对拧并紧。在进入电源箱或控制箱（盒）前在近管口处的线管应作小幅度的折曲（俗称“定伸”）；不应直线伸入。

8）PVC管敷设时应减少弯曲，当直线段长度超过15m或直角弯超过3个时，应增设接线盒。

（3）管内穿线。

1）穿钢丝。使用Φ1.2（18号）或Φ1.6（16号）钢丝，将钢丝端头弯成小钩，从管口插入。由于管子中间有弯，穿入时钢丝要不断向一个方向转动，一边穿一边转，如果没有堵管，很快就能从另一端穿出。如果管内弯较多不易穿过，则从管另一端再穿入一根钢丝，当感觉到两根钢丝碰到一块时，两人从端反方向转动两根钢丝，使两钢丝绞在一起，然后一拉一送，即可将钢丝穿过去。

2）带线。钢丝穿入管中后，就可以带导线了。一根管中导线根数多少不一，最少两根，多至五根，按设计所标的根数一次穿入。多根导线在拉入过程中，导线要排顺，不能有绞合，不能出死弯，一个人将钢丝向外拉，另一个人拿住导线向里送。导线拉过去后，留下足够的长度，把线头打开取下钢丝，线尾端点留下足够的长度剪断，一般留头长度为出盒100mm左右，在施工中自己注意总结体会一下，要够长以便于接线操作，又不能过长，否则接完头后盒内盘放不下。

（4）管内穿线应注意：

1）穿管导线的绝缘强度应不低于500V，导线最小截面：铜芯线为$1mm^2$，铝芯线为$2.5mm^2$。

2）不同回路、不同电压等级和交流与直流的导线，不得穿在同一根管内，但有特殊规定的除外。导线在管内不应有接头和扭结，接头应设在接线盒（箱）内。

3）同类照明的几个回路，在设计允许的情况下可穿往同一根管内，但管内导线总数不应多于8根。

4）管内导线包括绝缘层在内的总截面积不应大于管子内空截面积的40%。

（5）盒内接线。盒内所有接线除了要用来接电器外，其余线头都要事先接好，并缠好绝缘。

（6）接线盒内线和连接用电设备（开关、插座、灯头、电器等）。

（7）绝缘测量及通电试验。

三、照明安装

（一）电气照明的基本知识

1. 照明电源供电方式

电力网提供照明电源的电压，我国统一的标准为220V，照明电源线取自三相四线制低压线路上的一根相线和中性线，构成照明电路的线路。电压在36V及以下的电源称为低压安全电源，一般用在特定的场所。

2. 常用照明方式

电气照明按其用途不同分为生活照明、工作照明和事故照明三种方式。

（1）生活照明。生活照明指人们日常生活所需要的照明。属于一般照明，它对照度要求不高，可选用光通量较小的光源，但应能比较均匀地照亮周围环境。

（2）工作照明。工作照明指人们从事生产劳动、工作学习、科学研究和实验所需要的照明。它要求有足够的照度。在局部照明、光源和被照物距离较近等情况下，可用光通量不太大的光源；在公共场合，则要求有较大光通量的光源。

（3）事故照明。在可能因停电造成事故或较大损失的场所，必须设置事故照明装置，如医院急救室、手术室、矿井、地下室、公众密集场所等。事故照明的作用是，一旦正常的生活照明或工作照明出现故障，它能自动接通电源，代替原有照明。可见，事故照明是一种保护性照明，可靠性要求很高，决不允许在运行时出现故障。

（二）照明电路常用电气元件

1. 发光元件

（1）白炽灯泡。白炽灯泡是由灯头、灯丝和玻璃壳等组成。白炽灯泡的种类很多，就其额定电压来说有6～36V的安全照明灯泡，作局部照明用，如手提灯、车床照明灯等；有220～230V的普通白炽灯泡，作一般照明用。

（2）荧光灯。荧光灯俗称日光灯，其发光效率较高，约为白炽灯的四倍，具有光色好、寿命长、发光柔和等优点。荧光灯由灯管镇流器、启辉器等组成。

（3）高压汞灯。高压汞灯又叫高压水银灯，使用寿命是白炽灯的2.5～5倍，发光效率是白炽灯的3倍，耐震耐热性能好，线路简单，安装维修方便。其缺点是造价高，启辉时间长，对电压波动适应能力差。

（4）高压钠灯。高压钠灯是利用高压钠蒸气放电，其辐射光的波长集中在人眼感受较灵敏的范围内，紫外线辐射少，光效高，寿命长，透雾性好。高压钠灯必须配用镇流器，否则会使灯泡立即损坏。

（5）碘钨灯。碘钨灯构造简单，使用可靠，光色好，体积小，发光效率比白炽灯高30%左右，功率大，安装维修方便。但灯管温度高达500～700℃，安装必须水平，倾角不得大于4°，造价也较高。

2. 开关

开关大都用于室内照明电路，故统称室内照明开关，也广泛用于电气器具的电路通断控制。开关的类型很多，一般分类方式如下：

（1）按装置方式分：明装式，明线装置用；暗装式，暗线装置用；悬吊式，开关处于悬垂状态使用；附装式，装设于电气器具外壳。

（2）按操作方法分：跷板式、倒扳式、拉线式、按钮式、推移式、旋转式、触摸式。

（3）按接通方式分：单联（单投、单极）、双联（双投、三线）、双控（间歇双投）、双路（同时接通二路）。

3. 灯座

灯座是供普通照明用白炽灯泡和气体放电灯管与电源连接的一种电气装置件。过去学惯将灯灯座叫做灯头，自1967年国家制定了白炽灯灯灯座的标准后，全部改称灯座，而把灯泡上的金属头部叫做灯头。灯座的种类很多，分类方法也有多种。

（1）按与灯泡的连接方式分为螺旋式（又称螺口式）和卡口式，这是灯座的首要特征分类。

（2）按安装方式分，则有悬吊式、平装式、管接式三种。

（3）其他派生类型则有防雨式、安全式、带开关、带插座二分火、三分火等多种。

除白炽灯座外，还有荧光灯座（又叫日光灯座）萤火灯启辉器座以及特定用途的橱窗灯座等。

4. 插头与插座

（1）插头。插头是为用电器具引取电源的插接器件。插头的型式，国家标准规定为扁形插脚，为了保证用电安全、除了有绝缘外壳及低压电源（安全电压）的用电器具可以使用两线插头外，其他有金属外壳及可碰触的金属部件的电器都应装用有接地线的三线插头。

（2）插座分明式、暗式和移动式三种类型，是互配性要求较严而又型式多样的一大类器件。插头插座分为单相二极，单相三级及三相四极三种。工作电压为 50、250V 和 380V。

5. 线盒及其他器件

这类器件主要用作电源线与引入电器导线之间的过渡连接。这类器件和另一类器件没有互相要求，只要满足本身的安装要求和适应配线的电源容量即可。

（三）灯具的种类

灯具是由灯座、灯罩、灯架、开关、引线等组成的。就其防护型式来说，可分为防水防尘灯、安全灯和普通灯等；就其安装方式，可分为吸顶灯、吊线灯、壁灯等。

（四）电气照明的基本线路

电气照明的基本线路，一般应具备电源、导线、开关及灯具（负载）四项基本条件，否则就不能成为完整的照明线路。电气照明的基本线路有以下几种：

（1）一只单联开关控制一盏灯，其接线如图 4-13 所示。这是最常用的一种接线方式。

（2）两只双联开关在两个地方控制一盏灯，其接线如图 4-14所示。这种控制方式通常用于楼梯电灯，在楼上楼下都可控制；也可用于走廊的电灯，在走廊的两头都可控制。

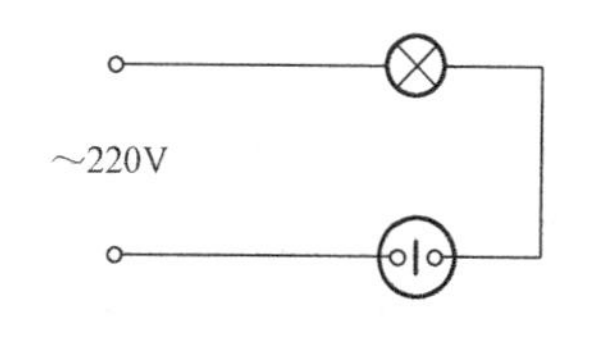

图 4-13　单联开关控制单灯接线图

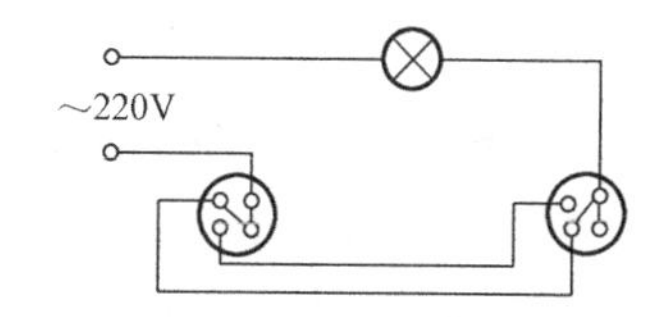

图 4-14　两只双联开关控制单灯接线图

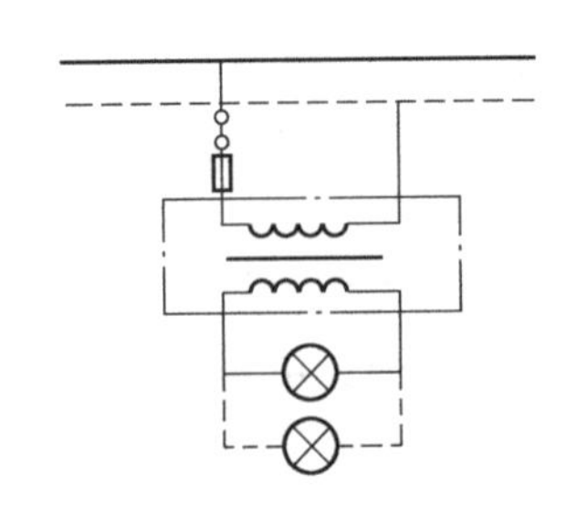

图 4-15　局部照明安全灯接线图

(3) 36V 及以下的局部照明灯（安全灯），接线如图 4-15 所示。它是用降压变压器将电压降到 36V 及以下。

(五) 照明线路的一般要求

(1) 室内、室外配线应采用电压不低于 250V 的绝缘导线。

(2) 军事及政治活动场所，有易燃、易爆危险的场所及重要仓库。应采用金属管配线。

(3) 有腐蚀性的场所配线应采用全塑制品，所有接头处应密封。

(4) 冷藏库配线，宜采用护套线明配，采用电压不应超过 36V，所有控制设备设在库外。

(5) 每个分支线路导线间及对地的绝缘电阻不小于 0.22MΩ；对于 36、24V 及 12V 安全电压线路，其绝缘电阻亦不应低于 0.22MΩ。

(6) 各种明配线工程的位置，应便于检查和维修。

(六) 灯具安装的基本要求

1. 220V 照明灯头离地高度的要求

(1) 在潮湿、危险场所及户外应不低于 2.5m。

(2) 在不属于潮湿、危险场所的生产车间、办公室、商店及住房等一般不低于 2m。

(3) 如因生产和生活需要，必须将电灯适当放低时，灯头的最低垂直距离不应低于 1m。但应在吊灯线上加绝缘套管至离地 2m 的高度，并应采用安全灯头。若装用日光灯，则日光灯架上应加装盖板。

(4) 灯头高度低于上述规定而又无安全措施的车间、行灯和机床局部照明，应采用36V及以下的电压。

2. 照明开关、插座、灯座等的安装要求

照明开关应装在火（相）线上。这样，当开关断开后灯处不存在电压，可减少触电事故。开关应用拉线开关或平开关，不得采用床头开关或灯头开关（采用安全电压的行灯和装置可靠的台灯除外）。为使用安全和操作方便，开关、插座距地面的安装高度不应小于下列数值：

（1）拉线开关为1.8m。

（2）墙壁开关（平开关）为1.3m。

（3）明装插座的离地高度一般不低于1.3m；暗装插座的离地高度不应低于0.15m；居民住宅和儿童活动场所均不得低于1.3m。

（4）为安装平稳、绝缘良好，拉线开关和吊灯盒均应用塑料圆盒、圆木台或塑料方盒、方木台固定。木台四周应先刷防水漆一遍，再刷白漆两遍，以保持本质干燥，绝缘良好。塑料盒或木台若固定在砖墙或混凝土结构上，则应事先在墙上打孔埋好木榫或塑料膨胀管，然后用木螺丝固定。

（5）普通吊线灯，灯具质量不超过1kg时，可用电灯引线自身做电灯具吊线；灯具质量超过1kg时，应采用吊链钢管吊装，且导线不应承受拉力。

（6）灯架或吊灯管内的导线不许有接头。

（7）用电灯引线作吊灯线时，灯头和用灯盒与吊灯线连接处，均应打一背扣，以免接头受力而导致接触不良、断路或坠落。

（8）采用螺口灯座时，应将火（相）线接芯极，零线接螺纹极。

（七）照明线路的常见故障与维修方法

1. 短路

短路时，线路电流很大，熔丝迅速熔断，电路被切断。若熔丝选择太粗，则会烧毁导线，甚至引起火灾。其原因大多为接线错误，相线与零线相碰接；导线绝缘层损坏，在损坏处碰线或接地；用电器具内部损坏；灯头内部松动致使金属片相碰短路；房屋失修或漏水，造成线头脱落后相碰或接地；灯头进水等。

检修时，可利用试灯来检查短路故障，一般按以下步骤进行：

(1) 首先将故障分支线路上的所有灯开关断开，并拔下插头，取下插座熔断器；然后将试灯接在该分支线路总熔断器的两端（应取下熔断器的熔体），串接在被测线路上，随后合闸送电。如果试灯不发光，说明线路正常，应对每一只灯、每一个插座进行检查；如果试灯正常发光，说明该线路存在短路故障，要先找到故障点排除该线路故障，再对每一只灯、每一个插座进行检查。

(2) 检查每一只灯时，可依次将每只灯的开关合上，每合一个开关都要观察试灯（试灯的功率与被检查灯的功率应相差不大）是否正常发光（试灯接在总熔断器处）。当合上某只灯的开关时，若试灯发光，则说明故障存在于该灯上，可断电进一步检查。如果试灯不发光，则说明故障不在该灯上，可检查下一只灯，直至查出故障点为止。插座检查亦是如此。

当然，也可用万用表的电阻挡在断电情况下进行电路分割检查来找出故障点。

2. 开路

开路时，电路无电压，照明灯不亮，用电器不能工作。其原因有：熔丝熔断、导线断路、线头松脱、开关损坏、铝线端头腐蚀严重等。

照明电路开路故障可分为全部开路、局部开路和个别开路三种。

(1) 全部开路。这类故障主要发生在干线上，配电和计量装置中以及进户装置的范围内。通常，首先应依次检查上述部分每个接头的连接处（包括熔体接线桩），一般以线头脱离连接处这一故障最为常见；其次，检查各线路开关动、静触头的分合闸情况。

（2）局部开路。这类故障主要发生在分支线路范围内。一般先检查每个线头的连接处，然后检查分路开关。如果分路导线截面较小或是铝导线，则应考虑芯线可能断裂在绝缘层内而造成局部开路。

（3）个别开路。这类故障一般局限于接线盒、灯座、灯开关，以及它们之间的连接导线的范围内。通常，可分别检查每个接头的连接处，以及灯座、灯开关和插座等部件的触点的接触情况（对于荧光灯，则应检查每个元件的连接情况）。

3. 漏电

照明线路漏电的主要原因是：

（1）导线或电气设备的绝缘受到外力损伤；

（2）线路经长期运行，导致绝缘老化变质；

（3）线路受潮气侵袭或被污染，造成绝缘不良。

照明线路一旦出现漏电现象，不但浪费电能，而且还可能引起触电事故。漏电与短路的本质相同，只是事故发展程度不同而已，严重的漏电可能造成短路。因此，对照明线路的漏电，切不可掉以轻心，应经常检查线路的绝缘情况，尤其是发现漏电现象时，应及时查明原因，找出故障点，并予以消除。

通常，查找漏电方法有以下四步：

1）首先判断是否确实漏电。可用绝缘电阻表摇测其绝缘电阻的大小，或在总隔离开关上接一只电流表，接通全部开关，取下所有灯泡。若电流表指针摆动，则说明存在漏电现象。指针摆动的幅度，取决于电流表的灵敏度和漏电电流的大小。确定线路漏电后，可按以下步骤继续进行检查。

2）判断是相线与零线间漏电，还是相线与大地间漏电，或者二者兼而有之。方法是切断零线，若电流表指示不变，则是相线与大地漏电；若电流表指示为零，是相线与零线间漏电；电流表指示变小但不为零，则是相线与零线、相线与大地间均漏电。

3）确定漏电范围。取下分路熔断器或拉开隔离开关，若电流表指示不变，则说明总线漏电；电流表指示为零，则为分路漏电；电流表指示变小但不为零，则表明是总线、分路均有漏电。

4）找出漏电点。经上述检查，再依次拉开该线路灯具的开关，当拉到某一开关时，电流表指示返零，则该分支线漏电，若变小则说明这一分支线漏电外，还有别处漏电；若所有灯具拉开后，电流表指示不变，则说明该段干线漏电。依次把事故范围缩小，便可进一步检查该段线路的接头以及导线穿墙处等地点是否漏电。找到漏电点后，应及时消除漏电故障。

上述几种故障，只有我们进行具体的测量和分析，才能准确地找出故障点，判明故障性质，并采取有效措施，使故障尽快消除。

四、电能表安装

电能表有单相电能表和三相电能表两种（100kVA 以下不装设无功电能表）。目前广泛采用的电子型、智能型电能表已逐步取代了电磁式和感应型电能表。三相电能表又有三相三线制和三相四线制两种；按接线方式不同，又各分为直接式（100A 及以下的电路上可采用直接接入式）和间接式两种。直接式三相电能表常用的规格有 10、20、30、50、75A 和 100A 等多种，一般用于电流较小的电路上。间接式三相电能表用的规格是 5A 的，与电流互感器连接后，用于电流较大的电路上。

（一）电能表的安装接线

1. 电能表的安装场所要求

（1）电能表应安装在干燥及不受震动，且便于进行安装、试验和抄表工作的场所。其周围环境湿度应在－10～＋50℃，相对湿度不超过 85%。

（2）电能表安装处的环境应清洁、干燥，无腐蚀性气体和强磁场。

(3) 电能表应安装在定期的开关柜、配电盘、电能表箱内，箱门开有窥视孔，与电能表表窗对应，以便抄表。

2. 电能表安装高度要求

(1) 电能表表板安装时底口距地面不应低于1.8m；

(2) 表箱安装时，底口距地面不应低于1.4m；

(3) 装于成套开关柜时，不应低于0.7m。

3. 电能表表板、盘、箱的要求

(1) 电能表盘、箱采用金属板时，其厚度不应小于2mm，采用绝缘板时不应小于8mm。

(2) 立式盘的金属架、角钢不应小于40mm×40mm×4mm。

(3) 电能表上端距表盘上边沿不小于50mm，距表箱顶端不小于80mm；电能表侧面距表盘、表箱侧边沿不小于60mm。

(4) 电能表侧面距相邻的开关或其他电器装置不小于60mm。

(5) 几只电能表装在一起时，每只之间距离应在50mm以上。

4. 电流互感器安装要求

(1) 电流互感器次级（即二次）标有“K1”或“+”的接线桩要与电能表电流绕组的进线桩连接，标有“K2”或“－”的接线桩要与电能表的出线桩连接，不可接反，电流互感器的初级（即一次）标有“L1”或“+”的接线桩，应接电源进线，标有“L2”或“－”的接线桩应接出线。

(2) 电流互感器次极的“K2”或“－”接线桩、外壳和铁芯都必须可靠的接地。

(3) 电流互感器应装在电能表的上方。

5. 电能表布线、接线要求

(1) 电能表进线的最小截面不得小于2.5mm^2，并规定采用铜芯电线，不得采用铝芯线。

（2）电能表进线必须明线敷设，如系塑料绝缘线则应用线槽或明设管线安装；如系护套线则应采用塑料钢钉线卡支持，不准把导线穿入表板背后，也不准采用任何暗设的安装形式。

（3）电能表进线应敷设在电能表左侧，电能表出线应敷设在右侧，不可装反；若用管线敷设时，电能表的出线不准穿入电能表进线的管子内，应另设出线管，以免混淆不清和发生短路时影响电能表的正常运行。

（4）安装电能表时，应先将接线盒的接线压线螺丝松开，然后剥皮将电线头插入接线桩孔内，先拧紧上面的压线螺丝后，向外拉一下导线，证明牢靠后，再拧紧下面的压线螺丝。

（5）安装时要认准相线和中性线，注意电流互感器的极性，看清电能表的拉线及端子的标志。

6. 单相电能表的接线

单相电能表共有四个接线桩头，从左到右按 1、2、3、4 编号。接线方法一般按号码 1、3 接电源进线，2、4 接出线，如图 4-16 所示。

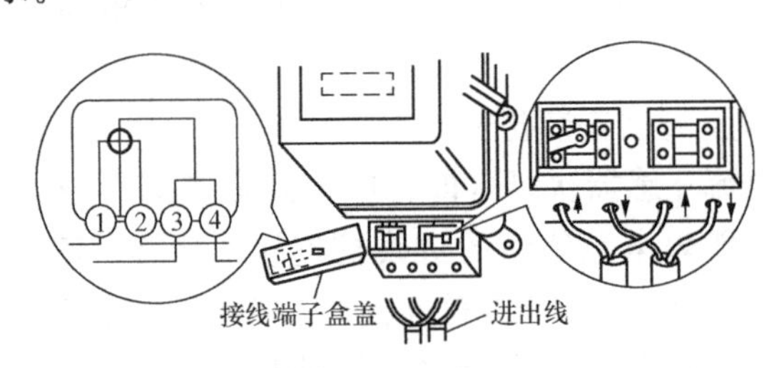

图 4-16　单相电能表的接线

7. 三相电能表的接线

（1）直接式三相电能表的接线。这种电能表共有八个接线桩头，其中 1、4、6 是电源相线进线桩头；3、5、8 是相线出线桩头；2、7 两个接线桩可空着，如图 4-17 所示。

（2）直接式三相四线电能表的接线。这种电能表共有 11 个接线桩头，从左至右按 1、2、3、4、5、6、7、8、9、10、11 编

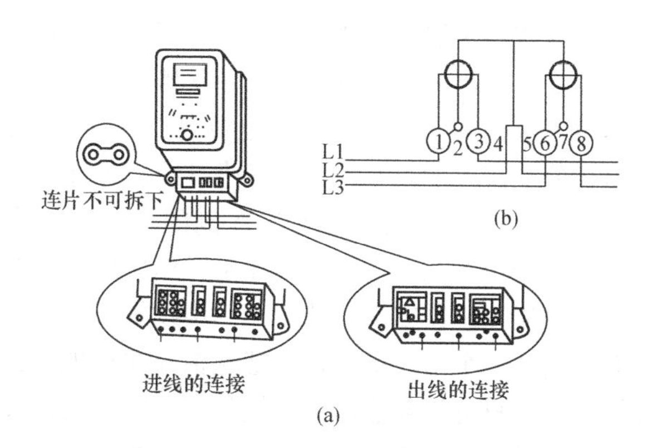

图 4-17　直接式三相三线电能表的接线

（a）接线外形图；（b）接线原理图

号；其中 1、4、7 是电源相线的进线桩头，用来连接从总熔断器盒下桩头引来的三相相线；3、6、9 是相线的出线桩头，分别去接总开关的三个进线桩头；10、11 是电源中性线的进线桩头和出线桩头；2、5、8 三个接线桩头可空着，如图 4-18 所示。

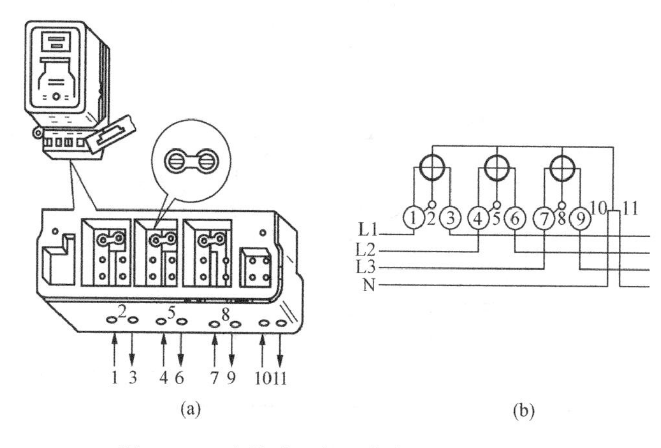

图 4-18　直接式三相四线制电能表的接线

（a）外形接线图；（b）接线原理图

（3）间接式三相四线电能表的接线。这种三相电能表需配用三只同规格的电流互感器。接线时把从总熔断器盒下接线桩头引来的三根相线，分别与三只电流互感器一次侧的“+”接线桩头连接，同时用三根绝缘导线从这三只电流互感器一次侧的“+”接线桩引出，分别与电能表2、5、8三个接线桩连接。接着再用三根绝缘导线，从三只电流互感器二次侧的“+”接线桩头引出，与电能表1、4、7三个进线桩头连接，然后用一根绝缘导线一端并联三只电流互感器二次侧的“－”接线桩头，另一端连接电能表的3、6、9三个出线桩头，并把这根导线接地，最后用三根绝缘导线，把三只电流互感器一次侧的“－”接线桩头分别引出与总开关三个进线桩头连接起来，并把电源中性线与电能表进线桩10连接，接线桩11是用来连接中性线的出线，如图4-19所示。

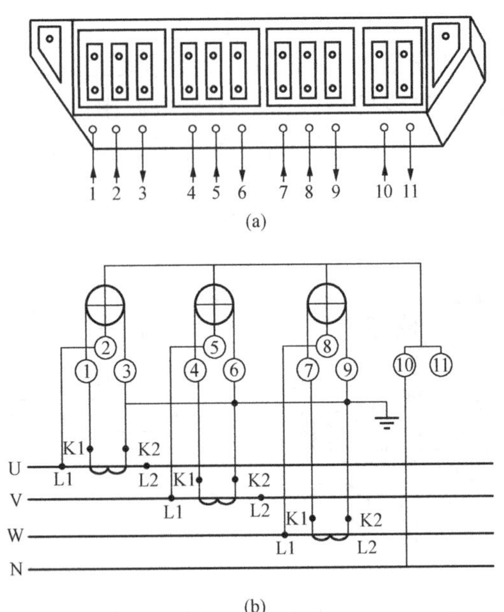

图4-19　间接式三相四线制电能表间接接线

(a) 外形接线图；(b) 接线原理图

（二）电能计量新技术

随着电力市场的逐步形成和完善，各种具有新技术、新用途、新特点的计量装置应运而生。

1. 长寿命电能表

普通单相电能表采用单宝石轴承，效验周期（对电能表进行轮换、检修的周期）是五年。而长寿命电能表由于采用了磁力轴承或双宝石轴承等新材料、新技术，使其寿命比普通单相电能表长五年左右。从而节省了大量人力、物力，具有显著的经济和社会效益。

2. 宽量程电能表

近年来，由于居民生活水平的提高，用电容量越来越大，但可能不同时使用（负荷变化幅度大）。选择旧式电能表时，如果额定电流选择偏大，当用户用电量较小时，其实际运行电流可能低于电能表额定电流的10%而使计量不准；反之，若选择电能表额定电流偏小，一旦很多家用电器同时使用，电能表就可能因过载而烧毁。宽量程电能表就能克服以上问题，只要使家用负荷的总电流之和在电能表的额定电流范围内，都可以安全准确的计量。宽量程电能表又叫高过载倍数电能表，其过载能力可达2～4倍。如单相电能表铭牌标有2.0级，220V，10（40）A，则说明该表过载能力为4倍；电能表的额定电流在10～40A以内时，准确性仍能满足2.0级的要求。普通电能表的过载能力一般只有1.5～2倍。

3. 最大需量电能表

所谓最大需量是指电力用户在一个电费结算周期（如一个月）中，指定时间间隔（一般为每15min）内平均功率的最大值。

普通电能表的指示值为瞬时功率，若以功率表的最大值计算，则会把发生故障时的短路电流、电动机的启动电流等冲击性负荷电流引起的功率暂时升高作为收取电费的依据，这显然是不合理的。最大需量表与普通表的不同处在于，它指示的是每15min内的持续功率，其指示的数值既考虑了冲击电流的大小，又考虑了持续的时间，以此来计收基本电费较为合理。

4. 复费率电能表

复费率即多种电价，也叫分时电价。按预先设定的峰、谷、非锋谷时段，将一天内的用电量分别计在不同的计度器中，以供执行不同电价。供电部门采用高峰高价，低谷低价政策可以使用户自觉避开高峰负荷时段用电，这样既减少了用户电费支出，又提高了电网的负荷率。虽然增加了用户在高峰时段的电费支出，但减少了拉闸限电现象。

5. 预付费电能表

预付费电能表就是一种用户必须先买电，然后才能用电的特殊电能表。用户将在供电部门的售电机上所购得的电量存人 IC 卡中。然后将 IC 插入预付费电能表中才可以用电，当 IC 卡插入预付费电能表时，电能表可显示购电数量。电费使用将尽时，电能表发声或光报警信号。电能量剩余数为零时，单相预付费电能表可发出断电信号，控制开关断电，促使用户及时购电；对三相用户，考虑到生产的连续性，不能立即断电，可发出报警信号，但表按规定作欠费记录。

第三节　低压电器及控制电路安装

一、常用低压电器

工作在交流 1200V 及以下、直流 1500V 及以下电路中的电器都属于低压电器。低压电器是用来对电能的生产、输送、分配和使用起开关、控制、保护和调节作用的电气设备，以及利用电能来控制、保护和调节非电过程和非电装置的用电设备。根据低压电器在线路中所处的地位和作用可分为低压控制电器和低压配电电器两类。低压控制电器主要用于拖动系统中，此类电器有接触器、控制继电器、起动器、主令电器、控制器、电阻器、电磁铁等。低压配电电器主要用于低压配电系统及动力设备中，此类电器有刀开关、熔断器、低压断路器等。

（一）低压开关

低压开关主要作隔离、转换及接通和分断电路用，多数用作机床电路的电源开关和局部照明电路的控制开关，有时也可用来控制小容量电动机的启动、停止和正、反转。

低压开关一般为非自动切换电器，常用的类型主要有刀开关、组合开关和低压断路器。

1. 低压刀开关

低压刀开关又称低压隔离刀闸，它广泛使用在500V以下的低压配电装置的电路中。普通刀开关不能带负荷操作，只能在负荷开关切断电路后起隔离电压的作用，有明显的绝缘断开点，以保证检修、操作人员的安全。装有灭弧罩或在动触点上装有辅助速断触点的刀开关，可以切断小负荷电流（功率因数不低于0.7），用于控制小容量的用电设备或线路。

（1）低压刀开关的型号和种类。低压刀开关的型号含义如下：

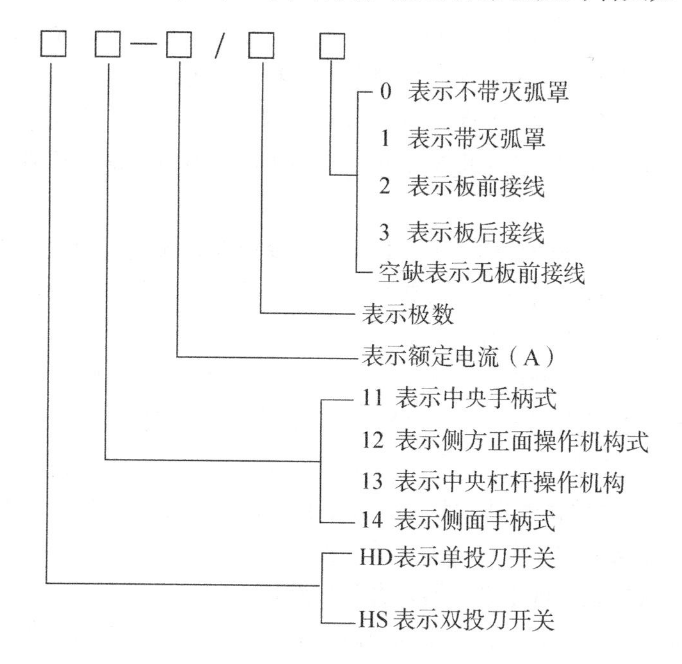

例如，HD13-400/31 型表示单投刀开关，额定电流 400A，中央杠杆式操作机构，带灭弧罩。

低压配电柜中最常用的是 HD11、HD13 型，在低压电容器柜以及车间用动力配电柜（箱）中，HD12、HD14 型使用比较广泛。近年来出现的 HR3 型熔断器式刀开关（简称刀熔开关）使用也比较多，它常以侧面手柄操作机构来传动，熔断器装在刀开关的动触片中间，使结构紧凑。

低压系统中，还常见一些刀开关和熔断器相组合的控制设备，如石板闸、负荷开关、铁壳开关等。

(2) 低压刀开关的选用。选用刀开关时，主要根据负荷电流的大小来选择它的额定容量范围，并相应考虑工作地点的周围环境，选择合适的操作机构方式。对于组合式的刀开关，应配备满足正常工作的保护需要的熔断器额定值和熔体容量。具体选用方法如下：

1) 用于照明和电热负载时，选用额定电压 220V 或 250V，额定电流不小于电路所有负载电流之和的开关。

2) 用于控制电动机的直接启动和停止时，选用额定电压 380V 或 500V，额定电流不小于电动机额定电流 3 倍的开关。

2. 按钮

(1) 按钮的结构种类。按钮属主令电器。通过它的触点通断状态来发布控制命令，改变电气控制系统的工作状态。按钮的结构原理如图 4-20 所示。图中 1—1、2—2 是静触点，3—3 是动触点，图中各触点的位置是自然状态。静触点 1—1 由于 3—3 动触点的接通而闭合，2—2 处在断开状态，工作时，当按下按钮，由于 3—3 的下移，首先断开 1—1，而后接通 2－2（称动合触点）。松手后在弹簧 4 的反作用力下，3—3 动触点返回，各触点的状态又回到如图 4-20 所示位置。

按钮是一种手动电器，种类很多，有的按钮仅有一对动合或动断触点。既有动合又有动断触点的按钮称为复合按钮。复合按

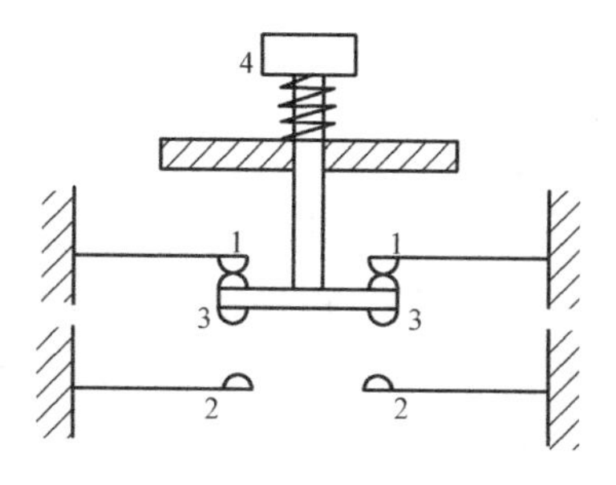

图 4-20　按钮结构原理图

钮的动作特点是：动断触点先断开，动合触点后闭合。

（2）按钮的选用。

1）根据使用场合和具体用途选择按钮的种类，例如，嵌装在操作面板上的按钮可选用开启式；需显示工作状态的可选用光标式；在非常重要处，为防止无关人员误操作宜用钥匙操作式；在有腐蚀性气体处要用防腐式。

2）根据工作状态指示和工作情况要求，选择按钮或指示灯的颜色，例如，启动按钮可选用白、灰、黑或绿色，优先用白色。急停按钮选用红色。停止按钮可选用黑、灰、白、红色，优先用黑色。

3）根据控制回路的需要选择按钮的数量，如单联、双联和三联按钮。

3. 组合开关

（1）组合开关的结构。一般用于电气设备中非频繁地接通与分断电路，换接电源和负载，测量三相电压以及控制小容量感应电动机的正、反转和星—三角减压启动用。组合开关的动静触头都安装在数层胶木绝缘座内，胶木绝缘座可以一个一个地组装起来，可多达六层。组合开关的主要技术参数有额定电压、额定电流、允许操作频率、极数、可控制电动机最大功率等。

（2）组合开关的选用。组合开关应根据电源种类、电压等级、所需触头数、接线方式和负载容量进行选用。用于直接控制异步电动机的启动和正、反转时，开关的额定电流一般取电动机额定电流的1.5～2.5倍。

（二）低压熔断器

低压熔断器又称低压保险器，它广泛应用在低压500V以下的电路中，作为电力线路、电动机或其他电器的过载保护和短路保护用。熔断器由熔断管、熔体、插座三部分组成。熔断管制成开启式、无填料封闭式和有填料封闭式等数种。管身为绝缘材料，用胶木、耐温纸及瓷质压制而成。熔体有铅、铅锡合金、锌、铝、铜等金属材料制成。常用低压熔断器外形如图4-21所示。熔断器的工作原理是利用熔体在通过大于它额定值的负荷电流时（过负荷或短路），所产生的热量使其发热融化而断开故障电路，从而对电气设备起到保护作用。熔断器和熔体制成多种规格（600A以下），对不同的负荷电流、电动机的启动方式、工作状态以及设备的保护特性需要可以作出不同的选择。

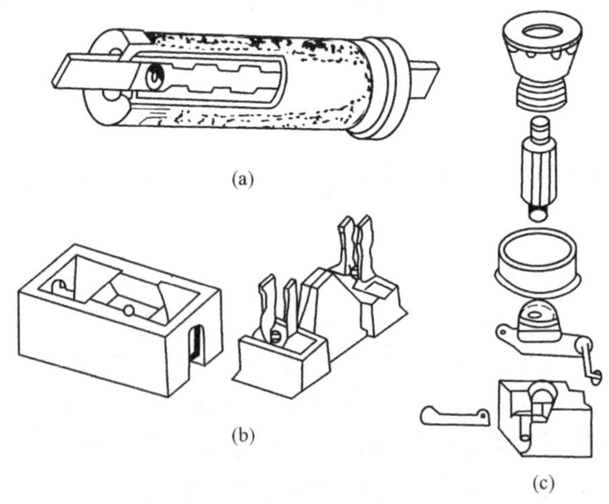

图4-21　熔断器

(a) 管式熔断器；(b) 插式熔断器；(c) 螺旋式熔断器

1. 低压熔断器的型号含义

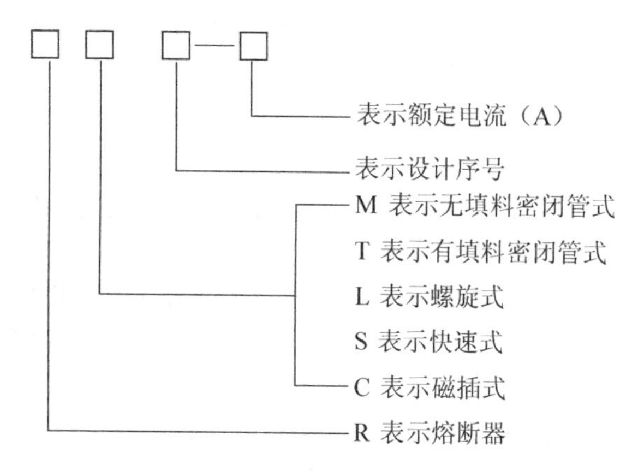

例如，RM10－600 型表示额定电流 600A，设计序号为 10 的无填料密闭管式熔断器。

2. 低压熔断器的选用

熔断器的动作时限具有反时限特点，即过电流倍数越大，动作时限越短。对于铅锡、锌、铝类熔体，根据它们的保护特性，一般通过熔体电流为它的额定值的 1.3～1.4 倍时，约 1h 后动作；过电流为 1.5～1.6 倍时，约 0.5h 后动作；过电流为 2.5～3.0 倍时，约 10s 后动作；如果电流小于 1.3 倍，则不应动作。因此，使用铜质熔体的快速型熔短器，相对来说，它的过载能力强，而铅锡、锌、铝类熔体较差。因此在选用铅锡、锌、铝类熔体时，其额定值与正常工作电流之比，倍数选择就需比铜质熔体大一些，这样才能保证在正常过电流负荷时不会误断而造成不应有的停电。

例如，一台三相 380V、30kW 重载启动电动机，额定电流 60A，正常工作电流约 50A，启动时最大电流为 330A（约 5.5 倍额定值），持续时间不超过 4s，可先选择铅锡类熔体额定电流为 80A 这一级，它为正常负荷 50A 的 1.6 倍，已知电动机启动时最大电流 330A 为熔体容量的 4.1 倍，这时按熔体的熔断特性，熔体在2s内即熔断，因而不能保证启动，只好选大一级容量的熔体，如选100A这一级，再重新进行效验。此种情况下，电动机启动电流为熔体额定电流的3.3倍（330/100），这时按熔体的熔断特性，约10s后才熔断，因此它能保证电动机正常启动。如选铜质熔体（RT0型），80A这一级，根据它的熔断特性，在过电流4.1倍时，接近6s时才会熔断，它就可以保证电动机启动。所以如选铜质熔体要比铅锡、锌、铝类熔体小一级。而且，在电动机电路运行中发生异常过负荷（如缺相）等情况，选用铜质熔体较铅锡、锌、铝类熔体的保护性能也好得多。

（三）交流接触器

交流接触器适合于频繁操作的控制电器。在500V及以下的低压电路中，结合按钮开关的操作，可远距离的对电动机、电容器等设备进行分、合控制。还可作电动机的正、反转控制。由于具备灭弧罩，所以可带负荷分、合电路。动作迅速，安全可靠。

1. 交流接触器的型号含义

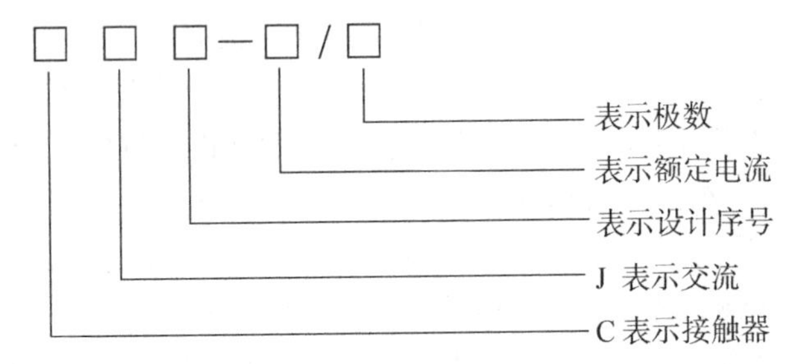

例如，CJ10—150/3型表示额定电流150A、设计序号为10的三相交流接触器。

2. 交流接触器的选用

交流接触器的负荷能力与它的工作方式密切相关，并不完全等于其额定值，这是它与其他电器的不同之处。它的工作方式分为长期工作制、间断长期工作制、反复短时工作制三种情况。交流接触器负荷能力与工作方式密切相关，比较而言，三种工作方式中，反复短时工作制最大允许负荷能力最强，其次是间断长期工作制，长期工作制最大允许负荷能力较弱。交流接触器负荷能力还与其安装方式有关，开启式安装比柜内式安装的最大允许负荷能力要大，这是考虑到通风散热条件的影响。

接触器的额定负荷能力还与它所控制的负荷性质有关，即与负荷功率因素有较大的关系，功率因素越低，灭弧越困难，影响通断能力越显著。所以，对功率因素较低的负荷或控制电容器的接触器，其通过的最大负荷不宜超过它的额定值的80%，以利分闸。

（四）控制继电器

控制继电器是一种自动电器，在控制系统中用来控制其他电器动作，或在主电路中作为保护用电器。继电器的输入量是电压、电流等电学量，也可以是温度、速度非电学量。当输入量变化到某一定值时，控制继电器即动作，使输出量发生预定的阶跃变化。

控制继电器的种类繁多，按输入信号的不同可分为电压继电器、电流继电器、时间继电器、热继电器、速度继电器和压力继电器等。在此介绍热继电器、电流继电器、电压继电器、中间继电器、行程开关、时间继电器、速度继电器。

1. 热继电器

热继电器是一种广泛应用在低压交流500V及以下的电力线路中，用来反映被控制设备的发热状态、监视设备的过热情况，作为交流电动机或其他设备的过负荷、断相、电流不平衡运行的保护用电器，它常和交流接触器组合而成磁力启动器。

热继电器主要由热元件（由两种膨胀系数不同的金属，如镍铁合金与康铜压轧一起组成）、辅助触点等部件组成，如图4-22所示。它串联于负荷电路中，利用负荷电流产生的热量，使其内部的双金属片受热歪曲，推动导扳动作，切断故障电路。

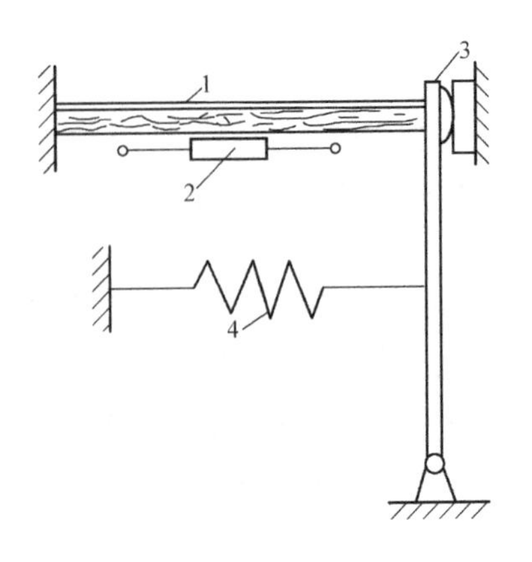

图 4-22　热继电器工作原理

1—双金属片；2—热元件；3—动触点；4—弹簧

热继电器的保护特性通常都是：通过电流为它的整定值的100%时，长时间不动作，运行后，在热状态下，通过电流为整定值的120%时，20min内动作；150%时，2min内动作。在冷状态下，通过电流为整定值的600%时，大于6s开始动作。

（1）热继电器的型号含义。

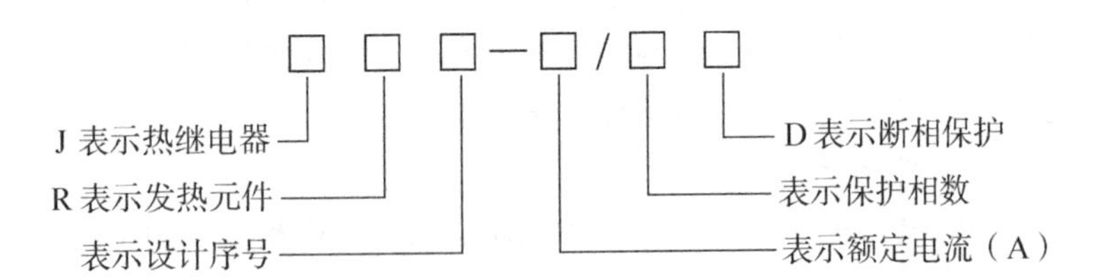

例如，JR15-20/3型表示额定电流为20A、三相保护式、设计序号为15的热继电器。

（2）热继电器的选用。选用热继电器时，应根据被控制设备的额定电流（或正常运行电流）选择相应的发热元件规格，不能过大或过小，以免影响整定值的调节。对于无温度补偿装置的热继电器（如JR1、JR2型），应考虑周围气温对继电器中的热元件动作的影响。如热继电器周围的空气温度比被保护设备周围的气温高出15～20℃时，应选择大一号的热元件；如低于15～20℃时，应选用小一号的热元件；两者所处温度相同，则按原型号选用即可。在选用无短路保护元件的热继电器时，在电路中还应考虑设熔断器。

2. 电磁式电流继电器、电压继电器及中间继电器

低压控制系统中采用的控制继电器大部分为电磁式继电器。这是因其结构简单，价格低，能满足一般情况下的技术要求。

过电流继电器或过电压继电器在额定参数下工作时，电磁式继电器的衔铁处于释放位置。当电路出现过电流或过电压时，衔铁才吸合动作；而当电路的电流或电压降低到继电器的复归值时，衔铁才返回释放状态。

电磁式电流继电器与电压继电器在结构上的区别主要在绕组上，电流继电器的绕组与负载串联，用以反应负载电流，故绕组匝数少，导线粗；电压继电器的绕组与负载并联，用以反应电压的变化，故绕组匝数多，导线细。

中间继电器的触点数量多，在控制回路中起增加触点数量和中间放大作用。由于中间继电器的动作参数无需调节，所以中间继电器没有调节弹簧装置。

3. 行程开关

行程开关也被称为限位开关、距离继电器。它是利用运动部件压下其传动部分使触点产生通断，将机械位置转换成电信号，在机械设备电气控制系统中起位置控制或终端保护作用。

4. 时间继电器

当继电器的感受部分接受外界信号后，经过一段时间才使执行部分动作，这类继电器称为时间继电器。按其动作原理可分为电磁式、空气阻尼式、电动和电子式；按延时方式分为通电延时和断电延时型两种。常用的有空气阻尼式、电动和电子式。电磁式时间继电器的结构简单，价格低，但体积大，延时较短并且只

能用于直流断电延时；电动式时间继电器的延时精度高，延时可调范围大，但结构复杂，价格贵。在电力拖动控制电路中应用较多的是空气阻尼时间继电器，近年来晶体管式时间继电器的应用日益广泛。

（1）空气阻尼式时间继电器。空气阻尼式时间继电器又称气囊式时间继电器，它是利用空气阻尼的原理配合微动开关来产生延时效果。主要由电磁机构、触点系统和延时机构组成。该类继电器主要有 JS7 和 JS23 系列。

（2）电子式时间继电器。电子式时间继电器有晶体管阻容式和数字式等不同种类，前者的基本原理是利用阻容电路的充放电来产生延时效果，常用的有 JS14 和 JS20 系列。

（3）电动式时间继电器。电动式时间继电器是利用小型同步电动机带动电磁离合器、减速齿轮及杠杆机构来产生延时。

5. 速度继电器

速度继电器常用于电动机的反接制动电路中。速度继电器的转轴与被测电动机同轴，转轴上固定着圆柱形永久电磁铁，磁铁外圆有一个可以按正、反方向偏转一定角度的外环，在外环的内圆周上嵌有鼠笼式绕组。当电动机转动时，磁铁切割绕组，外环随电动机转向偏转，随动顶块使动触头动作，达到换路目的。电动机转速低于整定转速时，由于磁力不足，顶块返回，触头复位。

（五）磁力启动器

磁力启动器是由交流接触器与热继电器、控制按钮、开关等部件组成的组合电器，磁力启动器广泛使用在额定电压 380V、额定电流在 150A 及以下的电力线路或设备中，供远距离控制三相鼠笼型电动机的启动、停止及可逆运转之用。磁力启动器的失压绕组、热继电器、熔断器附件，可在电网电压消失时或设备发生过载时起保护作用。磁力启动器分长期工作制、间断长期工作制和反复短时工作制三种工作状态。

1. 磁力启动器的型号含义

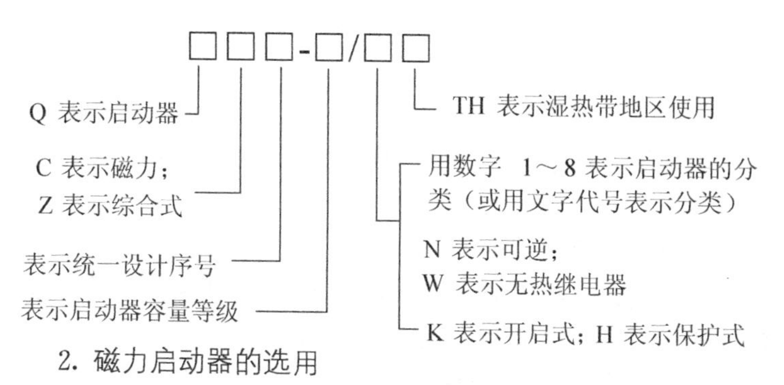

2. 磁力启动器的选用

磁力启动器的选用，除根据被控电动机的容量选择相应的容量等级外，还应根据使用环境和被控设备的运转要求，选用相应的形式。此外，还应根据被控电动机的保护要求，选择适当的过载和短路保护、断相保护等附件。例如，受控电动机容量不超过20kW的，可选QC0、QC1、QC2等型；受控电动机容量较大但不超过75kW的，可选QC8、QC10型；需要断相保护的，可选QC12型；需要多功能保护和低压操作的可选QZ型。

全国统一设计的QC10型磁力启动器，可代替QC0、QC1、QC2、QC8型等老产品。它具有较高的电气和机械寿命，体积小，质量轻，能满足各种不同用途的要求，使用时应优先选用。

（六）低压空气断路器

在500V及以下的低压用电系统中，低压空气断路器被广泛的作为线路或单台用电设备的控制和过载、短路和失压保护之用。由于它具有灭弧装置，因此可以安全的带负荷分、合电路，但由于它的操作传动机构较复杂，因此不宜做频繁操作。

低压空气断路器以空气作为灭弧介质。断路器由触点系统、灭弧系统、保护装置和操作传动机构等几部分组成。它的触点系统由静触点、动触点组成，用以分、合电路。灭弧触点在主电路分、合时具有先投入后切开的动作行程，因此电弧只形成在灭弧触点上，从而保护了主触点的稳定工作。触点系统采用银—钨合金材料具有抗溶焊性能，因此在大短路电流通过时，保证了触点系统正常工作。对于容量较小的断路器（400A 以下），就采用一副单挡式触点，不分主、弧触点。

它的灭弧系统采用导磁铁质制成的栅片和窄缝相结合的复式结构，增强了灭弧能力，有效地限制了飞弧距离，从而提高了它的断流容量。

1. 低压空气断路器的分类

低压空气断路器按结构形式分为塑壳式、框架式、限流式、直流快速式、灭磁式和漏电保护式等六类。

2. DZ 型系列漏电保护器

当电器设备或配电线路的绝缘受损坏而发生漏电情况时，可以造成人身触电事故或因此发生电气火灾事故。漏电保护器是漏电电流保护器的简称。漏电保护器能在规定的条件下，当漏电电流达到或超过给定值时，保护器立即动作切断电源。其动作原理如图 4 - 23 所示。在电器设备正常运行时，两条线路中的电流相量和为零 $\dot{I}_1+\dot{I}_2=0$。当电器设备或线路的绝缘损坏而发生漏电，造成接地故障或者有人触及设备外壳时，则就有漏电电流通过接地装置或经人体通过大地而形成电流回路，此时电流 $\dot{I}_1+\dot{I}_2=\dot{I}_0$（$\dot{I}_0$ 为漏电电流值）经由高灵敏度的零序电流互感器（TA）检测出，在其二次回路中感应出电压信号，经电子放大器（A）放大。当漏电电流值达到动作值时，漏电脱扣绕组 L 动作跳闸，从而起到保护作用。

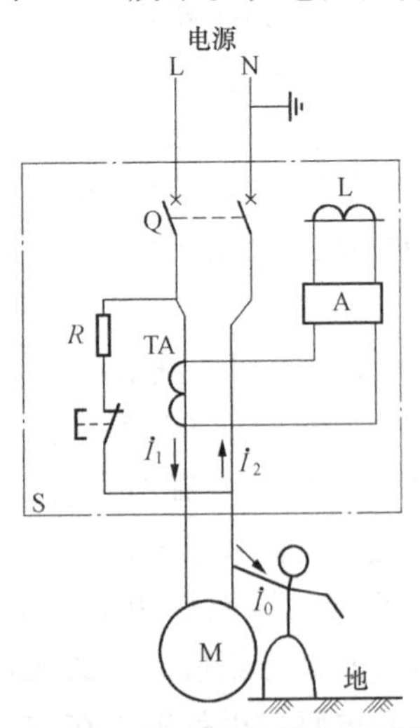

图 4 - 23　漏电保护器动作原理
A—电子放大器；TA—零序电流互感器；S—实验按钮；R—电阻；M—电动机

漏电保护器按其所具备的保

护功能和结构特征，可分为漏电开关、漏电断路器、漏电继电器和漏电插座几种。可以按使用要求和电器设备的特点分别选用。

漏电保护器广泛使用于与人们生活关系密切的场所，对人民生命安全和设备安全的关系重大，因此对可靠性的要求很高，可以说是一种特殊的低压电器。漏电保护器是一种规定必须使用的控制设备，因而各用户使用时必须选用经国家认证的合格产品，以确保质量可靠，使用安全。

3. 低压空气断路器的选用

首先应根据负荷电流的大小选用相应的额定电流值容量和过电流脱扣器额定电流值，以使保护合理可靠。对启动负荷电流的倍数较大而实际负荷较小，且过电流整定倍数较小的线路或设备可以选用 DZ 型，因为它由热元件作为过电流保护，可与电磁脱扣器有较好的配合。对容量较大，作为电源和线路总保护或需远方控制的，则可选用 DW 型，如负荷不需要失压脱扣保护，则可以将其去掉，而遥控分闸时可以选配分励脱扣器来实现。

二、异步电动机控制电路

（一）异步电机控制电路工作原理

由于三相异步电动机具有结构简单、工作可靠、维护方便等优点，目前绝大多数生产机械采用三相异步电动机来拖动。使用低压电器构成的电路，可以在逻辑上使三相异步电动机完成启动、调速、制动等工作过程，并按照设计拖动生产机械的运行，以完成各种生产任务，同时还能对电能的产生、分配起控制和保护作用。应用这些电器组成的自动控制系统称为电器控制系统。电器控制线路图的表示方法有原理图和安装图两种。

在不同的工作阶段，各个电器的工作不同，触头时闭时开。而在原理图中只能表示出一种情况。因此，规定所有电器的触头均表示在起始情况下的位置，即在没有通电或没有发生机械动作时的位置。对接触器来说，是在动铁芯没有被吸合时的位置；对按钮来说，是在未按下时的位置。在起始的情况下，如果触头是断开的，则称为动合触头；如果触头是闭合的，则称为动断触头。

原理图由主电路和控制电路两部分组成。主电路由三相电源开关 Q、熔断器 FU1、接触器 KM（主触头）、热继电器 FR 和电动机 M3～组成。控制电路由熔断器 FU2、FR 动断触头、按钮 SB1（动断触头）、按钮 SB2（动合触头）、接触器 KM 辅助触头（动合触头）和接触器 KM 绕组组成。如图 4-24 所示。

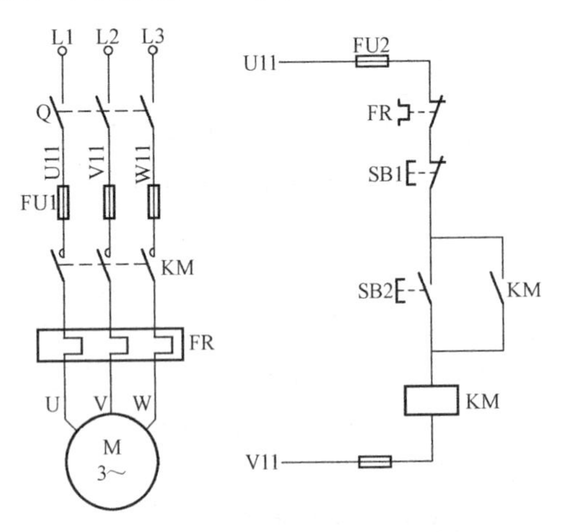

图 4-24　鼠笼式电动机直接启动的控制线路原理图

先将电源开关 Q 闭合，为电动机启动做好准备。当按下启动按钮 SB2 时，交流接触器 KM 的绕组通电，动铁芯被吸合而将三个主触头闭合，电动机 M 便启动。当松开 SB2 时，它在弹簧的作用下恢复到断开位置，但是由于与启动按钮并联的辅助触头和主触头同时闭合，因此接触器绕组的电路仍然接通，而使接触器触头保持在闭合位置。这个触头称为自锁触头。如果将停止按钮 SB1 按下，则将绕组的电路切断，动铁芯和主触头恢复到断开的位置。采用上述控制电路还可以实现短路保护、过载保护和零压保护。熔断器起短路保护作用，一旦发生短路事故，熔丝立即熔断，电动机立即停止。热继电器起过载保护作用，当过载时，它的热元件发热，将动断触头断开，使接触器绕组断电，主触头断开，电动机停止。零压保护是指当电源暂时停电时，电动机即自动从电源切除。此时接触器绕组的电流消失，动铁芯释放而使主触头断开。当电源电压恢复时，如不重按启动按钮，则电动机不能自行启动，因为自锁触头已断开。

(二) 异步电动机控制电路形式

1. 鼠笼式电动机直接启动、停止的控制电路

鼠笼式电动机直接启动、停止的控制电路是最基本的控制电路，也是最广泛应用的电路。在生产上往往要求运动部件向正、反两个方向运动。例如，机床工作台的前进与后退，起重机的提升与下降重物，机械主轴的正转与反转，电动门的开启与关闭等。通过学习三相异步电动机的工作原理，知道只要将接到电源的任意两根连线对掉即可。只要用两个接触器就能实现这一要求，当正转接触器 KM1 工作时，电动机正转；当反转接触器 KM2 工作时，由于调换了两根电源线，所以电动机反转。如果两个接触器同时工作，将有两根电源线通过它们的主触头而将电源短路。所以，对正、反转控制线路最根本的要求就是必须保证两个接触器不能同时工作。这种在同一时间里两个接触器只允许一个工作的控制方法称为互锁（互相锁死）控制或连锁控制。下面分析两种有互锁保护的正、反转控制线路。

(1) 电气互锁的鼠笼式电动机正反转控制线路。如图 4－25 所示，在控制线路中，正转接触器 KM1 的一个动断辅助触头串接在反转接触器 KM2 的绕组电路中。这两个动断触头称为互锁触头，此种接线可实现互锁保护功能。

当按下正转启动按钮 SB2 时，正转接触器绕组 KM1 通电，主触头 KM1 闭合，电动机正转。与此同时，互锁触头（KM1 动断触头）打开，断开了 KM2 的绕组电路。因此，即使误按反转启动按钮 SB3，反转接触器绕组 KM2 也不能得电，从而保证了反转电路不工作。

(2) 机械互锁的鼠笼式电动机正反转控制线路。在图 4－25

所示的电气互锁的鼠笼式电动机正反转控制线路中有个缺点，要想改变电动机的转向，必须先按停止按钮 SB1，让互锁触头回位后，才能改变电动机的转向。给操作带来不便。采用两个双联按钮可以在机械联动上实现互锁。如图 4-26 所示。

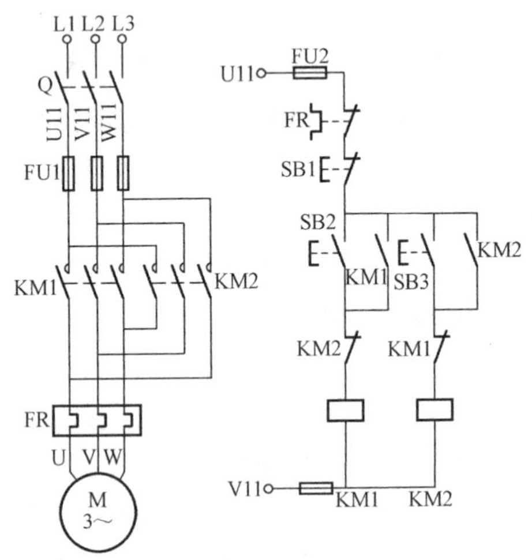

图 4-25 电气互锁的鼠笼式电动机正反转控制线路

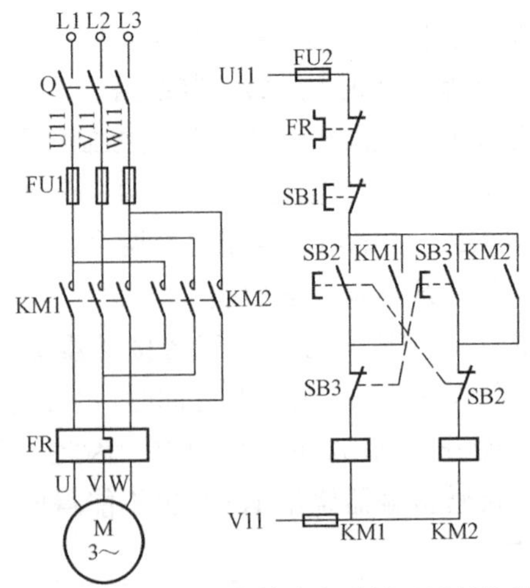

图 4-26 机械互锁的鼠笼式电动机正反转控制线路

当电动机正转时，有KM1组工作，此时按动反转启动按钮SB3，双联按钮的机械联动动断按钮断开，切断KM1绕组的通路，可使KM1组立即停止工作，并使KM2组开始工作，电动机反转。不需先按停止按钮SB1就可以进行电动机的换向操作。

（3）电气和机械双重互锁的鼠笼式电动机正反转控制线路如图4-27所示，机械联动实现换向操作，同时也实现了互锁，电气互锁与机械互锁形成双重保护。

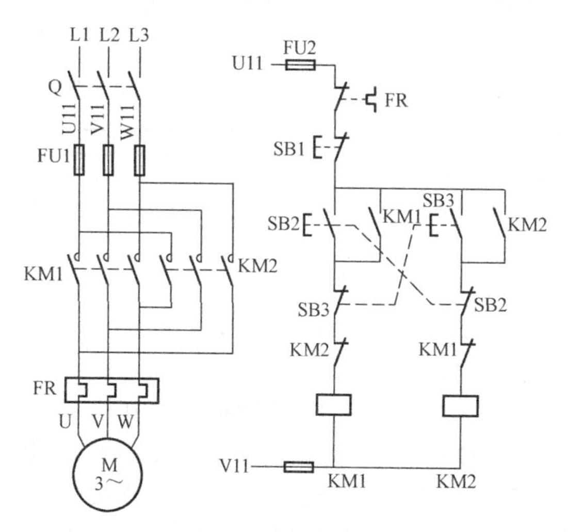

图4-27 电气和机械复式互锁的鼠笼式电动机正反转控制线路

2. 时间控制

在自动控制系统中，经常需要延迟一定的时间或定时地接通和分断某些控制电路，以满足生产上的要求。例如，电动机作Y，d方式启动时，先以Y接线方式运行，延时一段时间后，再改为d方式运行，这种自动转换控制称为时间控制。用时间继电器可以完成时间控制。

常用的时间继电器有四种触头：动合延时闭合、动合延时断开、动断延时闭合、动断延时断开。如图4-28所示为13kW以下的电动机Y，d启动电路，KT即为时间继电器。

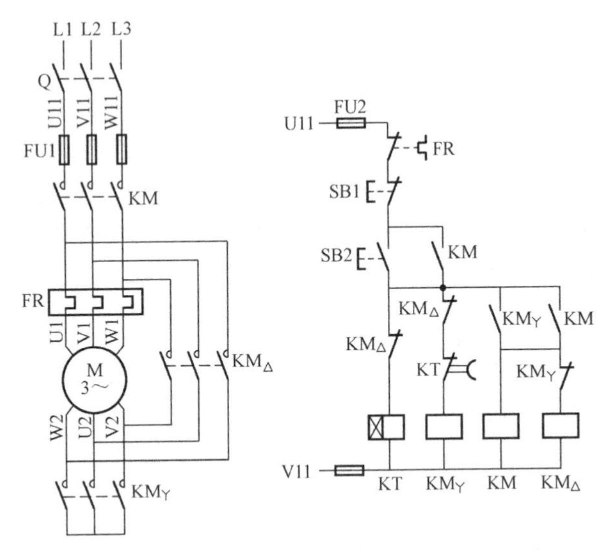

图 4-28　13kV 以下的电动机 Y，d 启动电路

三、异步电动机正、反转控制电路的安装

（一）控制电路面盘布置

控制电路面盘布置如图 4-29 所示。图中 JX2－1003 为主电路接线端子排，JX2－1009 为控制电路接线端子排，FU1 为主电路熔断器，FU2 为控制电路熔断器，SB1 停止按钮，SB2 电动机正转按钮，SB3 电动机反转按钮，KM1、KM2 为交流接触器，FR 为热继电器。

（二）电动机线路安装的步骤

（1）根据原理图绘制安装接线图。

（2）检查电器元件。检查接触器、按钮的分合情况；测量接触器、继电器等的绕组电阻；检查电动机接线盒内的端子标记等。

（3）固定电器元件。按照接线图规定位置定位，将各元件固定牢固。

（4）按图接线。

（三）异步电动机正、反转控制电路的安装接线图

图 4-30 是根据图 4-27 原理图绘制而成。识读接线图时，

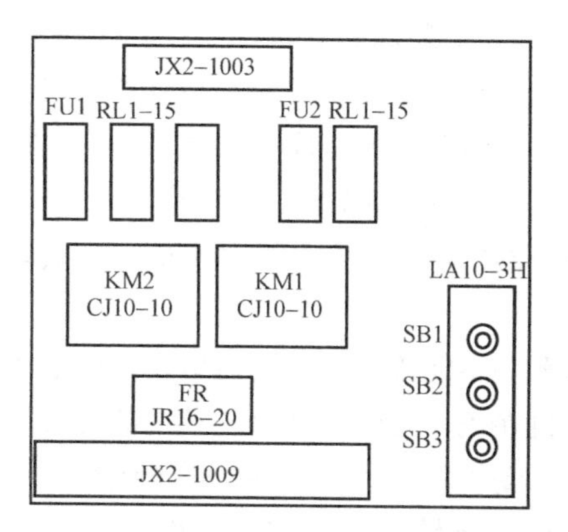

图 4-29 控制面盘

先看主电路，再看控制电路，注意对照原理图看接线图，并注意图中的线路标号，它们是电器元件间导线连接的标记。

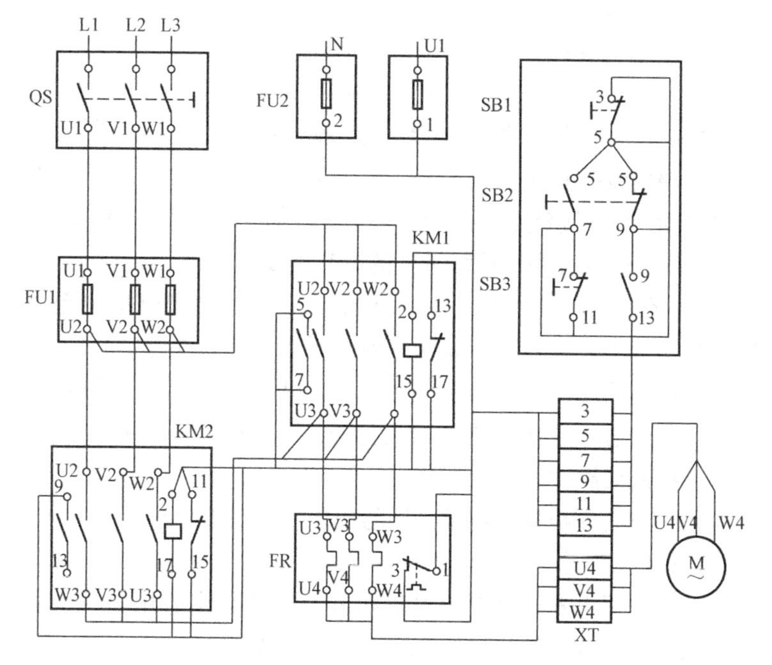

图 4-30 电气和机械复式互锁的鼠笼式电动机正反转控制线路安装接线图

（四）电气元件安装注意事项

（1）电动机及按钮的金属外壳必须可靠接地。

（2）螺旋熔断器座螺壳端应接负载，另一端接电源。

（3）所有电器上的空余螺钉一律拧紧。

（4）热继电器的主触点和辅助触点应分别安装在主电路和控制电路。

（5）互锁触头不能接错，否则会出现两相电源短路的事故。

（6）电动机在正、反转时会出现较大的反接制动电流和机械冲击力，因此电动机的正、反转不能过于频繁。

（7）电动机在反转时会在实验台面跳动，应注意固定好电动机。

（五）电动机控制电路布线安装工艺

1. 板前安装工艺规定

（1）电气线路上编号，遵循以下规则：

1）主电路三相电源相序依次编写为 L1、L2、L3，电源控制开关的出线桩按三相电相序依次编号为 1L1、1L2、1L3。电动机三根引线按相序依次编号为 U、V、W，从下至上每经过一个电器元件的接线桩后，编号递增，如 U1，V1，W1，U2，V2，W2，…没有经过接线桩柱的编号不变。

2）控制电路与照明、指示电路，从左至右（或从上至下）只以数字编号，以一个串联回路内电压最大的元件为中心，左侧用单号，右侧用双号（或上侧用单号，下侧用双号），号码自小排起，每经过一个接线桩编号要递增，6、9 号应尽量不同时用在一个控制线路中，以免造成混乱。

（2）布线前根据电器原理图绘出电气设备及电器元件布置与电器接线图。

（3）根据电器原理图中电动机容量，选择出所用电气设备、电器元件、安装附件、导线等，并进行检查。

（4）在控制板上依据布置图固装元件，并按电气原理图上的符号，在各电器元件的醒目处，贴上符号标志。

（5）所有的控制开关、控制设备和各种保护电器元件，都应垂直放置，空气开关和电磁开关以及插入式熔断器等应装在震动不大的地方。

（6）布线应注意以下内容。

1）布线通道应尽可能少，同路并列的导线按主控电路分类集中，单层密排。

2）一平面导线不能交叉，非交叉不可时只能在另一导线因进入接点而抬高时，从其下空隙穿越。

3）布线要横平竖直，弯成直角，分布均匀便于检修。

4）布线次序一般是以接触器为中心，由里向外，由低至高，先控制线路后主电路，主控制电路上下层次分明，以不妨碍后续布线为原则。

（7）接头、接点处理应做到：

1）剥去绝缘皮的导线两端套上标有与原理图相符的标号头。

2）不论是单股线还是多股线的芯线头，插入连接端的针孔时，必须插入到底。多股导线要绞紧，同时导线绝缘层不得插入针孔，而且针孔外的导线芯线裸露不能超过芯线外径。螺钉要拧紧固。

（8）线头与平压式接线桩的连接应注意：

1）单股芯线头连接时，将线头按顺时针方向弯成平压圈，导线裸露不能超过芯线外径。

2）软线头绞紧后以顺时针方向，围绕螺钉一周后，端头压入螺钉，导线裸露不能超过芯线外径。

3）每个电器元件上的每个接点不能超过两个线头。

（9）控制板与外部连接时注意：

1）控制板与外部按钮、行程开关、电源负载的连接应穿护线管保护，且连接线用多股软铜线。电源负载也可用橡胶电缆连接。

2）控制板或配电箱内的电器元件布局合理。

2. 线束布线工艺规定

(1) 较复杂的电力拖动控制，按主、控回路线路走向分别排成线束。

(2) 线束中每根导线两端分别套上同一编号。

(3) 从线束中，行至各接线桩，均应横平竖直，符合工艺要求。

（六）控制电路通电测试

(1) 线路检查。线路检查一般用万用表检查，先查主回路，而后控制回路，分别用万用表测量各电器与电路是否正常。

(2) 控制电路操作试车。经上述检查无误后，检查三相电源，断开主电路的熔断器，按一下启动、停止按钮，各接触器等应有相应的动作。

(3) 正转试车。在控制电路操作试车后，将电源开关断开，插上保险，合上电源开关，按一下启动按钮，电动机应动作运转，然后按一下停止按钮，电动机应断电停车。

(4) 正、反转试车。在控制电路操作试车后，将电源开关断开，插上熔断器，合上电源，按一下启动按钮，电动机应动作运转，然后按一下反转按钮，电动机应反向运转。

第四节　架空线路的安装

架空线路的优点是投资少、建设速度快、维护方便、变动迁移容易；缺点是运行受自然环境、气候条件和人为因素的影响较大，供电可靠性较差，在城市中心架设影响城市市容美观。虽然如此，架空配电线路仍被广泛使用。

一、电杆的定位和挖杆坑

（一）操作步骤

1. 定杆位

首先根据设计图纸，勘测地形、地物，确定线路走向，然后确定终端杆、转角杆、耐张杆的位置，最后确定直线杆的位置。

两杆间距：低压杆为40～60m，高压杆为50～100m，在一个直线段内，各杆间距尽量相等。两耐张杆间距不超过200m。

2. 挖杆坑

杆坑一般分为圆形坑和梯形坑。

杆坑深度随电杆长度和土质好坏而定，一般为杆长的1/5～1/6，在普通黄土、黑土、砂质黏土地点，电杆埋深可为杆长的1/6；土质松软地点和斜坡处，电杆应埋深些。

（二）挖坑时应注意的事项

（1）坑深超过1.5m时，坑内工作人员必须戴安全帽。当坑底面积超过1.5m^2时，允许两人同时工作，但不得对面操作或挨得太近。

（2）挖坑时，坑边不许堆放重物，以免坑壁塌方。禁止将工具放在坑边，以免掉落伤人。

（3）挖出来的泥土应堆放在距坑两侧0.5m以外的地方，以免影响施工。

（4）严禁在坑内聊天休息。

（5）行人通过的地区，坑边应设围栏，夜间应装红色信号灯。

二、立杆

（一）立杆方法

立杆的方法很多，常用的有汽车起重机立杆、三脚架立杆、倒落式抱杆法等。竖立电杆时要特别注意安全。

1. 汽车起重机立杆

汽车起重机立杆比较安全，效率也高，适用于交通方便的地点。

2. 三脚架立杆

三脚架立杆简单实用，适用于起立12m及以下电杆。

3. 倒落式抱杆法

立杆前，先将起吊钢丝绳的一端结在木抱杆上，另一端绑结在距电杆根部2/3处，然后在电杆梢部结三根调整绳，从三个角度控制电杆。总牵引绳经导向滑轮引向绞磨，总牵引钢绳的方向要使制动桩、杆坑中心、木抱杆交叉端都在同一条直线上，如图4-31所示。

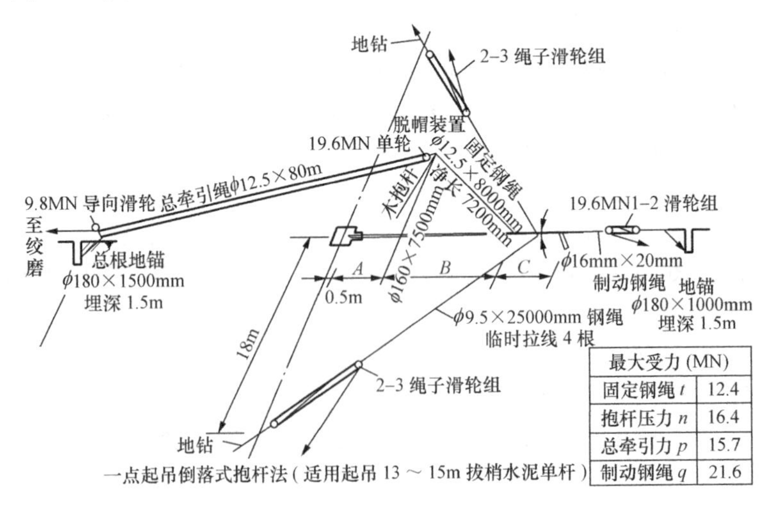

最大受力 (MN)	
固定钢绳 t	12.4
抱杆压力 n	16.4
总牵引力 p	15.7
制动钢绳 q	21.6

图4-31　倒落式抱杆法立杆图

起吊时，木抱杆和电杆同时起立，当电杆梢部离地面约1m时停止起吊，进行一次安全检查，确认无误再继续起吊。当电杆起立到适当位置时，将杆底部逐渐放入坑内，并调整电杆的位置。电杆起立到80°时，绞磨应缓慢转动，使反向临时拉线逐渐放松。调正杆身后填土夯实，拆卸立杆工具。

（二）工程竣工验收和质量标准

1. 电杆

电杆的顶端应封堵良好。当设计无要求时，下端可不封堵。

检查方法：立杆前观察。

2. 单电杆的位置偏差

直线杆的横向位移不应大于50mm。

直线杆的倾斜，35kV架空电力线路不应大于杆长的3‰；

10kV 及以下架空电力线路杆梢的位移不应大于杆梢直径的1/2。

转角杆的横向位移不应大于 50mm。

转角杆向外角预偏，紧线后不应向内角倾斜，向外角的倾斜，其杆梢位移不应大于杆梢直径。

终端杆立好后，应向拉线侧预偏，其预偏值不应大于杆梢直径。

检查方法：目测或用仪器检测。

3. 双杆的位置偏差

直线杆结构中心与中心桩之间的横向位移，不应大于 50mm；转角杆结构中心与中心桩之间的横、顺向位移，不应大于 50mm。

迈步不应大于 30mm。

根开不应超过±30mm。

检查方法：目测或用仪器检测。

三、组装横担

（一）操作步骤

1. 登杆

登杆使用的工具有脚扣和安全带。

脚扣如图 4-32 所示，登不同长度的杆，由于杆径不同，要选用不同规格的脚扣，如登 8m 杆用 8m 杆脚扣。现在还有一种通用脚扣，大小可调。使用前，要检查脚扣是否完好，有无断裂痕迹，脚扣皮带是否结实。

安全带是为了确保登高安全，另外在高空作业时，支撑身体，使双手能松开进行作业的保护工具，如图 4-33 所示。

用脚扣登杆的方法：

（1）登杆前先系好安全带，为了方便在杆上操作，安全带的腰带系得不要太紧，系在胯骨以上，把保险带挎在肩上，如图 4-34所示。

（2）用脚扣登杆时，用双手抱住电杆，臀部后坐使身体成弓形，如图 4-35 所示。

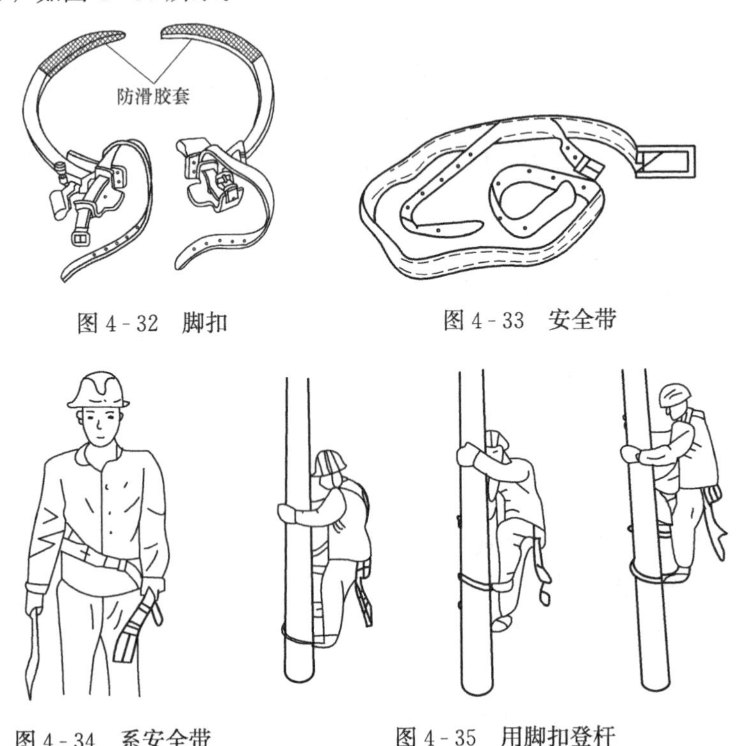

图 4-32　脚扣

图 4-33　安全带

图 4-34　系安全带

图 4-35　用脚扣登杆

（3）一脚向上跨扣，同侧手向上扶住电杆。脚上提时上翘脚尖，脚要放松，用脚扣的重力使其自然挂在脚上，脚扣平面一定要水平，否则上提过程中脚扣会碰杆脱落。每次上跨间距不要过大，以膝盖成直角为好。上跨到位后，让脚扣尖靠向电杆，脚后跟用力向侧后方踩，脚扣就很牢固地卡在杆上。卡稳后不要松脚，把重心移过来，另一脚上提松脚扣，做第二跨，脚扣上提时下脚扣不要碰到上脚扣，以免脱落。

每次上跨的间距也不能太小，如果上脚扣靠紧电杆时，正好踩在下脚扣上部。两脚扣互碰，会造成脱扣下滑，非常危险。

由于杆梢直径小，登杆时，越向上越容易脱扣下滑，要特别注意。

（4）上到顶杆，踩稳后，把安全带绕过横担和电杆在腰间扣好，如果没能横担，把安全带绕电杆两圈增大摩擦力，安全带不松动、吃上劲后，调整脚扣到合适操作的位置，将两脚扣相互扣死。

脚下和安全带都稳固后，就可以松开手进行操作了。上杆前不要忘记带工具袋，并带上一根细绳，以便从杆下提取工件。

（5）下杆动作要领与上杆时相反，即左脚向下跨扣时，左手同时向下扶，两脚交替进行。

横担是用来架设导线的，水泥电杆上的横担采用镀锌角钢制成，其规格根据导线的根数而定，一般用 50×5 以上角钢，长度 1.5m 左右。角钢横担及附件的加工如图 4－36 所示。

为了固定横担，电杆上要用到很多种金属件，用镀锌钢板制成，称为金具，常用金具如图 4－37 所示。

（二）工程竣工验收和质量标准

1. 线路单横担安装

直线杆应装于受电侧；分支杆、90°转角杆（上、下）及终端杆应装于拉线侧。

检查方法：观察。

2. 横担安装偏差

横担端部上下歪斜不应大于 20mm。

横担端部左右扭斜不应大于 20mm。

双杆的横担，横担与电杆连接处的高度差不应大于连接距离 5/1000；左右扭斜不应大于横担总长度的 1/100。

检查方法：用仪器测量。

3. 绝缘子安装要求

安装应牢固，连接可靠，防止积水。

安装时，应清除表面灰垢、附着物及不应有的涂料。

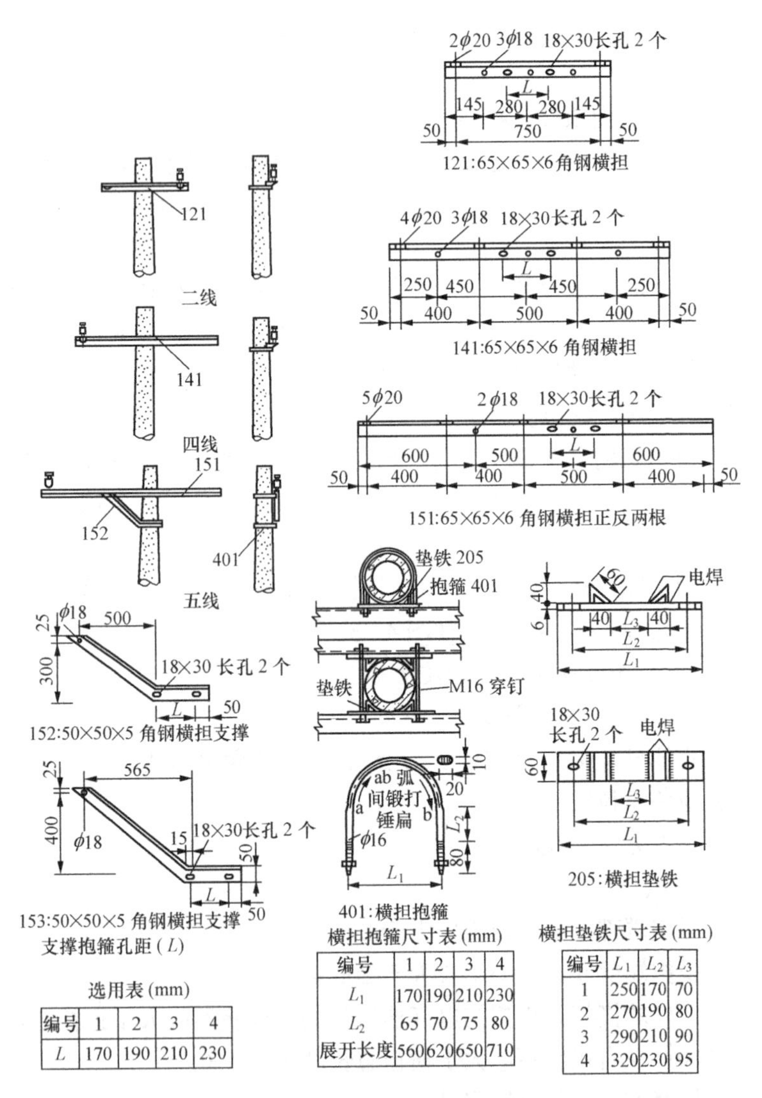

选用表 (mm)

编号	1	2	3	4
L	170	190	210	230

横担抱箍尺寸表 (mm)

编号	1	2	3	4
L_1	170	190	210	230
L_2	65	70	75	80
展开长度	560	620	650	710

横担垫铁尺寸表 (mm)

编号	L_1	L_2	L_3
1	250	170	70
2	270	190	80
3	290	210	90
4	320	230	95

图 4-36　角钢横担及附件加工图

绝缘子裙边与带电部分的间隙不应小于 50mm。

检查方法：观察检查。

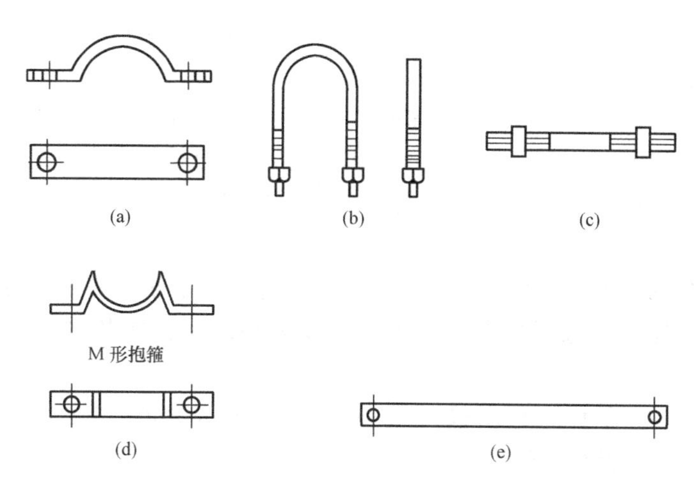

图 4-37　金具
(a) 半圆夹板；(b) U 型抱箍；(c) 穿心螺栓；(d) M 型抱箍；(e) 支撑

4. 高压绝缘子的要求

35kV 架空电力线路的瓷悬式绝缘子，安装前应采用不低于 5000V 的绝缘电阻表逐个进行绝缘电阻测定，在干燥情况下，绝缘电阻值不得小于 500MΩ。

检查方法：用绝缘电阻表测量。

5. 杆上横担、绝缘子组装练习

(1) 材料和工具：角铁横担、U 型抱箍、M 型抱箍、角撑、半圆铁板、曲型拉板、螺栓、滑轮、低压针式绝缘子、蝶式绝缘子、安全带、脚扣、工具袋、活扳手、尼龙绳。

(2) 登杆：系好安全带，带好工具袋、尼龙绳，穿好脚扣登杆。登到杆顶装横担位置将保险带在杆上绕两圈扣好，稳定身体后，在杆上绑滑轮，用套牛扣扣在杆上。把尼龙绳穿过滑轮，两端放到地面。

(3) 吊横担：地面的人把横担拴在尼龙绳上，并把 U 型抱箍、M 型抱箍拴横担上，用滑轮把横担吊到杆顶。

(4) 装横担：把横担移到身前保险带上，紧靠电杆，以下抱箍，紧固螺栓。紧固过程中，依杆下人的指示，调整横担的方向和水平度。

(5) 装角撑：吊上角撑和半圆夹板，把角撑上部用螺栓固定在横担上，一边一块。调整安全带和脚扣到合适的高度，把半圆夹板和角撑另一端固定在电杆上，要保持横担水平。

(6) 装绝缘子：调整在杆上的高度，把安全带从横担上穿过来扣好。吊上绝缘子进行安装。针形绝缘子紧固时要加弹簧垫片。蝶形绝缘子安装时，固定拉铁和绝缘子的螺栓要从下向上穿。

(7) 下杆：拆下滑轮，吊到地面，解开安全带，下杆。

四、制作拉线

线路起点和终点、分支、转角处的电杆、耐张杆、跨越杆由于受导线拉力不平衡，都要加装拉线，以保证其稳定性。在不同位置拉线形式不同，各种拉线形式如图 4-38 所示。

拉线分为上把、中把和下把。上把的上端固定在电杆上的拉线抱箍上、下端与中把上端连接，如果拉线从导线间穿过时，上下把间用拉线绝缘子隔开，拉线绝缘子距地不小于 2.5m。如不穿导线则用心型环（也叫拉线环）连接。中把与下把的连接处安装调节用花篮螺栓。下把下端固定在地锚的 U 型拉环上，有些下把直接用 ϕ18 的镀锌圆钢制作，也可以因地制宜用短圆木制作地锚，用镀锌铁线作下把，地锚埋在挖好的拉线坑中，埋深 1.2～1.9m，下面环距地面 0.5～0.7m。

拉线所用金具如图 4-39 所示。

(一) 操作步骤

1. 计算拉线长度

这里计算的拉线长度是指 4-38 (a) 中拉线上部的长度，如果安装拉线绝缘子，长度要根据绝缘子位置减短。

拉线长度可用下面的近似公式计算，即

$$c=k(a+b)$$

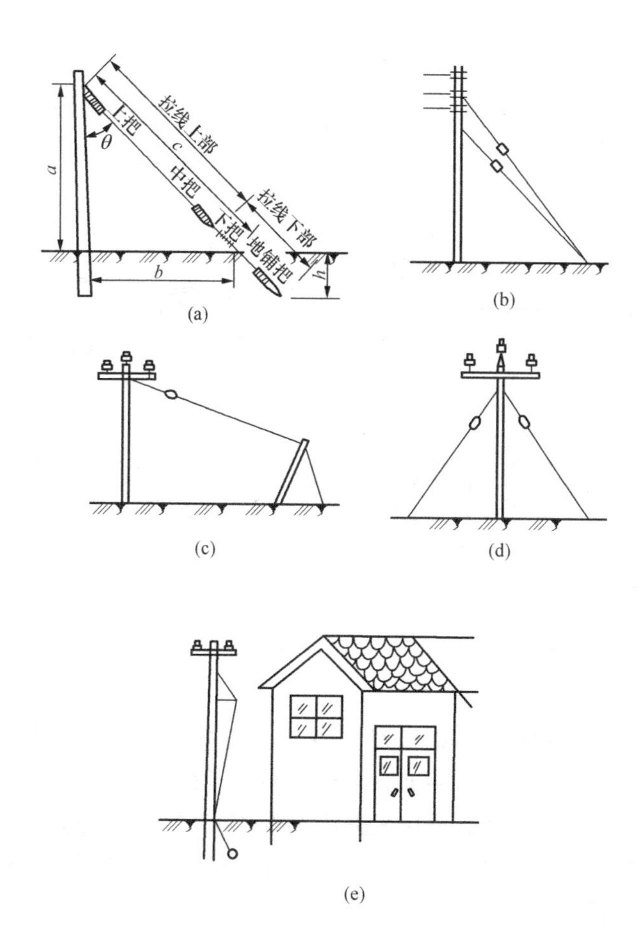

图 4-38　各种拉线形式

(a) 普通拉线；(b) 上下双拉线；(c) 水平拉线；
(d) 人字拉线；(e) 弓形拉线

式中　c——拉线地面上的长度；

k——系数，取 0.71～0.73；

a——拉线安装高度；

b——拉线与电杆的距离。

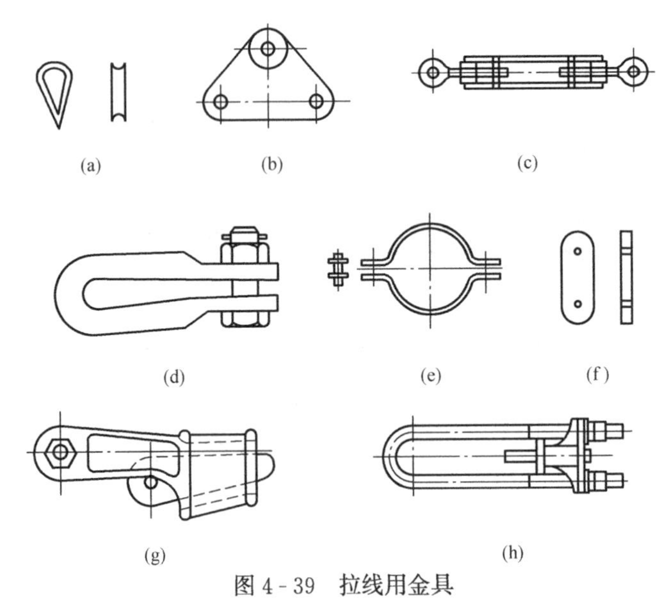

图 4-39　拉线用金具

(a) 心型环；(b) 双拉线联板；(c) 花篮螺栓；(d) U 型拉线挂环；
(e) 拉线抱箍；(f) 双眼板；(g) 楔型线夹；(h) 可调试 UT 线夹

当 $a=b$ 时，k 取 0.71；当 $a=1.5b$（$b=1.5a$）时，$k=0.72$；当 $a=1.7b$（$b=1.7a$）时，$k=0.73$。

计算出的拉线长度应减去拉线棒（或下把）出地面长度和花篮螺栓（或 UT 型线夹）的长度，再加上两端扎把折回部分的长度，才是下料长度。

2. 钢绞线拉线绑扎

用钢绞线作拉线时，一般采用 U 型钢线卡子，也可以采用上述另缠法。

（1）普通钢绞线拉线绑扎。把钢绞线端部用 $\phi1.6$ 铁线绑扎 3 圈，量取适当长度（由 U 型卡子个数定长度）并折回，放入心型环，由副手握紧。在心型环根部上第一道 U 型卡子，把螺栓上紧，每隔 150mm 上一道 U 型卡子，最少上三道。相邻两只卡子的安装方向相反，如图 4-40 所示。

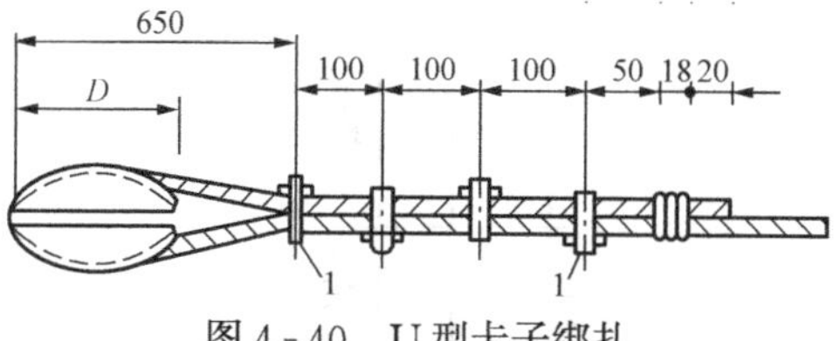

图 4 - 40　U 型卡子绑扎

（2）楔型线夹。量取适当长度钢绞线，从下部穿入楔型线夹再折回穿出，把楔型铁板放入线夹，使钢绞线环绕在铁板外侧，用榔头把铁板及钢绞线敲紧。在距线夹下口 100mm 处上第一道 U 型卡子，每隔 150mm 再上一道，最少上三道，如图 4 - 41 所示。

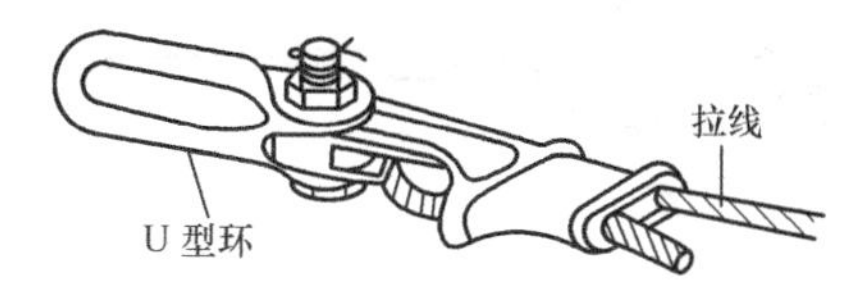

图 4 - 41　楔型线夹

3. 拉线的安装

（1）埋拉线盘。按拉线设计位置挖拉线盘坑，坑深 1.2～1.9m。把成品拉线盘组装好，拉线棒穿入拉线盘孔，下面上两只螺母。摆好拉线棒角度，回填土并夯实。拉线盘的形式，如图 4 - 42 所示。

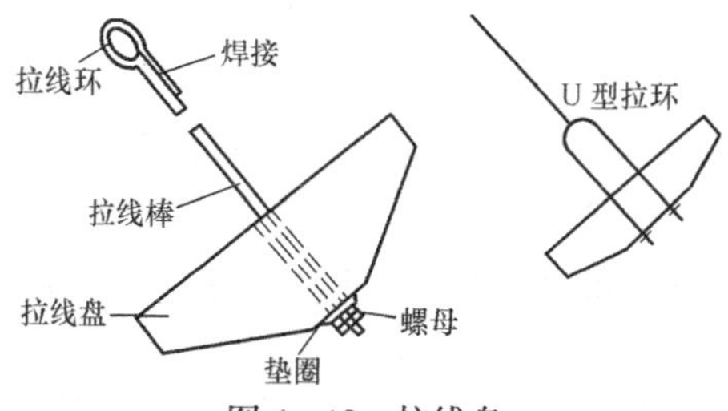

图 4 - 42　拉线盘

（2）装拉线抱箍及上把。将拉线抱箍装在横担下约 100m 处，开口对准底把拉线棒，如图 4 - 43 所示。

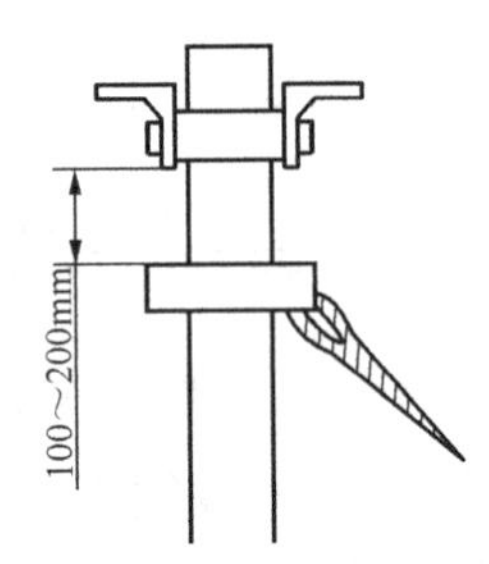

图 4-43 拉线抱箍

不同的拉线上把与抱箍的连接方式如图 4-44 所示。

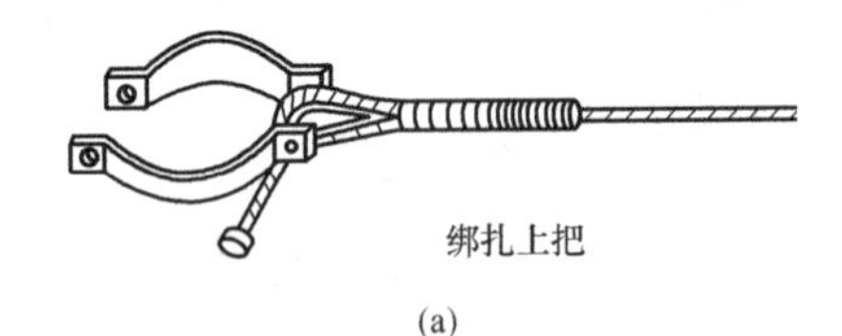

(a)

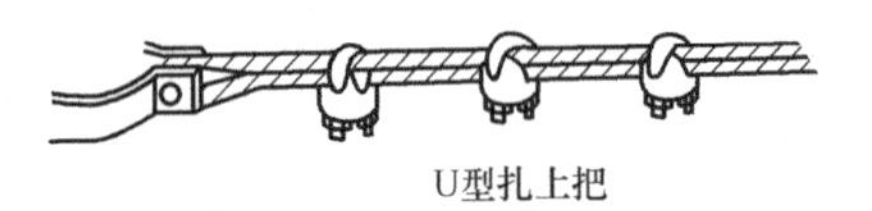

(b)

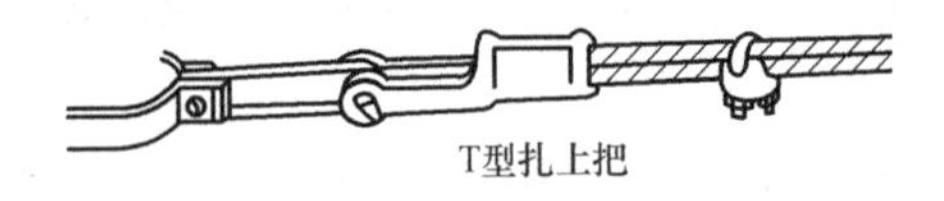

(c)

图 4-44 不同拉线上把与拉线抱箍的连接图
(a) 绑线把；(b) U 型扎上把；(c) T 型扎上把

如果拉线上中间加绝缘子，做法如图 4-45 所示。

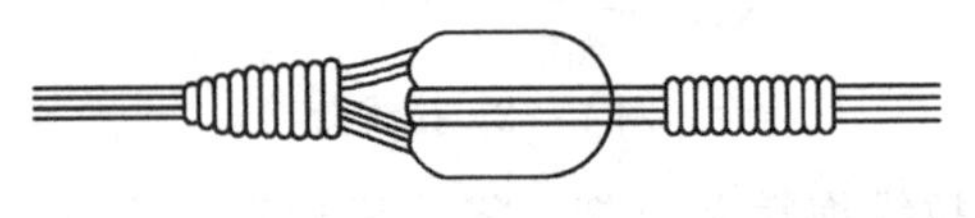

图 4-45 拉线绝缘子安装

将拉线下端用紧线器夹住，并用紧线器把拉线拉紧到电杆向拉线方向倾斜一个杆梢位置。

把拉线下端穿过拉线棒孔或底把孔，用另缠法绑扎，如图4-46所示。

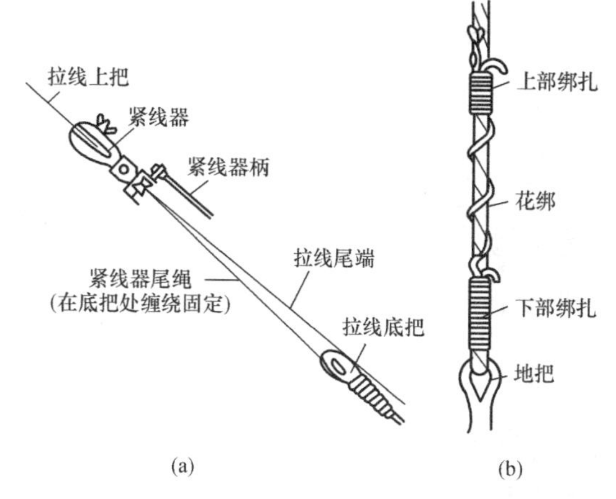

图4-46 拉线施工

(a) 拉线的收紧；(b) 绑扎拉线

(3) UT型线夹拉线安装。使用钢绞线作拉线时，常使用楔型线夹与UT型线夹配合安装，安装方式如图4-47所示。

(4) 顶杆。受地形限制无法安装拉线时，可用顶杆代替，如图4-48所示。顶杆与主杆材料相同，梢径不大于150mm，与主杆夹角30°，埋深0.8m，底部设底盘或石条。

钢筋混凝土电杆拉线及顶杆制作示意如图4-49所示。

(二) 工程竣工验收和质量标准

1. 拉线安装的规定

拉线安装后对地面夹角与设计值的允许偏差：

(1) 35kV架空电力线路不应大于1°；

(2) 10kV及以下架空电力线路不应大于3°。

承力拉线应与线路方向的中心线对正；分角拉线应与线路分

角线方向对正；防风拉线应与线路方向垂直。

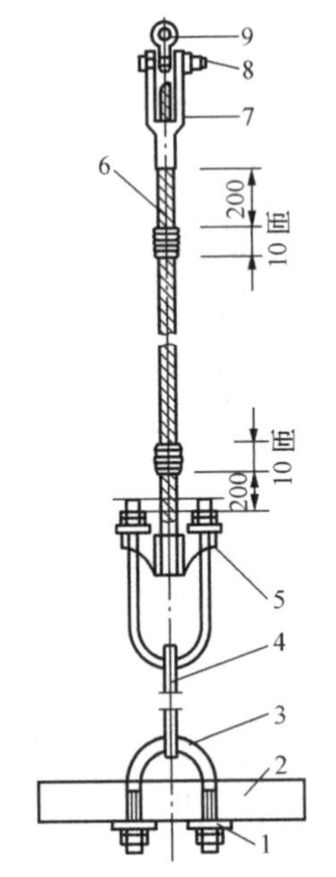

图 4-47　钢绞线拉线组图

1—大方垫；2—拉线盘；3—U 型螺丝；
4—拉线棒（下把）；5—UT 型线夹；
6—钢绞线；7—楔形线夹；
8—六角带帽螺丝；9—U 型挂环

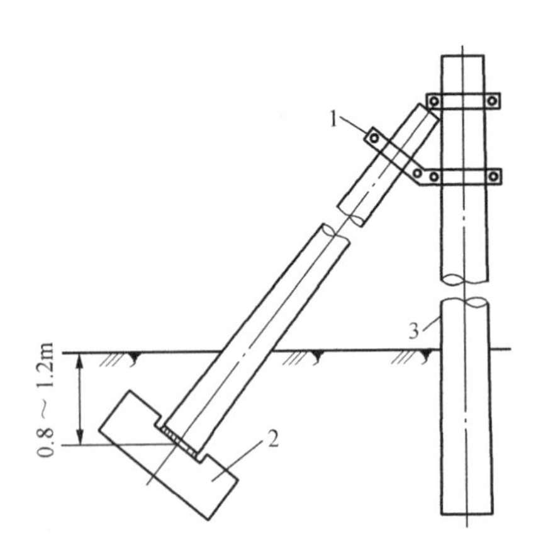

图 4-48　顶杆

1—顶杆抱箍；2—顶杆底盘；
3—主杆

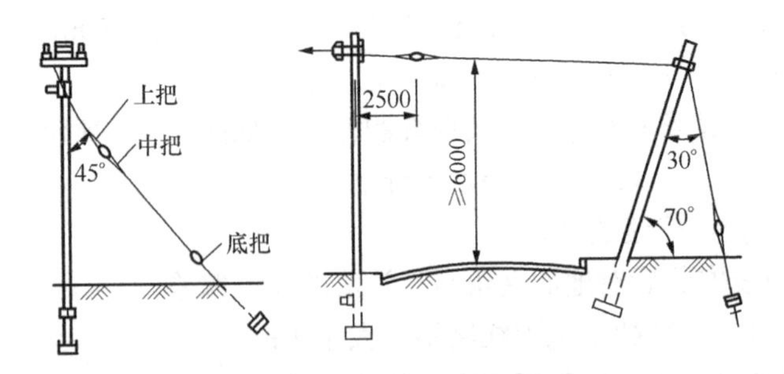

普通型(上、下)拉线　　　普通型(水平)拉线

图 4-49　钢筋混凝土电杆拉线及顶杆制作示意（一）

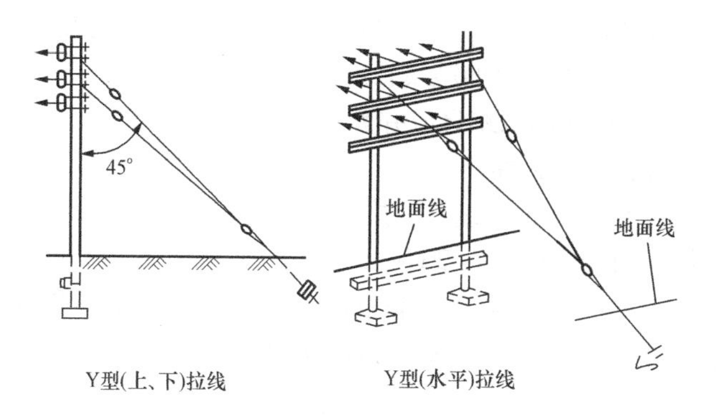

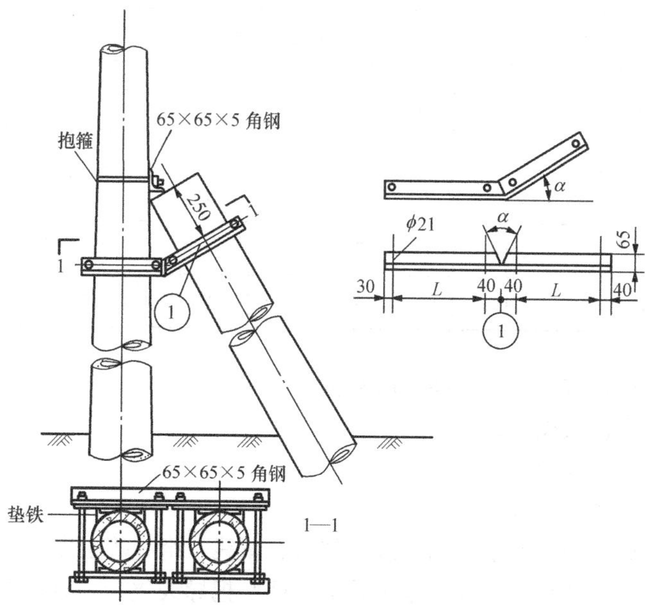

图 4-49　钢筋混凝土电杆拉线及顶杆制作示意（二）

检查方法：目测或用仪器检测。

2. 采用 UT 型线夹及楔型线夹安装的规定

安装前，丝扣应涂润滑剂。线夹舌板与拉线接触应紧密，受力后无滑动现象。

拉线弯曲部分不应有明显松股，拉线断头处与拉线主线应固定可靠，线夹处露出的尾线长度为300～500mm。

UT型线夹的双螺母应并紧。

检查方法：观察。

3. 用绑扎固定安装时的规定

拉线两端应设置心型环。

钢绞线拉线两端应采用直径不大于3.2mm的镀锌铁线绑扎固定。绑扎应整齐、紧密、最小缠绕长度应符合表4-4中的规定。

表4-4　　最小缠绕长度

钢绞线截面（mm^2）	最小缠绕长度（mm）				
	上段	中段有绝缘子的两端	与拉棒连接处		
			下端	花缠	上端
25	200	200	150	250	80
35	250	250	200	250	80
50	300	300	250	250	80

检查方法：观察和用尺测量。

五、架设导线

（一）操作步骤

1. 放线与架线

架设导线主要包括放线、架线、紧线、绑扎等工序。

（1）放线。放线就是沿着电杆两侧把导线放开，有拖放法和展放法。

拖放法把导线架在放线架上，用人力拖着导线放线，这样放线需人力较多，线皮容易磨损。拖放法往往与架线同时进行，利用横担上悬挂的滑轮把线挂起来，这样拖线时不易损坏导线。拖放法如图4-50所示。

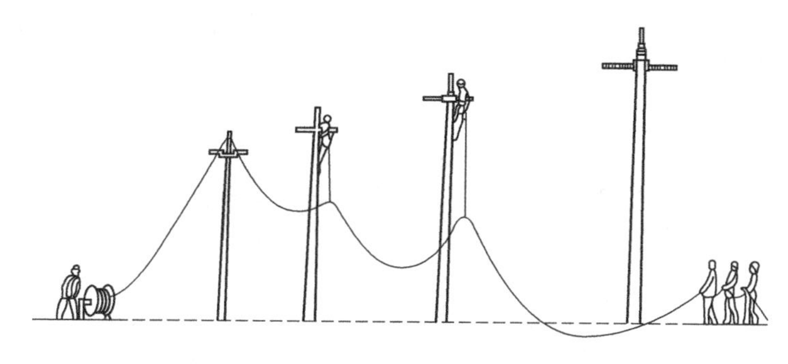

图 4-50　拖放法放线

放线过程中要检查导线有无破损、散股和断线等情况。

(2) 架线。把放好的导线架到横担上叫架线。架线有两种方法：一种以一个耐张段为单元，把线全部放完，再用绳子吊起导线，将导线放入开口放线滑轮内。另一种是一边放线，一边用绳子把导线吊入放线滑轮。

(3) 放线、架线注意事项。

1) 放线时，牵引人应匀速前进，注意联络信号；前进吃力时，应立即停止，并进行检查和处理。

2) 防止导线出现硬弯、扭鼻。导线切勿放在铁横担上，以免擦伤，也要防止其他硬物擦伤导线。

3) 在小角度转角杆上工作的人员应站在转角外侧，以防导线从绝缘子嵌线槽内脱出。

4) 导线有硬弯时，应剪断重接。导线损伤面积为导线截面积的 5%～10%时，应绑扎同规格导线补强。

2. 紧线与导线固定

(1) 紧线。每个耐张段内的导线全部挂在电杆上以后，就可以开始紧线。紧线时，先用人力拿拉绳初步拉紧，拉紧时要几条线同时拉，否则横担会发生偏斜。人力拉紧后再用紧线器进一步拉紧，这时要观察导线的悬垂程度。悬垂度不宜过小，否则会造成断线；悬垂度也不宜过大，否则刮风时摆动过大会造成相间短路。并行几条线的悬垂程度要一致，用紧线器紧线的方法，如图 4-51 所示。

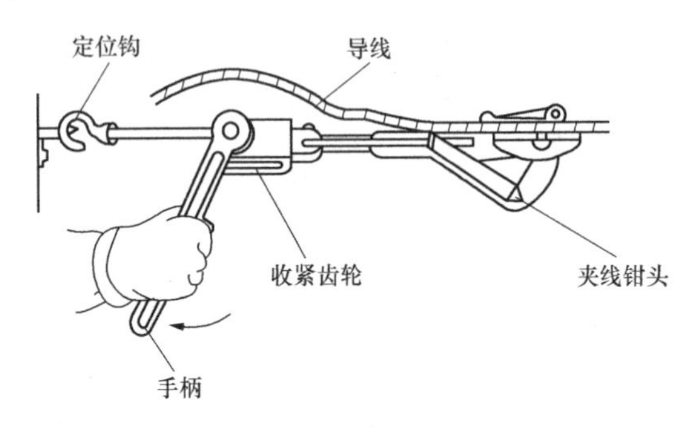

图 4-51　紧线器紧线方法

导线悬垂度的测量方法如图 4-52 所示。

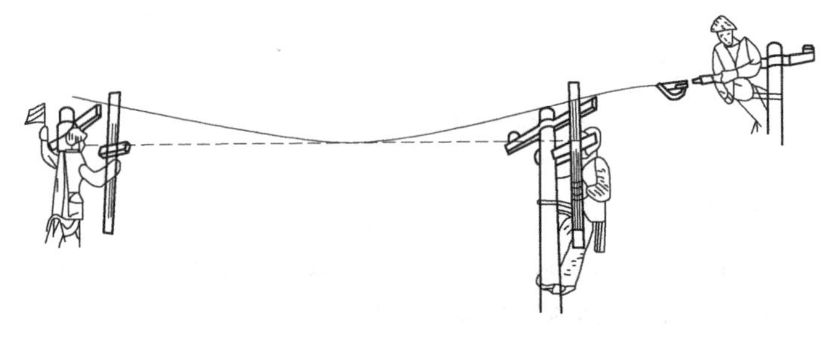

图 4-52　导线悬垂度的测量方法

测量弧垂一般使用导线弧垂测量尺，又称弛度标尺，其外形如图 4-53 所示。使用时，应根据表 4-5 所示值，先将两把导线弧垂测量尺上的横杆调节到同一位置上，接着将两把标尺分别挂在所测挡距的同一根导线上（应挂在近绝缘子处），然后两个测量者分别从横杆上进行观察，并指挥紧线。当两把测量尺上的横杆与导线的最低点成水平直线时，即可判定导线的弧垂已调整到预定值。

表 4-5　　架空导线弧垂参考值

环境温度（℃）＼弧垂＼档距	30	35	40	45	50
−40	0.06	0.08	0.11	0.14	0.17
−30	0.07	0.09	0.12	0.15	0.19
−20	0.08	0.11	0.14	0.18	0.22
−10	0.09	0.12	0.16	0.20	0.25
0	0.11	0.15	0.19	0.24	0.30
10	0.14	0.18	0.24	0.30	0.38
20	0.17	0.23	0.30	0.38	0.47
30	0.21	0.28	0.37	0.47	0.58
40	0.25	0.35	0.44	0.56	0.69

（2）导线的固定。导线耐张段端或始末端，可以用耐张线夹固定导线（大截面导线），如图 4-54 所示。

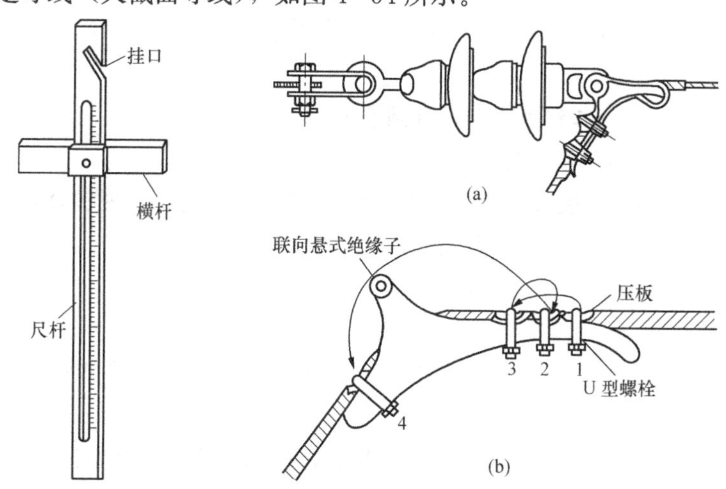

图 4-53　导线弧垂测量尺

图 4-54　耐张线夹固定导线
（a）耐张线卡固定方式；
（b）耐张线夹 U 型卡子紧固顺序

导线截面较小时用碟型绝缘子绑扎固定导线，如图 4-55 所示。

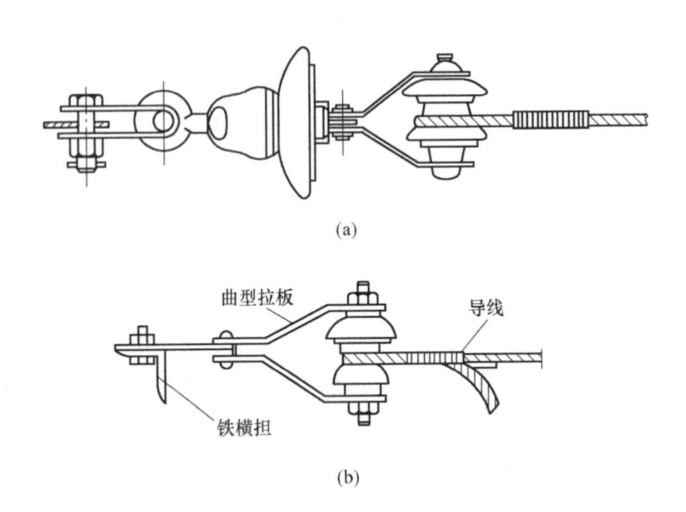

图 4-55　碟型绝缘子固定导线

(a) 高压线；(b) 低压线

导线在直线段绑扎在针式绝缘子上，可以放在顶端，也可以放在侧面。

(二) 工程竣工验收和质量标准

1. 导线的外观

导线在展放过程中，对已展放的导线应进行外观检查，不应发生磨伤、断股、扭曲、金钩、断头等现象。

检查方法：观察。

2. 导线连接

不同金属、不同规格、不同绞制方向的导线严禁在挡距内连接。

10kV 及以下架空电力线路的导线，当采用缠绕方法连接时，连接部分的线股应缠绕良好，不应有断股、松股等缺陷。

10kV 及以下架空电力线路在同一档距内，同一根导线上的接头，不应超过 1 个，导线接头位置与导线固定处的距离应大于 0.5m。

检查方法：观察。

3. 导线弧垂

35kV 架空电力线路的紧线弧垂应在挂线后随即检查，弧垂误差不应超过设计弧垂的+5%、-2.5%，且正误差最大值不应超过 500mm。

10kV 及以下架空电力线路的导线紧好后，弧垂误差不应超过设计弧垂的±5%。同时档内各相导线弧垂宜一致，水平排列的导线弧垂相差不应大于 50mm。

检查方法：测量检查。

4. 导线的固定

导线的固定应牢固、可靠，且应符合以下要求。

直线转角杆：对针式绝缘子，导线应固定在转角外侧的槽内；对瓷横担绝缘子导线应固定在第一裙内。

直线跨越杆：导线应双固定，导线本体不应在固定处出现角度。

裸铝导线在绝缘子或线夹上固定应缠绕铝包带，缠绕长度应超出接触部分 30mm。铝包带的缠绕方向应与外层线股的绕制方向一致。

检查方法：观察。

5. 绑扎长度

10kV 及以下架空电力线路的裸铝导线在蝶式绝缘子上作耐张且彩用绑扎方式固定时，绑扎长度应符合表 4-6 的规定。

表 4-6　　绑扎长度值

导线截面（mm^2）	绑扎长度（mm）
LJ-50，LGJ-50 以下	>150
LJ-70	>200

绑扎连接应接触紧密、均匀、无硬弯。绑扎用的绑线，应先用与导线同金属的单股线，其直径不应小于 2.0mm。

检查方法：用尺测量，抽查10处。

6. 净空距离

1～10kV线路每相引流线、引下线与邻相的引流线、引下线或导线之间，安装后的净空距离不应小于300mm；1kV以下的电力线路，不应小于150mm。

线路的导线与拉线、电杆或构架之间安装后的净空距离：35kV时，不应小于600mm；1～10kV时，不应小于200mm；1kV以下时，不应小于100mm。

导线架设后，导线对地及交叉跨越距离，应符合设计要求。

检查方法：全数检查，用尺测量。

7. 1kV以下架空线路的要求

1kV以下电力线路，当采用绝缘线架设时，应符合以下要求。

展放中，不应损伤导线的绝缘层和出现扭、弯等现象。

导线固定可靠，当采用蝶式绝缘子作耐张且绑扎方式定固时，绑扎长度应符合规定。

接头应符合规定，破口处应进行绝缘处理。

检查方法：观察。

8. 试验项目

架空线路整体施工结束后，应及时清理现场、拆迁障碍物，并做以下试验检查。

（1）线路绝缘电阻的测定。

（2）线路相位、相序的测定。

（3）进行冲击合闸三次。

（4）以上项目全部符合要求才可试运行。

参 考 文 献

[1] 胡仁堂，刘建生．电力生产常识．北京：水利电力出版社，1992.
[2] 柏学恭．电力生产知识．北京：中国电力出版社，2004.
[3] 曾纬西．锅炉设备及运行．北京：水利电力出版社，1993.
[4] 王长贵，崔容强，周篁．新能源发电技术．北京：中国电力出版社，2003.
[5] 王承熙，张源．风力发电．北京：中国电力出版社，2003.
[6] 郭国庆，成栋．市场营销新论．北京：中国经济出版社，1999.
[7] 曾鸣．电力市场理论及应用．北京：中国电力出版社，2000.
[8] 刘秋华．电力市场营销管理．北京：中国电力出版社，2003.
[9] 王广庆．电价理论与实物．北京：中国经济出版社，1998.
[10] 孙成宝．用电营业．北京：中国电力出版社，1998.
[11] 张延琪．电工识图．北京：中国电力出版社，2005.
[12] 何永华，等．新标准电气工程图．北京：中国电力出版社，1996.
[13] 程红杰．电工工艺实习．北京：中国电力出版社，2002.
[14] 祝晓红．电能计量．北京：中国电力出版社，2002.
[15] 李敬梅，等．电力拖动控制线路与技术训练．北京：中国劳动和社会保障出版社，2001.
[16] 李成良，等．电工．北京：中国劳动出版社，1996.